高等院校规划教材

# 室内协同导航定位系统设计概论

主　编　唐成凯　张玲玲

副主编　岳　哲　张存乐　张　怡

编　者　唐成凯　张玲玲　岳　哲　张存乐　张　怡

王妤旸　程泽宇　张世铎　王　晨



西北工业大学出版社

西　安

**【内容简介】** 本书采用理论框架、电子系统模块、软件功能设计、常见问题解析的系统级电子实验教学方式，图文并茂地对室内协同导航定位系统进行了阐述，并结合电子系统特性，利用大量实例对室内导航定位系统各模块进行了引导性教学；对关键点可能遇到的问题进行了预制分析和解答。

本书作为高等院校电子信息类系列实验教材，具有详细的教学引导思路设计和大量的实际案例，适合作为高等学校电子大类实验课程教学指导书。

**图书在版编目(CIP)数据**

室内协同导航定位系统设计概论 / 唐成凯，张玲玲主编. —西安 ：西北工业大学出版社，2022.4
ISBN 978-7-5612-8182-6

Ⅰ. ①室… Ⅱ. ①唐… ②张… Ⅲ. ①室内-导航系统-系统设计 Ⅳ. ①TN966

中国版本图书馆CIP数据核字(2022)第064881号

**SHINEI XIETONG DAOHANG DINGWEI XITONG SHEJI GAILUN**
**室 内 协 同 导 航 定 位 系 统 设 计 概 论**
**主 编 唐成凯 张玲玲**

**责任编辑：**朱晓娟 **策划编辑：**杨 军
**责任校对：**张 友 **装帧设计：**李 飞
**出版发行：**西北工业大学出版社
**通信地址：**西安市友谊西路127号 邮编：710072
**电 话：**(029)88491757，88493844
**网 址：**www.nwpup.com
**印 刷 者：**陕西宝石兰印务有限责任公司
**开 本：**787 mm×1 092 mm 1/16
**印 张：**12.125
**字 数：**318千字
**版 次：**2022年4月第1版 2022年4月第1次印刷
**书 号：**ISBN 978-7-5612-8182-6
**定 价：**49.00元

# 前　言

近年来，随着超级工厂、智慧城市、商贸综合体的大量涌现，对高精度传递、区域引导等高精度导航定位的需求日益增长，高精度室内导航定位成为智慧城市以及工业 4.0 的核心基础。而在以商贸综合体为代表的超大型建筑群中，现有的卫星导航、惯性导航、磁性导航、无线电导航、视觉导航和声学导航等技术由于建筑遮挡、室内隔断、室内环境多径干扰等因素存在信号丢失、误差增大、成本过高、节点复杂以及功耗较大等种种问题，无法满足用户对轻量级、高精度、高实时性室内导航定位的需求。如何利用少数分布式多种类型的导航源融合，实现大规模、低成本、低功耗、高精度定位是室内导航定位领域的研究热点和前沿方向。本书从导航的发展历程出发，详细介绍了现有导航定位技术，对超宽带(ultrawide band，UWB)通信、WiFi定位、射频识别(Radio Frequency Identification，RFID)定位、多源信息融合等热门室内导航定位技术进行了详细的理论解析，并大胆采用架构-图片-文字相结合的方式，对室内协同导航定位系统进行了详细的引导性教学。

针对室内导航定位系统中的重要知识和关键方法，本书从多种室内定位技术原理入门，以模块化方式，将室内导航定位系统逐层分解，通过大量的调试和问题案例完成测距、定位、数据融合、通信、数据处理、显示等多个子模块设计，能够有效帮助学生更好地消化、吸收和掌握室内导航定位系统的设计理念和技术，并快速应用到自己的学习和研究中。

本书面向的读者群是高等学校大学二年级以上电子大类及其他相关专业的学生。书中所涉及的室内协同导航定位系统已经经过三年的教学实践，对相关技术问题已有全面的解决方案，相关系统模块成熟、可靠。因此，以室内定位、协同导航等高精度技术为研究方向的本科生、研究生及工程人员也可以本书作为教材和参考书。

本书分为 8 章。

第 1 章介绍了导航定位的起源、发展和主要的导航技术，并重点讲解了 WiFi、蜂窝电话、蓝牙、RFID、声学、惯性和磁场等导航技术的发展历程以及各类导航系统在室内定位中的优劣势。

第 2 章详细讲解了卫星导航技术、惯性导航技术、特征匹配导航技术、视觉导航技术、光学导航技术、天文导航技术、无线电导航技术、组合导航技术的定位原理、主要误差来源以及组成各种系统的相关模块设计思路。

第 3 章详细介绍了室内协同定位主要的协同解算方法，详细分析了非视距传播、多径传播、阴影效应、磁场分布和多普勒频移因素对室内协同导航定位的影响，并创建了包含定位精度、定位规模及范围、锚节点密度、节点密度、容错性和自适应性、功耗、计算时长和定位稳定性在内的室内协同定位评价标准，从工程设计角度出发，论述了室内协同导航的主要问题。

第 4 章重点讲解了基于超宽带通信技术(Ultra Wide-Band, UWB)的室内协同导航定位技术。从 UWB 的优势和应用出发，首先，介绍了基于 UWB 的卡尔曼室内定位方法，并对置信度传递、无迹卡尔曼转换等核心知识点从系统设计的角度进行深入讲解。其次，开展了基于因子图的室内协同导航定位系统的系统建模、方案设计、技术实施。最后，对多种基于 UWB 的室内定位方法的变种系统设计方案进行了详细剖解和优缺点分析。

第 5 章以 WiFi 定位和射频识别定位为两条主线，介绍了 WiFi 定位和 RFID 定位的系统组成、基本原理、定位方法，详细讲解了如何利用联邦卡尔曼滤波实现多系统融合，并从软件和硬件上深入介绍了相关知识，给出了大量仿真实例。

第 6 章重点讲解了大规模用户数量下的室内协同导航定位方法，详细介绍了 CI(Covariance Intersection)信息融合算法、DCI(Determinant-minimization CI)信息融合算法、FCI(Fast CI)信息融合算法、KLA(Kullback-Leibler Average)信息融合算法的融合原理、准则和方法，并分析了导航源误差传递原理，提供了仿真方案，并引入当前最新的信息几何理论，在该框架下对测地线投影法、Siegel 距离法、矩阵 K-L 散度平方均值最小化法、测地距离平方均值最小化法等多种室内协同定位方法进行了原理讲解和仿真论证。

第 7 章详细讲解了室内协同导航定位演示平台的设计方案。首先，分析了卫星导航源、惯性导航源、视觉导航源、UWB 导航源的模块设计思路和方案。其次，对串口通信模块和数据处理模块实现室内协同导航定位的数据通信和共享进行了介绍和案例分析，提供了多个软件平台设计案例完成人机交互界面的设计指导。针对场景模块调试中的问题，从场景搭建、模块设置以及系统调试等方面出发，对可能遇到的问题预制了详细的解决方案，并运用架构—图—文字形式对室内协同导航定位系统的设计方案进行拆分讲解。对最终完成构建的室内协同导航定位系统进行了大规模定位实验和多类型导航源融合实验，并对实验过程和测试方案进行了详细的介绍，从而保证所设计的室内协同导航定位系统具有高度的复刻性。

第 8 章重点介绍了智能仓储、商贸综合体、智能工厂、智慧城市、战场信息化、智慧学校、地下矿井等场景下对高精度室内协同导航定位的需求，并详细介绍了室内协同导航定位系统在上述场景中的应用方式、技术和瓶颈，为相关研究人员提供技术运用支撑。

本书由西北工业大学唐成凯和张玲玲任主编，由河南理工大学岳哲，西北工业大学张怡、张存乐任副主编，西北工业大学王好旸、程泽宇、张世铎、王晨参与编写。其中，第 1 章由张怡、张存乐执笔，第 2 章和第 3 章由唐成凯、张玲玲执笔，第 4 章由程泽宇、王晨执笔，第 5 章由王好旸、唐成凯执笔，第 6 章由张怡、张存乐执笔，第 7 章由唐成凯、张存乐执笔，第 8 章由张玲玲、张世铎执笔，全书由张怡、张存乐和岳哲负责表格和图形制作，由唐成凯、张玲玲负责程序编写与实验系统构建和修订，并负责统稿。

在编写本书的过程中，得到了西北工业大学廉保旺、林华杰、包涛、刘洋洋、丹泽升、刘雨鑫、曾丽娜、张云燕、廖瑞乾等人的帮助和支持，参阅了相关文献资料，在此一并表示感谢。

由于水平有限，书中不免有疏漏之处，恳请广大读者批评指正。

**编　者**

2022 年 1 月

# 目　录

# 第1章　导航的历史

导航的概念范围广泛，其历史跨度较长。最早在原始部落时代，以狩猎为生的人类需要不断地活动迁徙，在长久的活动中人们慢慢开始利用星空中的北极星来指引方向，并渐渐地掌握了森林南侧树木较茂密、山峰南侧植被较茂盛等具有指导性的地理知识，因此最早的导航定位技术也来源于天文地理范畴，天文导航也就成为了人类最早的导航系统。人类早期，生活、经济以及军事活动等没有现代这样复杂，人们对于导航的需求也只是停留在方向指引这个层面上，但随着出行方式和交通工具的不断发展，简单的方向指引渐渐地不再满足人们需求，对未知的准确判断和预测成为了必然要求。再加上近现代军事方面的需求，出于准确防卫和精确打击，军事运载体需要更加精确的方位和速度信息，在此背景下，现代无线电导航和惯性导航应运而生，并且不断地改进和发展。伴随着航空航天事业的发展，卫星导航也开始应用在生活的方方面面，并成为不可缺少的导航应用。

现代物联网的发展给小范围空间的室内导航定位也提出了很高的要求，如何解决复杂环境下的室内导航，如何解决室内导航与室外导航接洽，这些问题促使着室内射频定位技术、室内磁场定位技术等室内导航技术快速发展。

## 1.1　原始导航技术

### 1.1.1　指南车

在人类历史长河中，最早投入实际应用的导航设备要数 4 000 年前黄帝所发明的指南车了。根据史料记载，黄帝为打败蚩尤，发明了指南车用以指明方向。如图 1.1 所示，指南车是一种有较高方位精度的机械导航装置，是中国古代机械发明的代表之一，它的发明标志着当时的中国机械应用在世界处于领先地位。在后来的逐鹿之战中，指南车确实帮助黄帝部落的军队在狂风暴雨中辨别了方向，进而取得了大战最终的胜利，这也是人类史上首次将导航设备应用于军事战争中。同时，这也体现了导航在军事领域的巨大作用。

关于指南车的原理，最早的确切记载是在三国时期。人们在生产实践中发现同样大小的两车轮，当两车轮间的车轴长一些时，以一轮不动为圆心，车原地转一圈时，另一轮转了两圈。当两车轮间的车轴比上次短一些时，以一轮不动为圆心，车原地转一圈时，另一轮转了一圈多，这样几次实践就可以知道，当两轮间的轴长是车轮直径的一半时，以一轮不动为圆心，车原地转一圈时，另一轮转了一圈，也就是这个车转一圈，两轮间的差动正好一圈。

这样的车转一圈使斜面探头在斜面上转一圈，推动斜面套筒轴向一个往复，这样一比量这个往复的行程就可以确定曲轴的半径。这个往复使曲轴转一圈，这样车转一圈带动曲轴也转一圈，它们转的方向相反，这样保证了无论车怎么转木人始终指向原来的方向。

图 1.1 指南车

### 1.1.2 司南和指南针

大约在公元前 1 世纪的春秋战国时期，我们的祖先利用磁铁矿的磁性来指明方向。将磁铁矿制成勺状，放置在光滑的铜盘之上，铜盘中央具有圆槽，四周雕刻着格线和方位，待磁铁石稳定静止时，司南勺长柄指向南极。司南就是最早的指南针，如图 1.2 所示。受限于当时的冶炼技术，在制作司南时，磁铁矿很容易受热消磁，制成的司南指南效应微弱，因此未能得到广泛流传和使用。

图 1.2 司南

一直到了宋朝，人们偶然制成了人造磁铁。拿一根钢针，放在磁铁矿上进行打磨，就让钢针有了磁性，并且这种磁性不容易消失。在后来长久的实践中，更实用的“司南”——指南针就诞生了。如图 1.3 所示，最初的指南针使用时需要装配铜盘和地盘，所以后来也称指南针为罗盘针。

指南针发明后很快得到广泛应用，而应用最出色的领域，莫过于航海了。世界上最早记载指南针应用于航海导航的文献是北宋宣和年间(1119—1125 年)所著的《萍洲可谈》。朱彧之父朱服于 1094—1102 年任广州高级官员，朱彧追随其父在广州住过很长时间。该书记录了他在广州时的见闻。当时的广州航海事业相当发达，是我国和海外通商的大港口，有管理油船的市舶司，有供海外商人居留的蕃坊。《萍洲可谈》记载了广州蕃坊、市舶等许多情况，记载了中国海路上航海很有经验的水手，他们善于辨别海上方向："舟师识地理，夜则观星，昼则观日，阴晦观指南针。""识地理"表明在当时舟师已能掌握在海上确定海船位置的方法。这说明我国人民在航海中已经知道使用指南针了。这是全世界航海史上使用指南针的最早记载。我国人民首创的这种仪器导航方法，是航海技术的重大革新。

图 1.3　指南针

中国使用指南针导航不久，就被阿拉伯海船学习采用，并经阿拉伯人把这一伟大发明传到欧洲。恩格斯在《自然辩证法》中指出："磁针从阿拉伯人传至欧洲人手中在 1180 年左右。"1180 年是我国南宋孝宗淳熙七年。中国人首先将指南针应用于航海比欧洲人至少早 80 年，北宋著名科学家沈括(《梦溪笔谈》著者)，在制作和应用指南针的科学实践中发现了磁偏角的存在。他精辟地指出，这是因为地球上的磁极并不正好在南北两极的缘故。指南针及磁偏角理论在远洋航行中发挥了巨大的作用，使人们获得了全天候航行的能力，人类第一次可以在茫茫大海中航行的自由。从此，人类在海上开辟了许多新的航线，缩短了航程，加速了航运的发展，促进了各国人民之间的文化交流与贸易往来。

### 1.1.3　天文导航

我国是世界上天文学发展最早、贡献最大的国家之一。古代的中国人很早就认识了北极星，也称北辰，并用以辨别方向。早在 2 000 多年前，就有船舶载运各种货物漂洋过海，与日本、东南亚各国进行贸易。当时航渡海洋已使用了天文方法。东晋僧人法显在访问印度后乘船回国时曾记述："大海弥漫无边，不识东西，唯望日、月、星宿而进。"到宋代，天文方法导航又有了进一步的发展。元、明时期天文定位技术有很大发展。不过，如果在海上航行只知道南、北方向，而不知道具体位置，仍会迷失航向，难以顺利抵达目的地。随着航海事业的发展，我国创造出一种称为"牵星术"的天文航海导航技术。该技术利用牵星板测定船舶在海中的方位。它是根据牵星板测定的垂向高度和牵绳的长度，换算北极星高度角，近似确定当地的地理纬度。

早在 13 世纪初，我国已有最早的南海诸岛海图。但流传至今的最早海图是 1430 年明朝郑和的航海图，图 1.4 所示为郑和航海图。中国明代著名航海家郑和率船队七下西洋，其采用的航海技术以海洋科学知识和航海图为依据，运用了航海罗盘、计程仪、测深仪等航海仪器，按照海图、针路簿记载来保证船舶的航行路线，是当时最先进的航海导航技术。根据记载，郑和船队已越过赤道，前后共经过、到达 30 多个国家和地区。白天用 24/48 方位指南针导航，夜间则用天文导航的牵星术观看星斗和水罗盘相结合的方法进行测向。这些综合应用的航海技术使中国古代航海技术领先于世界。

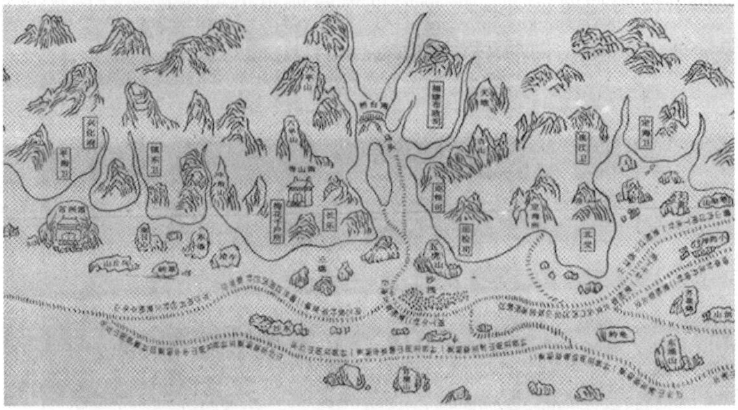

图 1.4　郑和航海图

1637 年,法国科学家勒内·笛卡儿(Descartes)发表了《几何学》,创立了平面直角坐标系,用坐标描述空间上的点,成功地创立了解析几何,为现代导航定位理论奠定了数学基础。1730 年,人类发明了航海用六分仪(sextant),并通过对北极星高度的观测测定观测点的纬度,如图 1.5 所示。1767 年,人类发明了天文钟(chronometer),通过与六分仪的结合使用,实现了观测点经度的测定。1837 年,美国的一位船长发明了等高线法,并用它来测定载体位置的经纬度。1875 年,法国人在前人的基础上提出了高度差法原理,为天文导航奠定了理论和实践的基础。

图 1.5　六分仪

大约到 19 世纪中叶,六分仪、天文钟、磁罗经、测深水砣和计程仪等技术已经在航海领域广泛应用,带动了海洋测量、制图技术的发展,世界上大部分海岸线也已经被测量完毕,人类据此绘制了具有航海功能的海图,船舶海上航行安全基本得到了保障。

海图是地图的一种,即航海专用地图。海图与地图的主要区别在于描绘的范围和内容有所不同,海图的功能是传递地球表面为航海所需要的海洋水域及沿岸地物的各种信息。它不同于文字描述，而是精确直观的定位（如岸形、岛屿、礁石、助航标志、水深点、危险物等等），尤其是水域部分的资料详尽精密，图式明确、清晰，在一幅平面的海图上，传递了三维信息。

## 1.2　现代导航发展进程

1687 年牛顿建立的三大定律，为惯性导航奠定了理论基础。1852 年，傅科提出了陀螺的定义、原理及应用设想。1908 年，由安修茨研制出世界上第一台摆式陀螺罗经。1910 年，舒勒提出了“舒勒摆”理论。这些惯性技术和理论奠定了整个惯性导航发展的基础。

惯性导航技术的真正应用开始于 20 世纪 40 年代火箭发展的初期，首先是惯性技术在德国 V-I 火箭上的第一次成功应用。到 20 世纪 50 年代中后期，速度为 0.5 mil/h（1 mil＝1.852 km）的单自由度液浮陀螺平台惯导系统研制并应用成功。1968 年，漂移约为 0.005 9 mil/h 的 G6B4 型动压陀螺研制成功。这一时期，还出现了另一种惯性传感器——加速度计。在技术理论研究方面，为减少陀螺仪表支承的摩擦与干扰，挠性、液浮、气浮、磁悬浮和静电等支承悬浮技术被逐步采用；1960 年，激光技术的出现为后续激光陀螺（Ring Laser Gyro，RLG）的发展提供了理论支持；捷联惯性导航（Strapdown Inertial Navigation System，SINS）理论研究趋于完善。陀螺仪的外形如图 1.6 所示。

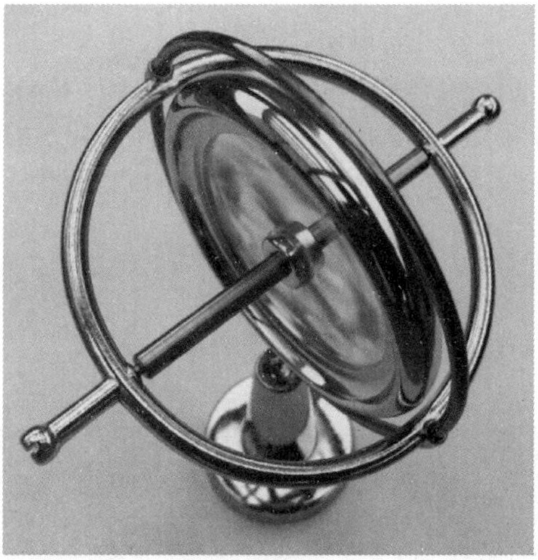

图 1.6　陀螺仪

20 世纪 70 年代初期，第三代惯性技术发展阶段出现了一些新型陀螺、加速度计和相应的惯性导航系统（Inertial Navigation System，INS），其目标是进一步提高 INS 的性能，并通过多种技术途径来推广和应用惯性技术。这阶段的主要陀螺包括静电陀螺、动力调谐陀螺、环形激光陀螺、干涉式光纤陀螺等。除此之外，超导体陀螺、粒子陀螺、固态陀螺等基于不同物理原理的陀螺仪表相继设计成功。20 世纪 80 年代，伴随着半导体工艺的成熟，采用微机械结构和控制电路工艺制造的微机电系统（Micro-Electro-Mechanical System，MEMS）开始出现。

当前，惯性技术正朝着高精度、高可靠性、低成本、小型化、数字化的方向发展，应用领域更加广泛。一方面，陀螺的精度不断提高；另一方面，随着环形激光陀螺、光纤陀螺、MEMS 等新型固态陀螺仪的逐渐成熟，以及高速大容量数字计算机技术的进步，SINS 在低成本、短期中等精度惯性导航中呈现取代平台式系统的趋势。惯性导航已成为一种最重要的无源导航技术。

19 世纪，电磁波的发现，直接推动了近代无线电导航系统的发展。20 世纪二三十年代，无线电测向是航海与航空领域主要的一种导航手段，而且一直沿用至今。不过，后来它成为一种辅助手段。第二次世界大战期间，无线电导航技术发展迅速，出现了双曲线导航系统，雷达也开始在舰船和飞机上用作导航手段，如雷达信标、敌我识别器和询问应答式测距系统等。远程测向系统也是在这一时期出现的。飞机着陆开始使用雷达手段和仪表着陆系统。20 世纪 40 年代后期，伏尔( VHF Omnidirectional Range, VOR)导航系统研制成功。20 世纪 50 年代出现了塔康导航系统、地美依导航(Distance Measuring Equipment, DME)系统、多普勒导航雷达和罗兰 C 导航系统等。与天文导航相比，无线电导航定位系统无论在定位的速度还是自动化程度方面都有了长足的进步，但是无线电导航定位系统的作用距离(覆盖范围)和定位精度之间存在矛盾(作用距离长，定位精度低；作用距离短，定位精度高)。

随着 1957 年苏联第一颗人造地球卫星的发射和 20 世纪 60 年代空间技术的发展，各种人造卫星相继升空，人们很自然地想到如果从卫星上发射无线电信号，组成一个卫星导航系统，就能较好地解决覆盖面与定位精度之间的矛盾，于是出现了卫星导航系统(星基无线电导航系统)。约翰斯·霍普金斯大学应用物理实验室研究人员通过观测卫星发现：接收的频率与发射的频率存在多普勒频移现象。因此，已知用户机的位置，测得多普勒频移，便可得卫星的位置；反过来，已知卫星位置，测得多普勒频移，便可得用户机的位置。最早的卫星定位系统是美国的子午仪系统。该系统于 1958 年开始研制，1964 年正式投入使用，如图 1.7 所示。由于该系统卫星数目较少(5～6 颗)，运行高度较低(平均高度为 1 000 km)，从地面站观测到卫星的时间间隔较长(平均时间间隔为 1.5 h)，因而它无法提供连续的实时三维导航，而且精度较低。为满足军事部门和民用部门对连续实时和三维导航的迫切要求，1973 年美国国防部制订了 GPS(全球定位系统)计划，GPS 于 1993 年全面建成。目前比较成熟的有美国的全球定位系统(Global Positioning System，GPS)、俄罗斯的格洛纳斯系统(Global Navigation Satellite System，GLONASS)和中国的北斗卫星导航定位系统(BeiDou Navigation Satellite System，BDS)。

图 1.7　卫星导航

随着近现代相关科学技术的发展，越来越多的海上航行器投入使用，此时海图又得到了广泛的应用，尤其在近代世界大战中，海图成为各种潜艇、舰艇和航空母舰的重要导航定位方式，在 20 世纪六七十年代，海图也是世界航运过程中的重要定位导航方式。随着现代计算机技术和测绘技术的发展，海图发展也逐渐趋向于电子化和数字化。目前，国内外已经有了相当成熟的电子海图。

## 1.3　室内导航发展进程

由于卫星信号以及无线电信号等在室内穿透力差，且存在多径传播，定位精度难以满足室内需求，再加上室内环境较室外更加复杂，所以室外经典的导航方法在室内大都不适用。目前，出现了许多室内定位导航方案。

现在室内导航最常用的是基于射频的室内定位技术，而相对成熟的是基于 WiFi 的定位导航技术、基于蜂窝电话的定位导航技术、基于蓝牙的定位导航技术、基于 RFID 的定位导航技术。

### 1.3.1　基于 WiFi 的定位导航技术

WiFi 在生活中的广泛应用，使得它成为一种极具吸引力的定位技术。通常，WiFi 系统在室内有若干固定接入点(固定接入点)，这些固定接入点分布在室内各个地方，其位置通常由网络管理员决定。笔记本电脑、手机等有 WiFi 功能的移动设备可以通过这些固定接入点与其他设备或互联网进行通信。因此，WiFi 除了用于移动设备通信之外，也适用于定位，如图 1.8 所示。在 1997 年，IEEE 802.11 标准对 WiFi 进行了标准化，标准不仅包括基于射频的通信，还包括扩散红外通信。从那时起，基于 2.4 GHz 和 5 GHz 频段的射频通信在商业应用上占据上风。随着时间的推移，IEEE 802.11 标准已经升级，包括多天线技术(启用多输入、多输出或 MIMO 技术)和频率信道绑定技术以增加数据速率和吞吐率。最新标准为 IEEE 802.11ac 标准，支持几百兆每秒(Mb/s)的数据速率。

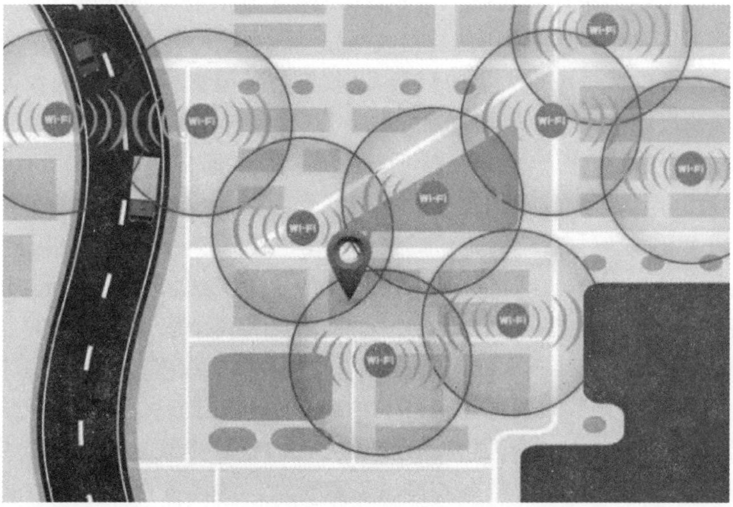

图 1.8　WiFi 导航定位

室内恶劣的无线电传播环境，使得使用信号到达方向的算法来确定与已知固定接入点的方向是十分困难的。多径传播使得采用基于时间或时间差（TOA/TDOA）的算法来确定与固定接入点间的距离也变得难以实现。此外，利用上述原理要在每个 WiFi 网络中实现定位导航，定向天线安装也是代价巨大的。因此，近年来 WiFi 导航定位广泛使用的两种方法是基于接近度和基于位置指纹识别。

（1）基于接近度的 WiFi 导航定位。基于接近度的导航定位的基本思想是待定位设备与已知设备距离达到最近。假设已知一个设备的二维坐标（$X$，$Y$），如果这个设备是距离待定位设备最近的已知设备，那么就把这个二维坐标（$X$，$Y$）当作待定位设备的估计位置。显然，到已知设备的最大可能距离决定了导航的最大误差，该已知设备为被定位算法确定的最近设备。在 WiFi 和其他基于射频的定位系统中，这将取决于室内区域中已知固定接入点的接收信号强度（RSS）。如果要提高定位精度，则已知装置的覆盖范围必须很小。但这将需要安装大量的小覆盖设备，这可能是极其昂贵的。这些利弊不是 WiFi 特有的，而是与其他使用蓝牙、RFID 或声学信号的基于接近度方案共有的特性。

大多数无线系统需要 RSS 信息来评估链路的质量以切换链路、调整传输速率和进行其他操作。如果只有一个发射机，来自该发射机的平均 RSS（单位 dB）与发射机的距离 $d$（通常单位：m）的对数呈线性关系。也就是说，在最简单的情况下，可以得到如下平均 RSS 的表达式：

$$\mathrm{RSS} = P_t - K - 10\alpha \lg d \tag{1-1}$$

式中：$\alpha$（又称为路径损耗指数）为影响斜率的因数；$P_t$ 为发射功率；$K$ 为取决于频率和环境的常数。

因此，RSS 可以用于从网络中的 AP（无线访问接入点）或基站获取移动设备的距离。这就提出了得到的距离是否可以用于移动设备的三角测量的问题。不幸的是，由于受环境影响，RSS 变化很大（这就是所谓的阴影衰减）。因此，将得到的距离用于定位，误差可能非常大，这就排除了将其作为室内定位的优选方案。可以得出结论，WiFi 信号的覆盖范围大是使用其进行基于接近度定位的一个潜在缺点。

（2）基于位置指纹识别的 WiFi 导航定位。用 $\boldsymbol{\rho}$ 表示在某个位置可见固定接入点的向量。在分区定位的情况下，$\boldsymbol{\rho}$ 是具有 0 或 1 元素的向量。细粒度的位置指纹扩展了以下思想：不记录固定接入点的可见性，而是记录该固定接入点的平均 RSS，或者在某些情况下记录固定接入点的 RSS 分布，可以称为位置指纹 $\boldsymbol{\rho}$。使用位置指纹对移动设备进行定位通常分两个阶段：一是离线阶段，对定位系统覆盖的区域进行大量的测量，以收集各种位置指纹来建立数据库，有时也称为训练集；二是在线阶段，对未知移动设备的位置进行估计。典型的方法是将移动设备测量的 RSS 向量与数据库中的指纹进行比较，确定最接近的位置指纹。通常使用诸如欧氏距离的相似性度量来估计接近程度。与最近的位置指纹相关的位置作为估计位置。在关于 WiFi 位置指纹识别的最初阶段，利用 WiFi 位置指纹进行定位的误差平均值在为 3～6 m，这取决于采用 3 个固定接入点，即 $p$ 的维数为 3 时使用的网格数。采用类似的定位算法，Swangmuang 和 Krishnamurthy（2008 年）的误差累积分布函数表明，在具有 25 个网格点和 3 个固定接入点的办公区域中，定位误差有 90％的概率小于 4 m。在 WiFi 导航定位中，大多数指纹都是沿定位区域长廊收集得到的。位置误差的累积分布函数表明误差有 90％的概率小于 2.1 m。

大多数基于 WiFi 的定位方法采用位置指纹方式。位置指纹定位的主要挑战是收集位置指纹耗费巨大的人力。近年来，已经有人提出了基于众包的位置指纹收集方式，以减少位置指纹定位消耗的人力。

### 1.3.2　基于蜂窝电话的定位导航技术

随着美国联邦通信委员会对增强型 911(E－911) 标准的通过，蜂窝电话作为该标准的一部分用于定位到现在有 10 多年了。E－911 标准要求对于 67%的紧急呼叫，移动电话的定位精度至少为 50 m。GPS 已经用于 E－911 呼叫的定位，基于手机网络的定位用于对定位位置进行快速修正。基于具体的技术协议，手机网络定位通常采用 TOA/TDOA 技术，如图1.9所示。例如，在 3G UMTS 中，该协议被称为下行链路到达空闲周期的观测时间差(OTDOA－IPDL)协议(Porcino, 2001 年)，而在 2G CDMA 中，该协议被称为高级前向链路三角化(A－FLT) 蜂窝网络技术(Nissani 和 Shperling, 2000 年)。

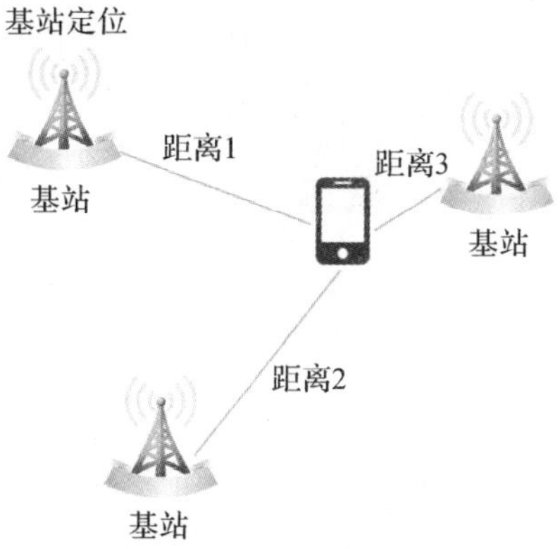


图 1.9　蜂窝电话导航定位

综上所述，50 m 的定位精度并不能满足室内区域的要求。在使用 WiFi 进行定位时，根据位置指纹算法，可以获得 2～6 m 的精度。因此，似乎位置指纹是适合室内定位的方法，它还可以与来自手机塔的信码组合使用，在全球移动通信系统信号中，Otsason，Varshavsky，LaMarca 和 de Lara (2005 年)，以及 Varshavsky，de Lara，Hightower，LaMarca 和 Oson (2007 年)对这想法进行了详细验证。全球移动通信系统是一种 2G 蜂窝电话技术(Pahlavan 和 Krishnamurthy,2013 年)，2000 年约有 40 亿用户。虽然全球移动通信系统正在全球范围内被 3G 和 4G 服务取代，但仍可能拥有全球最多的用户数。在全球移动通信系统中，除了打电话所在区域的基站之外，移动台还需要监视多达 6 个临近的基站。2007 年，Varshavsky 等人使用多达 29 个附加基站的信号来创建位置指纹。这大大增加了指纹的维度，从而提高了精度。2007 年，Varshavsky 等人的实验考虑了在三个不同城市的多层建筑中使用全球移动通信系统位置指纹，精度与基于 IEEE 802.11 的指纹定位的精度相当(平均误差为 2～3 m，而 WiFi 为 2～5 m)，大约 60%的概率能被正确识别具体楼层，定位误差约 98%的概率在两个楼层内。

因为 RSS 测量是基于位置指纹的定位参考信号，所以该信号变得十分重要。在 WiFi 定位时，被称为信标帧的媒体访问控制管理帧被用于 RSS 测量。在全球移动通信系统定位时，广播控制信道用于 RSS 测量。如果 3G UMTS 或 4G LTE 蜂窝服务使用类似的方法，参考信号将会改变。

### 1.3.3 基于蓝牙的定位导航技术

蓝牙通常被归为个人区域无线网络技术,其中个人网络范围在人体周围的有限空间内。它主要用于个人使用的各种设备之间的连接,如摄像机、智能手机和计算机。因此,蓝牙的发射功率和范围远远小于 WiFi(通常为 10 m 的量级),如图 1.10 所示。在 Fischer,Dietrich 和 Winkler( 2004 年),以及 Anastasi 等人(2003 年)和 Bekkelien (2012 年)的文章中,蓝牙已被用于室内定位。

2003 年,Anastasi 等人使用蓝牙进行基于接近度的定位。配有蓝牙接口的固定工作站可以跟踪其覆盖范围内的移动设备(带有蓝牙接口)。蓝牙设备地址用于在设备移动时跟踪设备(例如,以确定它们是否已经离开了覆盖区域)。集中式服务器用于监视室内区域中的所有设备。苹果公司的 iBeacon 技术也使用 IOS 设备利用蓝牙来确定其大概位置。

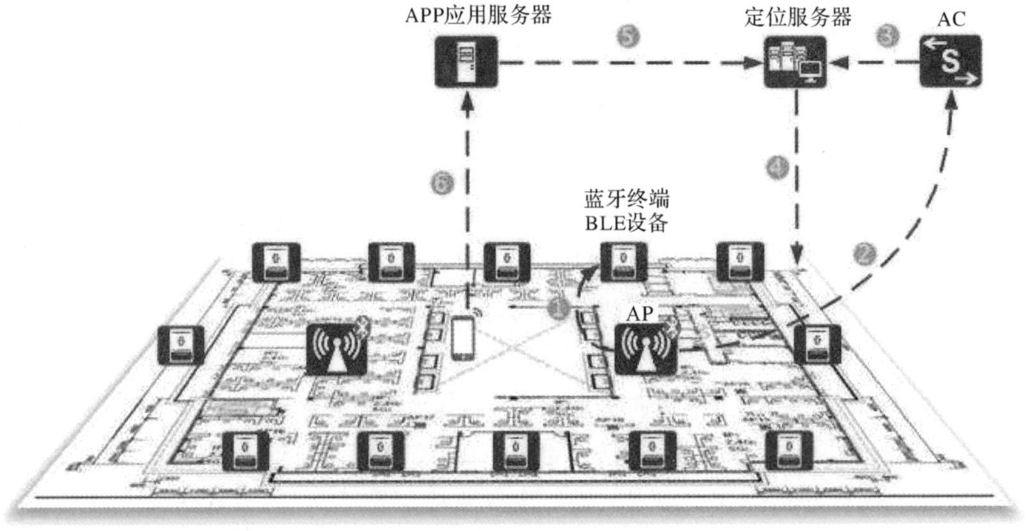


图 1.10 蓝牙定位

2004 年,在 Fischer 等人的文献中,使用蓝牙信号的到达时间来估计移动设备与已知固定接收机的距离。对固定接收机的硬件进行改造,使得时间的测量精度达到纳秒级。为了避免跨设备的时间同步问题,使用差分时差方法进行定位。"回波"请求和响应消息用于计算来自移动设备信号的到达时间。虽然这个原型显示了很好的前景,但 Fischer 等人的研究结果表明 TOA 测量受到蓝牙环境中人员和物体的多路径和移动的严重影响。此外,实验非常简单,仅使用两个固定接收机,移动设备在它们之间移动。

2012 年,Bekkelien 采用蓝牙耳机进行基于位置指纹的定位。使用基于 RSSI 的位置指纹,各种不同的指纹相似度被采用。位置估计的准确度约为 2 m。在精度方面,所有算法下的定位误差在 95%的概率内小于 6 m。

### 1.3.4 基于 RFID 的定位导航技术

近年来,RFID 技术替代条形码,用于跟踪库存和物品(Garfinkel 和 Rosenberg,2006 年),起到了十分重要的作用。简单说来,无源 RFID 标签就像是可以被更强大的阅读器读取的条形码。无源标签的工作方式是读取器发送一个信号，该信号将标签特定的调制信号(例如，其ID)反射回来。无源标签不需要电池供电，这使其成为低成本的部署设备。有源RFID标签具有自己的电源，并且可以发送读取器可以检测到的信号，如图1.11所示。RFID标签进行定位的缺点是，该技术通常不会内置在智能手机中，而现今智能手机常常被作为定位设备。这与当今大多数智能手机中存在的其他3种技术(WiFi、蓝牙和蜂窝)形成对比。

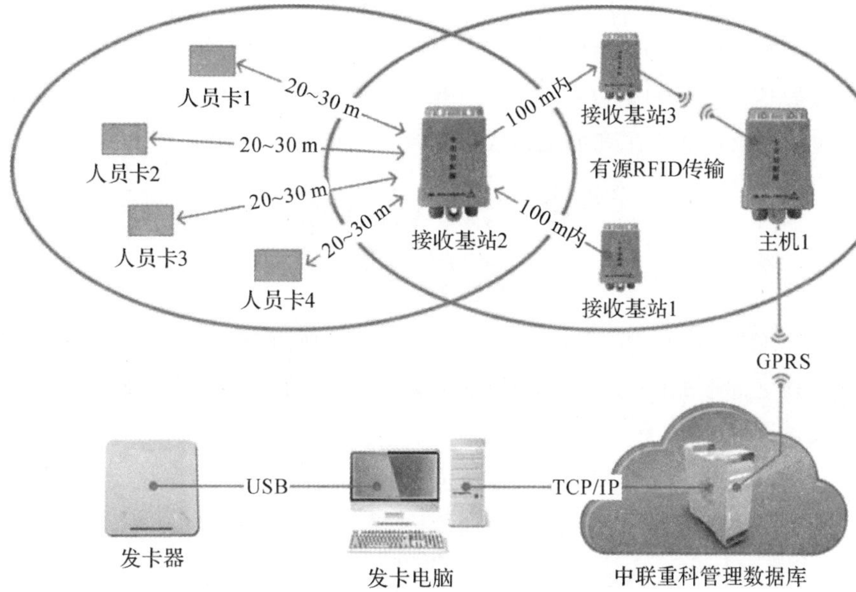


图1.11　RFID人员定位导航

像WiFi、蜂窝和蓝牙技术一样，RFID可以使用各种技术进行定位，例如基于接近度或位置指纹。在基于接近度定位的情况下，无源(或有源)标签的范围决定了定位精度。定位误差可能比蓝牙技术更小或者位于同一水平，这取决于标签的特性。在位置指纹的情况下，可以使用来自已知RFID标签的RSS测量值来确定位置。然而，如果广泛部署低成本的无源RFID标签，情况可能有所变化。可以基于响应RFID标签的数量和身份来估计读取器的位置，RFID标签本身可以被认为是位置指纹。

### 1.3.5　声学导航定位

早在1997年的“Active Bat (活动蝙蝠)”项目(Ward等人，1997年)就展示了使用超声波作为室内定位的方法。在该工作中，超声波信号的到达时间用于确定物体的范围。系统定位的准确度在几厘米左右。显然，这比使用如WiFi或蓝牙的典型射频技术达到的米级的定位精度提高了2~3个数量级。超声波或任何声学技术有以下两个缺点。首先，超声波或声音不能穿透墙壁；其次，像RFID技术一样，大多数用于导航的智能手机都没有配备超声波技术。

在Hazas和Hopper (2006年)的文献中，列出了Ward等人(1997年)采用超声波进行室内定位的方法的一些缺点。这些缺点包括无法一次定位多个对象，需要射频来识别对象，以及超声波对噪声的敏感性(例如，笔触的碰撞)。为了解决这些问题，2006年，Hazas和Hopper提出使用扩频进行超声波测距。该系统采用Gold码，同时GPS也将Gold码用于测距。

这在三维空间内获得了厘米级甚至更高的精度。在 Sertatl，Altunkaya 和 Raoof（2012 年）的文献中，与 Hazas 和 Hopper 使用相同的 511 芯片 Gold 码，使用低成本的扬声器和麦克风用于声学信号（非超声波信号）定位，位置精度在 99%的概率内达到 2 cm。我们注意到，扬声器是位置已知的发射机，麦克风的位置需要被估计出来。

图 1.12 所示为一种基于纯测向的被动水下声学定位方法原理图。布设在海底的单一声源发射定位信号，搭载在 AUV 船首尾的应答器阵列（船首和船尾各有两个应答器）接收信号并将其传送给计算机，计算机分别计算船首两个应答器的接收信号之间的相位差 $\varphi_{12}$ 以及船尾两个应答器的接收信号之间的相位差 $\varphi_{34}$，基于相位差分别计算出海底声源和船首连线与船体之间形成的角度 $\theta$ 以及海底声源和船尾连线与船体之间形成的角度 $\gamma$，则有

$$\theta = \text{arcccos}\left(\frac{\lambda\varphi_{12}}{2\pi d}\right) \tag{1-2}$$

$$\gamma = \text{arcccos}\left(\frac{\lambda\varphi_{34}}{2\pi d}\right) \tag{1-3}$$

其中，$\lambda$ 为接收信号的中心频率对应波长，$d$ 为应答器阵列间距，且 $d \leqslant \lambda/2$。以海底声源分别与船首和船尾之间形成的角度，在船体与声源形成的三角形中使用余弦定理，可得声源与船首和船尾之间的距离

$$R_1 = \frac{L\sin\gamma}{\sin(\gamma+\theta)} \tag{1-4}$$

$$R_1 = \frac{L\sin\theta}{\sin(\gamma+\theta)} \tag{1-5}$$

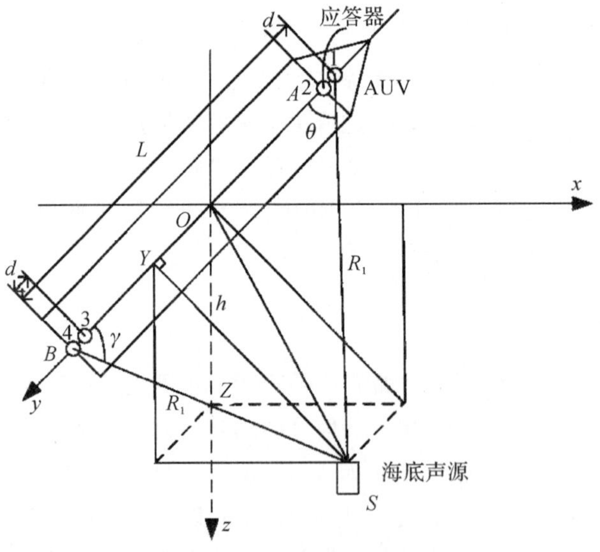


图 1.12　声学导航定位原理

根据已知的船长 $L$、海底声源的深度 $h$、海底声源和船首连线与船体之间形成的角度 $\theta$、海底声源和船尾连线与船体之间形成的角度 $\gamma$，计算出海底声源在船体坐标系下的位置坐标 $S(x,y,z)$，则有

$$\left.\begin{aligned}x&=\frac{2L^2\sin^2\gamma\sin^2(\gamma+\theta)+2L^2\sin^2\theta\sin^2(\gamma+\theta)-L^2(\sin^2\gamma-\sin^2\theta)^2}{4\sin^4(\gamma+\theta)}\\y&=\frac{L^2(\sin^2\gamma-\sin^2\theta)^2}{2\sin^2(\gamma+\theta)}\\z&=-h\end{aligned}\right\}\tag{1-6}$$

已知声源的大地坐标为$(\delta,\varepsilon,H)$，设地球直角坐标系为$(x_e,y_e,z_e)$，则大地坐标转换为地球直角坐标的公式为

$$\left.\begin{aligned}x_e&=(N+H)\cos L\cos\delta\\y_e&=(N+H)\cos L\sin\delta\\z_e&=[N(1-e^2)+H]\sin\varepsilon\end{aligned}\right\}\tag{1-7}$$

式中：$e$ 为第一偏心率；$N$ 为维度 $L$ 处的卯酉圈半径；$a$ 为地球长半轴。则有

$$N=\frac{a}{\sqrt{(1-e^2\sin^2\varepsilon)}}\tag{1-8}$$

根据大地坐标与地球直角坐标的转换公式求出声源的地球直角坐标系下坐标，得到船体坐标系到地球直角坐标系的变换矩阵，结合 AUV 在船体坐标系下的位置坐标和声源在船体坐标系下的位置坐标，通过直角坐标到大地坐标的转换即可得到 AUV 的大地坐标。

### 1.3.6　惯性导航

航位推算是指从已知位置开始的相对定位方法，考虑到物体在速度、距离和方向上的移动以估计新位置。在其他定位方案的例子中，也可能将误差引入航位推算，从而带来大的位置误差。如今智能手机都配备有加速度计，可以测定一个人从之前的位置移动了多少步。检测磁方向的传感器也有利于航位推算。这种方法需要一个初始的已知位置，这在某些情况下是有问题的。

作为该领域的一个例子，Beauregard 和 Haas(2006 年)进行了行人航位推算，利用一个人走路的步数作为行走速度和位移估计，如图 1.13 所示。在从已知位置到未知位置步行期间，由个人佩戴的加速度计感测行走的步数。使用神经网络来训练基于加速度计估计步数的模型。步行 1 km 的精度在 10 m 以内。另一个例子，Bird 和 Arden(2011 年)采用了用于惯性导航的脚踏式磁传感器，其使用 MEMS 惯性测量单元来确定士兵与已知位置的相对位移。实验表明，估计的轨迹与建筑内人的实际轨迹的误差保持在 2 m 内。

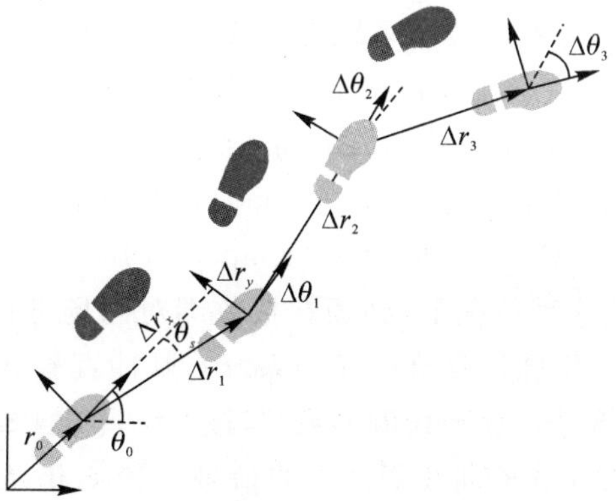


图 1.13　人行走的惯性导航

对于惯性导航技术而言，最基本的工作原理是以牛顿力学定律为基础，通过测量载体在惯性参考系的加速度，将它对时间进行积分，且把它变换到导航坐标系中，就能够得到在导航坐标系中的速度、偏航角和位置等信息。

### 1.3.7 基于磁场的定位导航技术

当磁场用于室内定位时，必须区分自然磁场(地磁场、永磁体磁场)和人造磁场。

(1)地磁场。地磁场(地球磁场)通常用于导航中的航向估计，如图 1.14 所示。然而，室内环境含有各种不同的磁场成分，如铁质材料、家具和电流，这些成分会干扰地球的自然磁场。2012 年，B. Li，Gallagher，Dempster 和 Rizos 指出室内环境中的这些磁场可以用作指纹对用户进行定位。2013 年，Subbu，Gozick 和 Dantu 采用类似的方法，通过集成在智能手机中的磁场传感器收集建筑物内的磁性特征，然后基于特征识别进行位置估计。

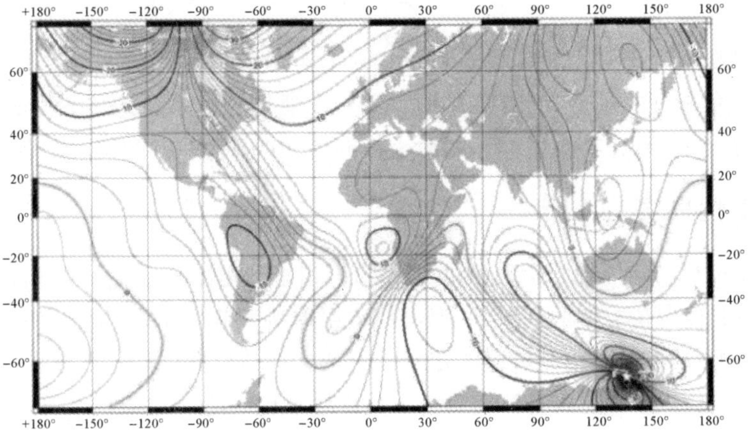


图 1.14 基于磁场的导航定位

(2)永磁体磁场。使用磁通密度进行定位的方法是利用永磁体产生的磁场。2009 年，MaoLi 等人描述了一种由置于 50 cm×50 cm×50 cm 立方体内某处的磁场传感器和移动式永磁体组成的系统，小的测量范围内可实现的定位精度为几毫米。

(3)人造磁场。最近几十年来，人们研究了基于人造磁场的目标跟踪(Kuipers，1975 年；Prigge 和 How，2004 年；Raab，Blood，Steiner 和 Jones，1979 年)。两个商用系统已经面市。然而，大多数基于磁场的跟踪系统是为运动跟踪和虚拟现实而设计的。这些系统主要用于有特殊装置的实验室环境中，如艺术、工业和生物医学等应用(Callmer，Skoglund 和 Gustafsson，2010 年；Hu，Meng，Mandal 和 Wang，2006 年)磁场的产生通常使用同心线圈来实现，并且具有较小的测量范围(通常半径小于 3 m)(Blood，1990 年；Dong 等人，2004 年；Papermo，Sasada 和 Leonovich，2001 年；Raab，1982 年)。Kuipers(1975 年)和 Raab 等人(1979 年)描述了使用正弦磁场的系统。在这种情况下，必须在接收端对磁场进行滤波。Blood(1990 年)和 Anderson(1995 年)描述了使用脉冲直流电场的系统。脉冲直流电场产生对应的磁场。2004 年，Prigge 提出了一种利用 8 个小直径线圈的系统，该系统具有 4 m×4 m 的覆盖面积。研究人员使用了码分多址方法来区分不同线圈产生的信号。2010 年，Callmer 等人探索了使用三轴磁强计和一个磁偶极子容器进行水下定位。2006 年，Hu 等人提出了一种用于医疗诊断和治疗的磁场定位和定向系统，可以无线跟踪通过人体胃肠道的物体。

## 1.4　本章小结及思考题

### 1.4.1　本章小结

导航定位的发展历史悠长，从古时候的指南车到如今的北斗卫星导航，从古老的航海图到今天的电子海图，从最初的室外导航定位扩展到现在的室内定位，生活中的实际需求不断地推动着导航定位技术的发展。室外定位方面，指南车的出现满足了原始战争的需要，指南针的诞生达到了生活的地理寻向，航海海图等天文导航器具的产生促进了最初的海洋航行，而科学定律催生的惯性导航让人们获得活动轨迹不是梦，卫星导航定位更加扩大了导航定位范围，给人们生活带来了便利，以无线电技术为依托的无线电定位在军方应用广泛，而越来越多的新兴定位技术也在不断地发展；室内定位方面，WiFi 定位、蓝牙定位依赖于小型局域网，适用面小，移动蜂窝定位扩大了室内定位覆盖范围，射频定位技术在物流跟踪方面应用广泛，室内航迹推算促进了智能机器人发展，地磁定位在医学方面攻克了难题。室内外导航定位技术发展各有千秋但目前各自也存在着不足，为应对方方面面的定位需求，室内外导航定位技术的发展依然任重而道远。

### 1.4.2　思考题

1. 导航定位的发展历史悠长，讨论国内导航定位发展的重大成就，梳理各种技术发展脉络，并分析这些导航技术对当时社会的政治、经济、文化产生了什么样的影响。

2. 我国的海图最早出现在什么时间？主要应用在哪些领域？现在国内海图导航技术发展现状如何？

3. 梳理近代以前国外定位技术发展的脉络，通过与同时期国内定位导航技术发展做对比，可以发现什么异同呢？

4. 近代以来的主要导航技术有哪些？什么原因催生了这些定位技术的出现？

5. 简述声学导航定位的基本原理。

6. 室内定位技术都有哪些？它们各自有何优、缺点？各自是否具有室内定位应用的普适性？

7. 红外线定位技术和超声波定位技术为何没有得到广泛应用？

8. 分析地磁导航未来的发展前景。

9. 纵观近代以前世界范围内所广泛应用的导航定位技术，有一部分已经逐渐被替代和淘汰，讨论这些定位技术在近代以来的发展情况，并思考在现代定位技术的大背景下，这些“过时”的定位技术应该如何改进才能重新获得应用。

## 参考文献

[1]吕彭丰智. 科圣的“平衡之道”：《张衡传》品读[J]. 语文学习，2021，30(3)：32 - 35.

[2]陈琳，窦忠. 中国古代导航技术翻译的特点及策略:《牵星司南》英译札记[J]. 中国科技翻译，2021,34(2):1-4，12.
[3]黄毅. 从明代海图看明人对东亚海域的认识[J]. 福建文博,2021,18(3):15-20.
[4]CHAYAN R ，PRABIR R,SUJATA K. Constraints on Energy Momentum Squared Gravity from Cosmic Chronometers and Supernovae Type Ia data[J]. Annals of Physics，2021,17(3):428-436.
[5]YAO Z，LU M. Structure of Satellite Navigation Signals[M]. Singapore:Springer Nature,2021.
[6]XU C，XIE Y，MA C，et al. Research on Multipath Suppression Method of Satellite Navigation Signal Based on Sparse Representation in The Background of Artificial Intelligent[J]. Journal of Physics：Conference Series，2021，1915(4):42-51.
[7]CERUZZI P E. Satellite Navigation and the Military-Civilian Dilemma：The Geopolitics of GPS and Its Rivals[M]. Boston:MIT Press,2021.
[8]王慧强,高凯旋,吕宏武.高精度室内定位研究评述及未来演进展望[J].通信学报,2021,42(7):198-210.
[9]赖朝安，龙漂. 基于高斯过程回归和 WiFi 指纹的室内定位方法[J]. 电子测量与仪器学报,2021(5):269-272.
[10]徐亚楠,蔡超,杨立辉,等.蜂窝网无线定位技术研究及实践[J].邮电设计技术,2021(10):33-37.
[11]LIE M，MARIA K,KUSUMA G P. A Fingerprint-based Coarse-to-fine Algorithm for Indoor Positioning System Using Bluetooth Low Energy[J]. Neural Computing and Applications，2021，33(7):2735-2751.
[12]CARBONE P . Using Bluetooth Low Energy Technology to PerformToF-Based Positioning[J]. Electronics，2021，11(1):67-76.
[13]王爽，石朝，曾大懿,等. 低成本 IMU 与 RFID 技术结合的 AGV 实时定位方法研究[J]. 机械设计与制造,2021,35(2):186-193.
[14]TEODORO A,JOAQUIN A,FERNANDO J A. High Availability Acoustic Positioning for Targets Moving in Poor Coverage Areas[J]. IEEE Transactions on Instrumentation and Measurement，2021，70(1):1-11.
[15]JORGE E O. Acoustic Positioning System for 3D Localization of Sound Sources Based on the Time of Arrival of a Signal for a Low-Cost System[J]. Engineering Proceedings，2021,15(1):10-18.
[16]WU Y F,ZHAO J Y,YU N,et al. Indoor Surveillance Video Based Feature Recognition for Pedestrian Dead Reckoning[J]. Expert Systems with Applications，2021,11(1):13-20.
[17]CAI Y . Smartphone-Based Pedestrian Dead Reckoning for 3D Indoor Positioning[J]. Sensors，2021,13(1):21-30.
[18]陈雅娟，周子健，李清华,等. 基于磁场矢量相位差的多传感器定位技术研究[J]. 航空科学技术,2021,32(10):74-79.

# 第2章 主要导航定位技术

## 2.1 卫星导航技术

### 2.1.1 卫星导航定位原理

1. 三球交会定位原理

目前世界上投入使用的卫星定位系统，如GPS、伽利略、北斗等，基本都采用了三球交会定位原理。如图2.1所示，三球交会定位基本原理为：待定位点在同一时刻同时接收三颗以上卫星信号，得到待测点与三颗卫星之间的空间距离，以及三颗卫星的空间坐标，利用待定位点与卫星之间的距离信息建立空间位置方程，解算该方程组就可以得到待测点的空间位置坐标。详细来说，当待定位点接收一颗卫星导航信号时，其定位位置处于以待定位点为圆心，待定位点到卫星之间的距离为半径的球面上；当再有一颗卫星时，同样的道理，待定位点的位置位于以待定位点为圆心，待定位点到另一颗卫星的距离为半径的球面上，当待定位点同时接收两颗卫星的信号时，待定位点的位置就被确定到了两个球面相交的圆上，此时如果再接收一颗卫星的信号，三个球面交会，那么待定位点的位置就会被最终确定到圆圆相交的两个点上，这两个点互为镜像，可根据待定位点所处的实际情况舍弃一个点，这样就最终得到了待定位点的空间位置坐标。

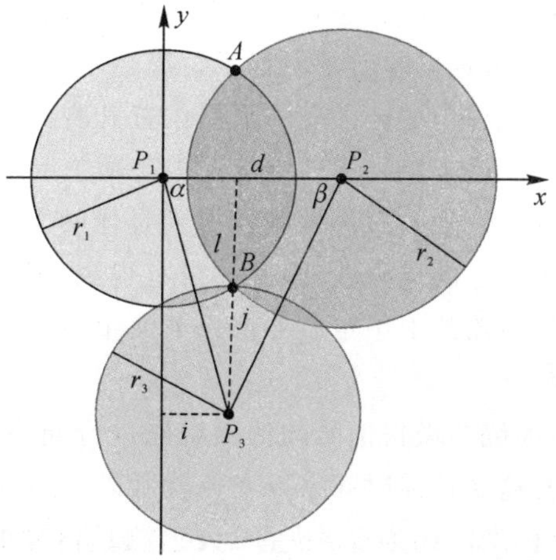


图2.1 三球交汇定位原理图

三球交会定位原理实现对待定位点的定位主要步骤如下：

首先，实现对卫星的实时定位。利用地面上与卫星通信的监测基站，得到监测基站与卫星之间的距离。通过三个或者三个以上监测基站到卫星之间的距离，确定一组距离方程，监测基站解算该距离方程，得到卫星的实时位置坐标，将卫星的实时坐标编织到卫星星历中，并将其发送给卫星，此时卫星的实时空间位置坐标已经成为了已知信息。

其次，实现待定位点与卫星之间的实时测距。待定位点同时与至少三颗卫星进行通信，通过卫星的测距信号与导航电文实时获得待定位点与卫星之间的距离信息，卫星将导航电文反馈给待定位点，同时导航电文中还包括了三颗卫星的实时位置坐标。

最后，确定待定位点的实时位置。根据导航电文中的信息，得到待定位点与三颗卫星之间的距离信息和三颗卫星的实时位置坐标，从而建立待定位点的待求解空间位置方程，解算距离方程便可以得到一对待定位点的位置坐标。再结合待定位点所处环境便可舍弃不合实际的一个解，这样就得到了待定位点的最终位置坐标。

所求解的空间距离房产可参考下述方程：

$$\left.\begin{aligned}(X_{s1}-x)^2+(Y_{s1}-y)^2+(Z_{s1}-z)^2&=D_{s1}^2\\(X_{s2}-x)^2+(Y_{s2}-y)^2+(Z_{s2}-z)^2&=D_{s2}^2\\(X_{s3}-x)^2+(Y_{s3}-y)^2+(Z_{s3}-z)^2&=D_{s3}^2\end{aligned}\right\}\tag{2-1}$$

式中：$(X_{s1},Y_{s1},Z_{s1})$，$(X_{s2},Y_{s2},Z_{s2})$，$(X_{s3},Y_{s3},Z_{s3})$为地面监测基站所得到的卫星实时空间位置坐标；$D_{s1},D_{s2},D_{s3}$为待定位点与三颗卫星之间的距离信息；$(x,y,z)$为待定位点的空间位置坐标。求解上述方程组，便可以得到待定位点的位置坐标。

2. *伪距定位原理*

通过上面的学习，我们知道，卫星发出测量信号，待定位点接收测量信号，利用测量信号的传输时间，就可以知道卫星与待定位点之间的距离，或者利用所接收到的卫星信号与待定位点内部信号的相位差而导出距离信息。然而，卫星时钟与待定位点时钟之间难以同步，因此存在时钟误差，同时，卫星所发出的测量信号在通过电离层和对流层时，会产生传播延时和多径效应，这些误差就导致待定位点所得到的距离信息，并不是实际上的真正距离信息，而是含有误差的距离信息，因此测量得到的距离通常被称为伪距。

除利用伪距信息进行卫星导航定位，还有基于距离增量的子午仪卫星定位、基于圆锥交互的铱星卫星定位等。子午仪卫星定位导航采用基于距离增量的单点定位方式，这种单点定位方式是利用多普勒测速来观测卫星，根据已有的卫星位置和观测到的卫星发射频率变化以及精确的时间来确定位置；铱星卫星定位采用圆锥交互多普勒单点定位方式，当接收机和发射机之间存在明显的运动时，可以从信号的多普勒频移得到具体的定位信息。由于多普勒定位方法测量时间长，定位精度具有一定的局限性，因此并没有得到广泛的应用。后来，伪距定位方法逐渐完善和成熟，成为现代主流的卫星定位方法。下面重点介绍伪距定位方法的基本原理以及具体的定位步骤等内容。

将待定位点接收机的本地码与微信信号的伪随机码进行同步，从而得到卫星测量信号由发射到接收之间的传播时间，这个传播时间乘以光速就可以得到卫星与待定位点之间的距离。

设卫星导航系统的统一标准时间为 $T$，卫星 s 发射测量信号的统一标准时钟时刻为 $T_s$，待定位点接收发出测量信号的卫星的测量信号统一标准时钟时刻为 $T_k$，卫星 s 发射测量信号

的卫星钟时刻为 $t_s$，待定位点接收到卫星信号的接收机钟时刻为 $t_k$。卫星发射测量信号时钟、待定位点接收测量信号时钟与卫星导航系统的统一标准时间存在时钟差，分别为 $\Delta t_s$，$\Delta t_k$，即存在如下关系：

$$t_s = T_s + \Delta t_s \tag{2-2}$$

$$t_k = T_k + \Delta t_k \tag{2-3}$$

此时，先忽略电离层损耗和对流层传播时延，可以得到卫星发出测量信号到待定位点接收到测量信号所用的时间为

$$t_s - t_k = (T_s + \Delta t_s) - (T_k + \Delta t_k) = T_s - T_k + \Delta t_s - \Delta t_k = \Delta T + \Delta t_s - \Delta t_k \tag{2-4}$$

所用时间乘以光速，得到待定位点和卫星之间的距离信息为

$$D = c(t_s - t_k) = c\Delta T + c\Delta t_s - c\Delta t_k = R + ct_s - b_k \tag{2-5}$$

式中：$D$ 为伪距的实际测量值；$R$ 为 $t_s$ 时刻的卫星位置至 $t_k$ 时刻待定位点接收机之间的空间几何距离；$b_k$ 为待定位点接收机时钟差的等效距离，其中，卫星时钟差 $\Delta t_s$ 的信息包含在导航电文中。

实际定位过程中，待定位点在某时刻 $t_k$ 同时监测多颗卫星，故可得到多个伪距 $D_k^i$ 和伪距方程，即

$$D_k^i = R_k^i + c\Delta t_s^i - b_k \tag{2-6}$$

上述讨论均未考虑电离层损耗和对流层传播时延，如果加上卫星测量信号在传输过程的电离层时延延迟 $\Delta D_{k_n}^i$、对流层时延延迟 $\Delta D_{k_p}^i$ 以及传输过程中的观测噪声 $\omega_k^i$，就得到了最终真实情况下的伪距方程为

$$D_k^i = R_k^i + c\Delta t_s^i - b_k + \Delta D_{k_n}^i + \Delta D_{k_p}^i + \omega_k^i \tag{2-7}$$

卫星时钟差 $\Delta t_s$ 的信息可以从接收到的导航电文中获得，卫星测量信号在传输过程的电离层时延延迟 $\Delta D_{k_n}^i$、对流层时延延迟 $\Delta D_{k_p}^i$ 可以通过相应的物理模型建模得到，理想状态下可以忽略传输过程中的观测噪声 $\omega_k^i$，这时方程组中的未知信息就只剩下了待定位点的空间位置坐标$(x,y,z)$和待定位点接收测量信号时钟与卫星导航系统的统一标准时间的时钟差 $\Delta t_k$，所以待定位点在同一时刻同时接收四颗在轨卫星的测量信号，就可以实现最终的导航定位。

已经得到了伪距方程，那么接下来就要开始结解算伪距方程。

$R$ 为 $t_s$ 时刻的卫星位置至 $t_k$ 时刻待定位点接收机之间的空间几何距离，其具体表达式为

$$R = \sqrt{[X_s(t_s) - x_k(t_k)]^2 + [Y_s(t_s) - y_k(t_k)]^2 + [Z_s(t_s) - z_k(t_k)]^2} \tag{2-8}$$

将其代入伪距方程并展开，可简写为

$$D_k^i = \sqrt{(X^i - x_k)^2 + (Y^i - y_k)^2 + (Z^i - z_k)^2} + c\Delta t_s^i - b_k + \Delta D_{k_n}^i + \Delta D_{k_p}^i + \omega_k^i \tag{2-9}$$

根据数学知识可以看出上述方程是一个非线性方程组，因此需要对其进行线性处理，非线性方程的线性化方法有很多，这里采用最基础的泰勒展开法对其进行线性处理。暂取待定位点的位置坐标为$(x_0,y_0,z_0)$，位置坐标的偏移为$(\Delta x_k,\Delta y_k,\Delta z_k)$，将上式进行泰勒展开并仅仅保留一次项，得到线性化后的伪距方程组为

$$D_k^i = \hat{R}_k^i - \left(\frac{X_i - x_0}{\hat{R}_k^i}\Delta x_k + \frac{Y_i - y_0}{\hat{R}_k^i}\Delta y_k + \frac{Z_i - z_0}{\hat{R}_k^i}\Delta z_k\right) - c\Delta t_s^i - b_k + \Delta D_{k_n}^i + \Delta D_{k_p}^i + \omega_k^i \tag{2-10}$$

式中，$\hat{R}_{\mathrm{k}}^{i}$为待定位点到第 $i$ 颗卫星的距离估计值，其表达式如下：

$$\hat{R}_{\mathrm{k}}^{i} = \sqrt{(X_i - x_0)^2 + (Y_i - y_0)^2 + (Z_i - z_0)^2} \tag{2-11}$$

令

$$B_{\mathrm{k}}^{i} = D_{\mathrm{k}}^{i} - \hat{R}_{\mathrm{k}}^{i} + c\Delta t_{\mathrm{s}}^{i} - \Delta D_{\mathrm{k_n}}^{i} \Delta D_{\mathrm{k_p}}^{i} \tag{2-12}$$

不妨设 $r_x^i = \dfrac{X_i - x_0}{\hat{R}_{\mathrm{k}}^{i}}$，$r_y^i = \dfrac{Y_i - y_0}{\hat{R}_{\mathrm{k}}^{i}}$，$r_z^i = \dfrac{Z_i - z_0}{\hat{R}_{\mathrm{k}}^{i}}$，此时式(2-7)就可变形为

$$\omega_{\mathrm{k}}^{i} = r_x^i \Delta x_{\mathrm{k}} + r_y^i \Delta y_k + r_z^i \Delta z_{\mathrm{k}} + b_{\mathrm{k}} - B_{\mathrm{k}}^{i} \tag{2-13}$$

在上述的最终线性方程组中，式(2-12)中的参数均可以通过建模和导航电文得到，因此为已知量，通常称为观测量(或者自由量)。将方程写为矩阵形式为

$$\boldsymbol{AX} = \boldsymbol{B} + \boldsymbol{W} \tag{2-14}$$

式中：$\boldsymbol{X} = [\Delta x_{\mathrm{k}}, \Delta y_{\mathrm{k}}, \Delta z_{\mathrm{k}}, b_{\mathrm{k}}]^{\mathrm{T}}$ 为待求参数矢量；$\boldsymbol{A} = \begin{bmatrix} r_x^1 & r_y^1 & r_z^1 & 1 \\ \vdots & \vdots & \vdots & \vdots \\ r_x^n & r_x^n & r_x^n & 1 \end{bmatrix}$ 为待求参数的系数矩阵；$\boldsymbol{B} = [B_k^1, B_k^2, \cdots, B_{\mathrm{k}}^n]^{\mathrm{T}}$ 为观测矢量；$\boldsymbol{W} = [\omega_{\mathrm{k}}^1, \omega_{\mathrm{k}}^2, \cdots, \omega_k^n]^{\mathrm{T}}$ 为随机噪声矢量。

分析该矢量方程组，可以分为以下两种情况解算方程组：

(1)待定位点可接收到的卫星测量信号恰好为 4。由于 4 颗观测卫星所提供的信息仅仅可以求解待定位点的空间位置坐标$(x, y, z)$和待定位点接收测量信号时钟与卫星导航系统的统一标准时间的时钟差 $\Delta t_{\mathrm{k}}$，所以要忽略接收测量信号的随机误差 $\boldsymbol{W}$，此时的伪距方程组就变成了如下形式：

$$\boldsymbol{AX} = \boldsymbol{B} \tag{2-15}$$

可以求出待定位矢量为

$$\boldsymbol{X} = \boldsymbol{A}^{-1}\boldsymbol{B} \tag{2-16}$$

(2)待定位点可接收到的卫星测量信号大于为 4 个。利用最小二乘原理求解方程组，即 $\boldsymbol{W}^{\mathrm{T}}\boldsymbol{W} = 0$，则原方程可以写为

$$\boldsymbol{A}^{\mathrm{T}}\boldsymbol{AX} = \boldsymbol{A}^{\mathrm{T}}\boldsymbol{B} \tag{2-17}$$

解方程组可得

$$\boldsymbol{X} = (\boldsymbol{A}^{\mathrm{T}}\boldsymbol{A})^{-1}\boldsymbol{A}^{\mathrm{T}}\boldsymbol{B} \tag{2-18}$$

当完成待定位点未知矢量的求解后，可按如下公式求得待定位点具体位置坐标：

$$\begin{bmatrix} x_k \\ y_k \\ z_k \end{bmatrix} = \begin{bmatrix} x_0 + \Delta x_k \\ y_0 + \Delta y_k \\ z_0 + \Delta z_k \end{bmatrix} \tag{2-19}$$

求得具体位置坐标后，可根据需求和相应的坐标系转换规则，将直角坐标系转换为球坐标系或者地理坐标系。另外，由于待定位点的初始估计位置往往误差很大，泰勒展开时会存在较大的非线性误差，所以通常采用迭代方法求一个位置的初始解作为其估计值，然后用上述方法进行解算。

### 2.1.2 卫星导航的主要定位误差分析

在卫星导航定位系统中，引起定位误差的主要因素有以下三个部分：首先是运载体卫星自

身所带来的误差，其次是待定位点接收机接收测量信号带来的误差，最后是卫星测量信号在传播过程中带来的误差。

1. 卫星自身相关的误差

与卫星自身相关的误差主要来源于两部分，分别是卫星系统时钟误差和卫星星历误差。

卫星系统时钟误差主要是指整个卫星导航定位系统标准时钟与卫星自身时钟有偏差或者不同步，会产生频率偏移和频率漂移，随着时间的增长，两者还会发生累积和动态变化。但频率偏移和频率漂移可以通过地面待定位点观测站实时监测运载卫星，通过长时间的监测，由主观测站得到相应的具体参数，通过导航电文将其提供给待定位点接收机，这样就可以建立卫星时钟误差模型，通过模型就可以修正卫星时钟所带来的误差，可将等效距离误差降低到 10 m 以下。

在北斗卫星导航过程中，站星间距离的值主要取决于卫星信号的传播时间，在最理想的情况下，卫星时钟与接收机时钟应该跟北斗时间是一致的，但在实际过程中很难实现，卫星钟误差即为北斗卫星时钟与北斗时的差值。根据北斗卫星给出的导航报文中的关于改正卫星钟差二次项的参数值，考虑到北斗卫星的轨道形状不是标准的圆形，该现象会导致相对论效应钟差 $\Delta t_r$，此时卫星钟差可以写作 $\Delta t_{sv}$，则有

$$\Delta t_{sv} = a_0 + a_1 (t - t_{oc}) + a_2 (t - t_{oc})^2 + \Delta t_r \tag{2-20}$$

式中：$a_0$，$a_1$，$a_2$ 是钟差的改正系数，是从卫星导航报文中得到的；$t_{oc}$是卫星时钟基准时间，也是从卫星导航报文中得到的。与此同时，国际 GPS 服务提供的事后精密星历中，也有高精度的卫星时钟误差，一般都使用内插法来求取某一时间的卫星时钟误差，或者使用相对定位法来对卫星时钟误差进行补偿消减。

由导航电文所给出的卫星星历与其实际位置之差称为卫星星历误差。各监测站对卫星进行跟踪测量时的测量误差，以及卫星在空中运行受多种摄动力的复杂影响，导致在预报星历中不可避免地存在着误差。同时，监测系统的质量，如监测站的数量及空间分布，轨道计算时所用的轨道模型及定轨软件的完善程度，亦会导致星历误差。此外，用户得到的卫星星历并非实时，是由用户接收的导航电文中对应于某一时刻的星历参数推算而来，由此也会导致卫星位置的计算误差。为了尽可能减弱星历误差对定位的影响，一般采用同步观测求差法或轨道改进法。前者是采用两个或多个近距离的观测站对同一颗卫星进行同步观测，然后求差就可减弱卫星轨道误差的影响；后者是在数据处理中，引入表述卫星轨道偏差的改正数，并假设在短时间内这些改正参数为常量，将其作为待求量与其他位置参数一并求解，从而校正卫星星历误差。

2. 接收机接收信号相关的误差

接收机接收信号时涉及的误差主要是接收机观测误差和接收机时钟误差。

接收机接收卫星观测信号，对接收机自身的软件和硬件要求极高，其软硬件往往会引起系统性的接收误差，接收机对卫星观测信号的观测分辨率也影响着接触误差，同时也需要考虑到接收机收发信号天线的性能以及精度等因素。

接收机时钟误差是指接收机内部标准时钟和整体卫星导航定位系统标准时钟之间的误差，受时钟仪器的质量影响，这两者时钟无法确定完全同步，即存在钟漂问题。由于同一台接收机观测到的所有卫星信号具有相同的时钟参数，所以在位置结算时可以通过多次测量，估计

出钟漂误差。另外,还可以对观测信号采取差分处理来减小钟漂误差。

3.信号传播过程中的误差

卫星测量信号从卫星发出,最终被待定位点接收机接收,在此过程中会穿透大气层,所涉及的误差主要是电离层的信号延迟误差和对流层的传播延迟误差以及存在的多径传播效应。

电离层是指地面上空 50～10 km 之间大气层。卫星导航信号在传播过程中,由于受电离层折射的影响,会产生附加的信号传播延迟,从而使所测的信号传播时间产生误差。电离层引起的误差主要与沿卫星至接收机视线主向上的电子密度有关。其影响大小取决于信号频率、观测方向的仰角、观测时的电离层状况等因素。电离层的电子密度随太阳及其他天体的辐射强度、季节、时间以及地理位置等因素的变化而变化,其中与太阳黑子活动的强度尤为相关。为了减弱电离层误差的影响,通常有以下几种方法:一是接收机采用双频观测得到卫星信号,经双频修正后的距离残差为厘米级,但在太阳黑子活动的异常期或太阳辐射强烈的正午,这种残差仍会明显增大;二是利用电离层模型修正,由于影响电离层折射的因素很多,无法建立严格的数学模型,有关资料表明,目前模型修正的有效性约为 75%;三是利用同步观测值求差,利用两台或多台接收机,对同一颗或同一组卫星进行同步观测,再将同步观测值求差,以减弱电离层延迟的影响。

现在电离层误差的校正模型大概有三种:经验模型、双频改正模型及实测数据模型。经验模型是一种经验公式,其主要建立在世界各地电离层观测站日积月累的测量数据上。任何使用者都可以用这些总结归纳的经验模型来对其所需要的电离层延迟参数进行计算并补偿。常用模型有 Ne Quick 模型、Klobuchar 模型、IRI 模型、Bent 模型等。通常情况下,后两个模型所需系数能够达到三位数,其补偿修正程度能够达到七成。实测数据模型所使用的是全球卫星导航系统为实时定位需要的用户及进行短时间内预报的群体准备的模型,该模型需要用到全球卫星导航系统的双频测量值。这种实测数据模型分为全球型及区域型,全球模型补偿修正效果可以达到 8%～9%,区域类型中一般有曲面拟合法、距离加权法以及多面函数法。

八参数 Klobuchar 电离层改正模型同时应用于北斗卫星导航系统及 GPS 卫星导航系统中,该模型是在中纬度地区进行大量实验并取实验数据资料进行推算而来。其设定的每日电离层最大影响时间为当地时间下午两点,天顶时延在夜间被设定为 5 ns。该模型能够大概反映电离层的演变趋势,其电离层估测在足够大的层级上是可信赖的,也顾及了周日电离层振幅及周期演变,成功描绘了电离层的演变趋势,并且在参数取值上充分把握了周日电离层延迟的振动幅度与时间周期的变化值,成功描绘了周日电离层演变趋势。

北斗八参数 Klobuchar 模型计算天顶方向电离层时间延迟公式如下:

$$I_Z(t)=\begin{cases}A_1+A_2\cos\dfrac{2\pi(t-A_3)}{A_4}, & |t-A_3|<A_4/4\\ A_1, t\text{ 为其他值}\end{cases} \tag{2-21}$$

式中:$I_Z$ 为天顶方向延迟,单位为 s;$t$ 为交点的当地时间,单位为 s;$A_1=5\times10^9$ s,为竖直延迟常值,通常指夜间值;$A_2$ 可以由星历中求出,其为余弦曲线振幅,指白天的相应值;与初始相位 $A_3$ 相关联的当地时间是余弦曲线的极点处,通常取值为 50 400 s;$A_4$ 表示的是余弦曲线的周期,可以由星历中的相关系数求出。

对流层是指最接近地球表面的一层大气,也是大气的最下层,密度最大,所包含的空气质量几乎占整个大气质量的 75%，以及几乎所有的水蒸气及气溶胶。卫星导航信号通过对流层时，由于其传播速度不同于真空中光速 $c$，从而产生延迟，其大小取决于对流层本身及卫星高度角。对流层误差由干分量和湿分量两部分组成。一般是利用数学模型，根据气压温度湿度等气象数据的地面观测值来估计对流层延迟误差并加以改正，常用的模型有 Hopfield 模型、Saaslamoinon 模型等。这些模型可以有效地减小干分量部分的影响，干分量约占总误差的 80%，而湿分量难以精确估计，需用到气象数据的垂直变化梯度参数。静态定位时，可以利用水蒸气梯度仪等来解决这一问题，但在动态情况下难以实施。

多路径效应也叫多路径误差，是指卫星向地面发射信号，用户接收机除了接收到卫星直射的信号外，还可能收到周边建筑物、水面等一次或多次反射的信号，这些信号叠加起来会引起测量参考点（卫星接收机天线相位中心）位置的变化，从而使观测量产生误差。多路径效应对于测码伪距的影响要比载波测量严重得多。多路径误差和用户的周围环境（如地形、地物及其发射特性）有关，并且在静态定位时此项误差呈现系统性误差特性，但却难以用误差模型来描述；在动态情况下，由于载体的运动，此项误差较多地表现为随机性误差特性。

4. 相对论效应

不管是狭义还是广义相对论效应，都会影响到卫星导航的方方面面，卫星和接收机所在位置的地球引力位不同，以及卫星和接收机在惯性空间中的运动速度不同，导致卫星钟频率产生视漂移。卫星钟差修正量取决于卫星轨道与标准圆形轨道之间的差异：

$$\Delta t_r = Fe\sqrt{a}\sin E_k \tag{2-22}$$

式中：$F=-4.442\ 807\ 633\times10^{-10}\ \mathrm{s/m^{1/2}}$；$e$ 表示卫星轨道值的偏心率；$a$ 表示其长半轴；$E_k$ 表示其偏近点角。该效应的最大值约为 70 ns，所引起的距离偏差约为 20 m。如果使用的不是实时广播星历而是事后精密星历的话，就不能再用上文给出的计算方法，可以转而使用卫星的位置与速度矢量来表达这一误差：

$$\Delta t_r = -\frac{2}{c^2}\boldsymbol{x}^s\cdot\dot{\boldsymbol{x}}^s \tag{2-23}$$

式中：$\boldsymbol{x}^s$、$\dot{\boldsymbol{x}}^s$ 分别表示卫星在地球坐标系下的位置与速度矢量，这两项需要使用精密星历的插值计算。

### 2.1.3　卫星导航定位系统应用

1. 军事方面的应用

卫星导航定位系统最初产生就是为了将其应用于军事。现在 GPS、伽利略、北斗等卫星导航定位系统纷纷成熟，而导航定位已经成为现代化军事装备的重要构成部分，成为未来技术战争的重要基础支持，也是未来多维战场、智能战场、建设数字化军队的重要信息来源。可以说，卫星导航定位已涉及军事行动的方方面面，利用卫星导航可以实现目标跟踪、导弹巡航、军队调配、物资补给、战术协同、后勤保障等一系列重大军事目的。

2. 民用方面的应用

随着全球卫星导航系统建设的不断完善，其应用也逐渐从军用定位和导航，逐步扩展到民用，应用的深度和广度也与日俱增。卫星导航在民用领域的应用涉及海陆空方方面面。

海洋方面：远洋船只的最佳航程和安全航线测定，海洋地球物理勘测与大地测量，海底与海面地形及水深测量，水文测量等；航空和航天方面：飞机导航和姿态测量、飞机进场着陆系统、低轨卫星的实时轨道测量、摄影和遥感飞机的状态参数测量等；其他生活方面：智能交通系统、物流管理、地球物理资源勘测、基于位置的服务、大地测量、个人导航等。

## 2.2 惯性导航技术

### 2.1.1 惯性导航定位原理

惯性导航系统的根本原理可以简要概括为牛顿三大定律，利用惯性测量元件测量运载体做惯性运动时的速度参数、加速度参数、方向参数等，在给定初始参数的条件下，输出运载体的相关定位参数和导航姿态参数。惯性导航定位系统功能强大，能够提供具体运动时的航向、速度、加速度、位置等多种定位信息，非常具有自主性、普适性和隐蔽性。近年来，惯性导航飞速发展，已经成为水下航行的唯一导航定位手段，在军事、民用等各个领域的作用变得越来越突出。

**（一）惯导基本原理**

假设运载体做匀加速直线运动，初速度为 $v_0$，运动时间为 $t$，速度为 $v$，加速度为 $a$，所运动过的初始距离为 $S_0$，所运动的距离为 $S$，则依据牛顿运动定律，具体参数存在如下关系：

$$\left.\begin{aligned} v &= v + at \\ S &= S_0 + v_0 t + \frac{1}{2}at^2 \end{aligned}\right\} \tag{2-24}$$

若运载体从静止开始运动，也就是初始运动速度和初始运动路程为零（$v_0=0, S_0=0$），此时上述关系就变为

$$\left.\begin{aligned} v &= at \\ S &= \frac{1}{2}at^2 \end{aligned}\right\} \tag{2-25}$$

由于在实际航行中，运载体运动并非匀加速直线运动，所以运载体的运动航向和运动速度随时都在发生变化，进而加速度也在发生变化，因此加速度不再是一个常量，无法用代数运算方法去运算求解，要达到实时的导航定位，需要通过不断地测量加速度变化进行递推计算。

由牛顿-莱布尼兹公式可知，在某个时间段（$\Delta t$）内对加速度做一次积分，可以得到运载体在运动时的速度分量为

$$\left.\begin{aligned} v_{\mathrm{E}}(k+1) &= v_{\mathrm{E}}(k) + \int_0^{\Delta t} a_{\mathrm{E}}(k)\mathrm{d}t \\ v_{\mathrm{N}}(k+1) &= v_{\mathrm{N}}(k) + \int_0^{\Delta t} a_{\mathrm{N}}(k)\mathrm{d}t \end{aligned}\right\} \tag{2-26}$$

式中：$v_{\mathrm{E}}(k+1)$，$v_{\mathrm{E}}(k)$分别为运载体在东向上的运动速度的第 $k+1$ 次递推值和第 $k$ 次测量值；$a_{\mathrm{E}}(k)$为运载体在东向上的加速度的第 $k$ 次测量值；$v_{\mathrm{N}}(k+1)$，$v_{\mathrm{N}}(k)$分别为运载体在北向上的运动速度的第 $k+1$ 次递推值和第 $k$ 次测量值；$a_{\mathrm{N}}(k)$为运载体在北向上的加速度的第 $k$ 次测量值。

在某个时间段（$\Delta t$）内，对加速度做二次积分（即对运动速度做一次积分），可以得到运载

体在运动时具体运动路程分量：

$$\varphi(k+1)=\varphi(k)+\frac{1}{R}\int_0^{\Delta t} v_N(k)\mathrm{d}t$$
$$\gamma(k+1)=\gamma(k)+\frac{1}{R\cos\varphi(k)}\int_0^{\Delta t} v_E(k)\mathrm{d}t \quad (2-27)$$

式中：$\varphi(k+1)$，$\varphi(k)$分别为运载体纬度第 $k+1$ 次递推值和第 $k$ 次测量值；$\gamma(k+1)$，$\gamma(k)$分别为运载体经度第 $k+1$ 次递推值和第 $k$ 次测量值。

通过递推迭代，就可以实现导航定位参数的求解，以上就是水平制北半解析式惯性导航系统的基础原理。虽然惯性导航系统的基本原理非常简单，但具体实现起来也有很大的难度，主要问题在于运载体在运动状态下难以保持加速度计的水平和方向始终不变。

为了解决这一问题，惯性导航定位系统采用三轴惯性稳定平台，这个惯性定位平台的三轴始终指向东向、北向和竖直向上的方向，这样就保证了在运载体运动过程中加速度计的敏感轴始终分别指向地理东和地理北，也保证了加速度计在运动过程中处于水平，同时可以通过安装在平台上的侧角敏感元件直接测量得到运载体的姿态和航向。一旦测量平台坐标系不能与地理坐标系中方向保持一致，那么就会给加速度测量计和姿态测量角带来重大误差。当运载体运动时，以运载体为原点的地理坐标系，相对惯性空间的旋转角速度由两部分组成：一是地球的自转角速度，二是载体相对地球运动而引起的转动角速度。按照地理坐标系旋转角速度在三周大小上的分量，可以控制稳定平台上的三轴陀螺仪进动，进而实现整个平台的稳定跟踪与水平保持。

解决了姿态水平和测量方向保持问题后，接下来就需要考虑速度的计算问题。稳定平台上安装的东、北向加速度计，分别用来测量东西方向以及南北方向的加速度大小。实际上加速度计的测量值包含着惯性加速度和引力加速度，目前对二者难以区分。这里引入比力的概念，比力是指惯性加速度与引力加速度的合力，即

$$F=a_G+a_F \quad (2-28)$$

式中：$F$ 为比力；$a_F$ 为惯性加速度；$a_G$ 为引力加速度。

平台式惯性导航采取稳定平台使加速度计始终处于水平状态，来实现包含引力的重力隔离。但是一旦平台的水平发生问题，导航平台将存在巨大误差，使得加速度测量出现误差。在用测得的加速度信息进行速度计算时，需要充分考虑定义的速度所处的导航坐标系，当导航坐标系是非惯性坐标系时，则补偿导航系的运动影响，需要用计算机对加速度输出进行补偿，主要是两部分——地球自转和舰船在地球上运动所产生的有害加速度，补偿以后才可以获得两个方向上的准确的水平位移加速度，进而进行一次积分得到速度分量，进行两次积分得到航程分量。依据力学相关原理，当地球（或其他参考坐标系）做等角速度旋转时，有

$$a_F=a_X+a-a_G \quad (2-29)$$

式中：$a_X$ 为相对加速度；$a$ 为牵引加速度；$a_g$ 为哥氏加速度。进而得到比力为

$$F=a_X+a_g+a-a_G \quad (2-30)$$

在地球上，引力加速度和离心加速度就是合力。

根据上面的叙述，可设加速度计测量比力为 $\overline{f}$，载体相对于参考坐标系的相对加速度为 $a$，地球自转的角速度为$\overline{\omega_{ie}}$，载体相对于地球的转动角速度为$\overline{\omega_{cb}}$，重力加速度为 $\overline{g}$，则有

$$\overline{f}=\overline{v_r}+(2\,\overline{\omega_{ie}}+\omega\,\overline{\omega_{eb}})\times\overline{v_r}-\overline{g} \quad (2-31)$$

将式(2－31)展开为分量形式，变为

$$\left.\begin{aligned} f_e &= a_e-(2\omega_{ie}\sin\varphi+\frac{v_E}{R_N}\tan\varphi)v_N+(2\omega_{ie}\cos\varphi+\frac{v_E}{R})v_T \\ f_N &= a_N+(2\omega_{ie}\sin\varphi+\frac{v_E}{R_N}\tan\varphi)v_E+\frac{v_N}{R}v_T \\ f_T &= a_\zeta-(2\omega_{ie}\cos\varphi+\frac{v_E}{R_N})v_E-\frac{v_N}{R}v_N+g \end{aligned}\right\} \tag{2-32}$$

实际情况下，依据式(2－32)就可以得到运载体的速度值和航程值，经过换算就可以得到经纬度等一系列导航信息。

## (二)平台式惯性导航系统

1. 平台式惯性导航系统的基本结构

从结构上看，按照有无惯性稳定平台，惯性导航系统分为平台式惯性导航系统和捷联式惯性导航系统两类。捷联式惯性导航系统直接将惯性元件固连在载体上，这类系统虽然取消了平台实体，但导航平台的概念是用计算机建立的“数学平台”替代的。

不同类型的惯性导航系统，其组成部分也有所差异。即使是某一种类型的惯性导航系统方案，应用在不同的运载体上，其组成也会不同。美国海空系统司令部海军局制定的《惯性导航装置军用规范》规定惯性导航系统由以下功能部件组成。

(1)主体仪器：也称惯性平台，这是惯性导航系统测量装置的核心部分。主体仪器是惯性导航系统的核心部件，它由惯性平台、减震装置、温控系统和一些电气元件所组成。

(2)导航计算机：主要用来完成导航参数计算，并计算加给陀螺力矩器的指令信号。数字计算机是惯性导航系统的重要组成部件，完成惯性导航系统全部计算工作，并提供控制信息及数据输出。

(3)控制显示装置：控制台是用来操纵、控制惯性导航系统工作的，包括工作状态选择开关、初始数据装定旋钮、输出数据显示部件及故障报警指示等。

(4)电源装置：一部分是供给加速度计、陀螺仪、计算机、显示器等部件的电源；另一部分是特种电源，它供给惯性导航系统中电气元件、惯性元件及各种回路所需要的高性能指标要求的交直流电源。

(5)电子设备柜：包含稳定回路放大器、加速度计回路放大器、启动装置回路放大器、陀螺仪、加速度计及台体的温控回路等。

(6)信号发送装置及外围设备：这部分因惯性导航系统应用于各种运载体的不同要求而有所区别，船用惯性导航系统往往配有航向和纵、横摇角发送器等系统。

2. 平台式惯性导航系统的分类

根据稳定平台建立的平台坐标系，平台式惯性导航系统可以分为解析式、半解析式、几何式三类。

(1)解析式惯性导航系统。解析式惯性导航系统有一个三轴陀螺稳定平台，稳定于惯性空间($i$ 系)，故又称为空间稳定式惯性导航系统。

三个相互垂直的陀螺和加速度计都安装于稳定平台上，加速度计不仅可以测得载体在惯性坐标系内的加速度，而且还能感受到引力分量。当计算惯性坐标系下的载体速度与位置时，不需修正地球自转与载体运动的影响，计算并消除引力影响后即可得到相对惯性空间的载体加速度。对于近地表运动的载体，当计算处于地球坐标系或地理坐标系下的载体速度与位置时，必须对惯性坐标系下的载体速度与位置进行坐标变换，得到相对于地球坐标系或地理坐标系下的速度和经纬度位置。与当地水平面惯性导航系统相比，平台所取的空间方位不能把运动加速度和重力加速度分离开，加速度计所测数据必须经计算机分析解算才能求出运载体的速度及位置参数，故又称为解析式惯性导航系统。

该惯性导航系统的平台结构可以简化，但由于需解决重力加速度的修正和坐标转换等问题，计算量较大。空间稳定惯性导航系统适用于洲际导弹、运载火箭、宇宙探测器等远离地表飞行的载体。

(2)半解析式惯性导航系统。半解析式惯性导航系统的三轴稳定平台的两个水平轴面始终在当地水平面，垂向轴与地垂线相重合，方位可以指地理北，也可以指某一方位，又称为当地水平式惯性导航系统。半解析式惯性导航系统有以下种类。

1)固定指北惯性导航系统：固定指北惯性导航系统的三轴惯性稳定平台跟踪并稳定在当地地理坐标系内，即平台水平指北。该系统也称为固定指北半解析式惯性导航系统。固定指北惯性导航系统适用于飞机彻船、战车等在地表附近运动的载体，是最常见的平台式惯性导航系统。

2)自由方位惯性导航系统：自由方位惯性导航系统的平台稳定在水平面内，而方位不加以控制，稳定在惯性空间。

3)游移方位惯性导航系统：游移方位惯性导航系统的平台稳定在水平面内，而方位轴用地球自转角速度0。来控制，使平台绕方位轴以角速度 $w$ 在空间转动。如果在静基座条件下，固定指北和游移方位两种形式是一样的。

4)半解析式惯性导航系统：陀螺和加速度计均安装在稳定平台上，因此，加速度计测出的加速度值是载体相对惯性空间沿水平面和垂向的分量。因为平台保持水平，加速度计输出信号不含重力加速度 $g$ 的分量，但包含地球自转和载体航行引起的有害加速度，所以必须在消除由于地球自转、载体速度等引起的有害加速度后，才能经积分解算载体相对地球的速度和位置。当针对舰船、战车等垂直加速度通常较小的载体时，常可省略垂直通道的加速度计，简化有害加速度的计算和系统计算量。最常用的导航坐标系是当地水平坐标系，特别是当地地理坐标系，因为在这个坐标系上进行经纬度的计算最为直接和简单。

## (三)捷联惯性导航系统

1.捷联惯性导航系统基本概况

激光陀螺、光纤陀螺、MEMS陀螺等固态陀螺仪的成熟应用，加速了捷联惯性导航技术的发展。捷联惯性导航系统和捷联惯性制导系统从20世纪70年代中期开始在航空、航天领城发展非常迅速，现已得到广泛应用，且有逐步取代平台式惯性导航系统的趋势。

捷联惯性导航系统与平台式惯性导航系统在部件组成上基本是一致的，主要由导航计算机和导航显示装置组成。陀螺仪和加速度计的组合体通常称为惯性组合。三轴陀螺仪和加速度计的指向安装要保持严格正交，IMU直接安装在载体上时也要保持与载体坐标系完全一致。

捷联惯性导航系统没有稳定平台，而是直接将陀螺仪和加速度计组件固连于载体上，所以不能通过测角元件直接测出姿态角和航向角。要得到航向角和姿态角，必须在导航计算机中对陀螺和加速度计输出信号进行数据处理，通过计算得到载体坐标系相对地理坐标系的姿态矩阵，建立一个计算机内的“数学平台”，在此基础上计算载体的航向角、姿态角以及速度和位置。

能够提供位置、速度、航姿信息的捷联系统称为捷联惯性导航系统，仅提供航姿信息的捷联系统称为捷联航姿系统。捷联航姿系统与捷联惯性导航系统尽管功能上存在差异，但基本结构组成相同，原理相近，联系紧密。

这里简要对捷联航姿系统进行介绍。捷联航姿系统的实时性和连续性要求高，一般不加减震装置以提高响应频率，具有响应时间短、数据输出量大等特点，因此捷联航姿系统对带宽、数据延时、精度等要求较高。不同的应用情况下，捷联航姿系统可以有不同的配置，但对其中IMU的要求是一致的，即需考虑高带宽、低噪声、最小数据延迟、抖动效应、参考对准、准瞬时启动以及结构性共振等问题。

捷联惯性导航解算过程总结如下：

1)利用陀螺仪测量载体相对惯性空间的角速度，计算姿态角。

2)利用姿态角将加速度计测量的比力值投影到参考坐标系上。

3)分析载体运动，计算相对加速度。

4)对相对加速度积分，得到速度更新。

5)对相对速度积分，得到位置更新。

2.姿态更新

捷联系统的数字平台利用捷联陀螺测量的角速度计算姿态矩阵，从姿态矩阵的元素中提取载体的姿态和航向信息，并用姿态矩阵把加速度计的输出从载体坐标系变换到导航坐标系中，然后进行导航计算。描述动坐标系相对参考坐标系方位关系的方法有4种：欧拉角法(也称三参数法)、四元数法(也称四参数法)、方向余弦法(也称九参数法)、旋转矢量法。

3.捷联惯性导航系统的种类

捷联惯性导航系统的硬件组成基本相同，但根据选取的导航坐标系不同，其控制编排也不同。这是因为：根据加速度计工作原理，对于捷联惯性导航，加速度计测量得到的比力，即载体相对惯性空间的比力在载体坐标系下的表述，需要基于比力进行换算方能得到相对导航坐标系的相对加速度。而根据陀螺仪工作原理，陀螺测量得到的角速度，即载体相对惯性空间的转动角速度在载体坐标系下的表述，也不能直接应用，而是需要利用它进一步计算方能得到载体相对参考坐标系的转动角速度。由牛顿运动学分析可知：

$$\omega_x = \omega_r + \omega_s \tag{2-33}$$

式中：$\omega_x$为陀螺测量结果；$\omega_r$为载体相对参考系的转动角速度；$\omega_s$为参考系相对惯性空间的转动角速度。

与平台式惯性导航有解析式、半解析式、几何式类似，常见的捷联惯性导航坐标系有惯性坐标系、地球坐标系和当地地理坐标系等。

### 2.1.2 惯性导航定位误差分析

惯性导航系统中存在陀螺仪、加速度计、初始对准、伺服系统、计算机、计算机方程式、地理数据和重力异常等潜在的误差源。运载体系统的精度通常是根据位置误差累积的速率来确定的，通常以 $v_\mu$ 表示（单位：nm）。在系统的设计阶段，必须分析各个误差源，以确保在组装所有组件时，这些误差的总体影响不超过指定的每小时圆概率误差。为了使系统能够在规范内运行，需要对系统组件进行误差估计，此时的估计通常被称为“误差预算”。

这里介绍指北方位平台惯导系统中最重要的系统误差，以及它们对系统的运行和准确性的影响。使用平台惯导系统是因为它是基本力学编排且相对容易分析，主要考虑下列误差：

（1）两个水平轴上的误差：加速度误差、速度误差、初始倾斜误差、陀螺仪调平。

（2）方位轴误差在水平轴上的交叉耦合效应：方位角未对准、方位陀螺漂移。

（3）高度通道中的误差。

（4）长时间累积误差（单独检查）。

1. 两个水平轴上的误差

两个水平轴上的误差主要是加速度误差、速度误差、初始倾斜误差、水平陀螺漂移。加速度误差通常是由加速度计的偏差引起的。该误差被积分到一个有误差的速度中，该速度通过“视在漂移”补偿使平台偏离水平。于是，加速度计可以感应到与加速度误差方向相反的重力分量。速度误差可视为第一级积分器中的误差。它使水平陀螺仪扭矩率产生误差，从而导致平台扭矩超出水平。于是，不水平的加速度计会感应由于倾斜而产生的重力分量。该视加速度被积分为与原始误差方向相反的速度。对准后平台上的任何倾斜都将使加速度计感应到重力分量。对该加速度积分并用于将平台转回到其水平位置。但是，当平台到达水平位置时，它的速度是有误差的，该速度将继续使平台转过水平位置，从而导致在相反方向上感应到重力分量。水平陀螺仪漂移会导致系统随着时间推移偏离水平，由于速度误差的均值非零，所以水平陀螺仪漂移会带来巨大误差。

2. 方位轴误差在水平轴上的交叉耦合效应

初始方位未对准会在处理水平加速度时产生误差，但它也具有重要的交叉耦合效应，这会导致水平陀螺仪感应到不正确的地球速率。这正是分析方位对准的关键。方位陀螺漂移是轴之间最明显的交叉耦合误差。此时，进入系统的误差会整合到一个未对准角度中，产生东向陀螺漂移，对北向陀螺的影响可以忽略。在这种情况下，速度误差将围绕一个随时间增大的均值振荡。

3. 长时间累积误差

两个水平轴上的误差：在考原相其作用即情况下，分析完整误差方程，则系统输出的三个精率处都存在无阻尼振荡。舒勒振荡已被检查，另外两种周期振荡是地球速率振荡和傅科效应。

地球速率振荡是由反馈给陀螺仪的地球速率补偿项引起的。实际的振荡周期取决于车辆的速度和纬度。如果车辆静止，则周期为 24 h；如果车辆在 45°纬度以 500 mil/h 中的速度向东行驶，则周期约为 13.5 h；如果车辆以相同的速度在同纬度向西行驶，则周期约为 106 h。傅科效应是以地球为参考的观察者看到简单摆的振荡平面在旋转。这种旋转的周期称为傅科周期。这种影响存在于平台惯导系统中，且通过科里奥利校正项引入，因为舒勒误差随地球参考系统“观测”的地球半径摆的频率而振荡。实际的振荡周期取决于车辆的速度和所在纬度。如果车辆在 45°纬度下静止，则周期约为 34 h；如果车辆以 500 mil/h 的速度向东行驶，则周期约为 19 h，如果向西行驶，则周期约为 150 h。

舒勒振荡最为重要，因为它们在短时间内占主导地位，即使在最简单的误差分析中也是如此。对于许多应用，可以忽略两个长时间振荡而不受影响，但仍然要意识到它们的存在。

4.整体误差分析

平台方位惯导本质上是舒勒协调的。系统内引起的误差将导致误差输出以 84.4 min 周期振荡。上述误差大致可以分为两类：一是以加速度计偏差、速度偏差和初始倾斜为误差源，距离误差是有界的；二是以方位未对准、水平陀螺漂移和方位陀螺漂移为误差源，距离误差是无界的且围绕时间的斜坡函数振荡（在方位陀螺漂移的情况下为抛物面）。高度通道不受舒勒振荡的控制，且由于重力随高度升高而降低，带来固有不稳定性。纯惯性高度信息仅在很短的时间间隔内可用。

尽管短时间内（最多约 4 h），舒勒振荡占主导地位，但系统中还有另外两个未衰减的振荡频率，这是由于地球速率补偿和科里奥利校正（傅科效应）引起的。这些仅在分析系统的长时间、高精度使用时才有意义。

## 2.3 特征匹配导航技术

特征匹配导航是指通过观测环境特征并与事前已经获得的相关参考数据库进行匹配，进而确定用户位置的导航技术。导航可以利用的环境特征还包括地形高度、环境图像、地球磁场、地球重力场等。相应的特征匹配技术可称为地形匹配、图像匹配、地磁匹配、重力匹配等。特征匹配导航与惯性导航、卫星导航等导航方式相比，具有显著的特点。首先，特征匹配导航误差不随时间累积。其次，特征匹配导航自主性强，在无线电导航或卫星导航性能严重下降甚至失效的场合往往是特征匹配导航的用武之地。例如，在卫星信号受遮挡的城市或者山区、在卫星导航失效的水下，图像匹配导航、地图匹配导航、重力匹配导航、地磁匹配导航等都能发挥重要作用。下面主要介绍两种典型的特征匹配导航技术，即地形匹配导航技术和图像匹配导航技术。

### 2.3.1 地形匹配导航技术

地形匹配导航，也称作地形参考导航、地形辅助导航或地形等高线匹配等，是指通过比较地形高度测量值和地形参考数据库来确定载体位置的特征匹配导航技术，如图 2.2 所示。广义的地形匹配导航是指利用地形相关特征匹配导航技术，其中地形相关特征除了地形高度，还包括地形地貌特征。除了导航功能外，地形匹配导航系统还可以具有地形跟踪、威胁回避、地形掩蔽障碍告警等扩展功能。

经过长时间的发展，地形匹配导航技术已经成功应用于巡航导弹和飞机导航，到目前为止，出现了多种地形匹配导航的方法。根据所采用的估计准则不同，这些匹配方法本质上可以分为以下两种：第一种是地形相关匹配方法，又称作批处理算法，其原理是载体的航迹经过某些特定的地形区域时，利用雷达高度计、声呐等设备测量航线的地形标高剖面，将测得的实时图与预存的地形参考图指示的标高剖面进行相关计算，按最佳匹配确定运动载体的位置。第二种是基于扩展卡尔曼滤波的方法，又称作序贯处理方法，其原理是利用测量的地形高度数据，通过卡尔曼滤波技术实现从起点到目标点连续不断地对 INS 进行修改。该方法把雷达测得的每个地形高度数据都作为卡尔曼滤波处理的测量数据进行递归处理，以估算和补偿导航系统的误差。在每次测量更新时刻，都要利用当时的状态估算值和存储的地形数据来求取地形高度的预测值，然后把测量数据与预测值数据加以比较，估算导航系统的状态误差。

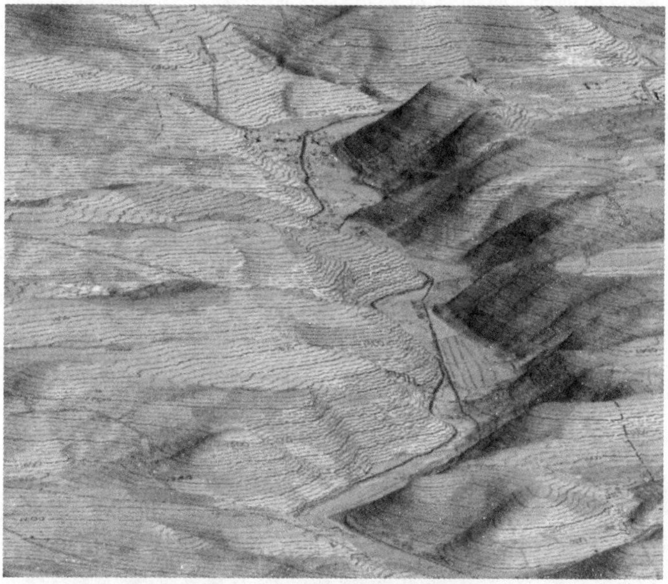

图 2.2　地形匹配导航示意图

下面简要介绍地形轮廓匹配导航算法的原理。

如图 2.3 所示，在地球陆地表面上任何地点的地理坐标，都可以根据其周围地域的等高线地图或地貌来确定。当飞机飞越某块已经数字化的地形时，机载雷达高度表测得飞机离地面的相对高度 $h_r$，同时气压式高度表与惯性导航系统相综合测得飞行器的绝对高度 $h$（或海拔高度），$h$ 与 $h_r$ 相减即可求出地形高度 $h_t$。

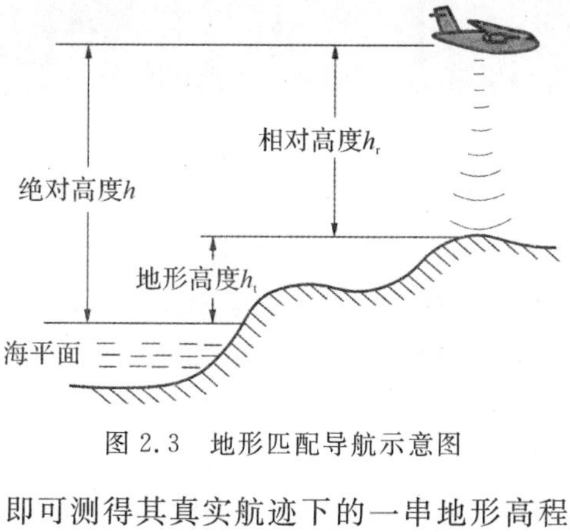


图 2.3　地形匹配导航示意图

飞机飞行一段时间后，即可测得其真实航迹下的一串地形高程序列。将测得的地形轮廓数据与预先存储的地形参考图进行相关分析，具有相关峰值的点即被确定为飞行器的估计位置。这样，便可用这个位置来修正惯性系统指示的位置。在做相关处理的过程中，可根据惯性导航系统确定的飞机位置从数字地图数据库中调出某一特定区域的地形参考图，该图应能包括飞机可能出现的位置序列，以保证相关分析处理得以进行。

地形轮廓匹配导航系统相关处理的主要任务是在存储的地形参考图上寻找一条路径，这条路径平行于导航系统指示的路径并最接近于高度表实测的路径。常用的相关性原则有积相关算法、归一化积相关算法、平均绝对差算法与均方差算法。其中，积相关算法、归一化积相关算法强调度量对象间的相似度，平均绝对差算法与均方差算法强调度量变量间的差异度。这四种算法都广泛应用于相关分析中，其中均方差算法是比较精确的一种。

### 2.3.2 图像匹配导航技术

图像匹配是建立同一场景在不同图像传感器、不同时刻或者不同视角所获得的图像中像素点的对应关系，它解决的是图像间像素对应性问题，如图 2.4 所示，图中 H 表示目标点。图像匹配导航是在图像传感器技术、计算机技术、图像处理及模式识别技术的基础上发展起来的一门新技术，对提高导航系统的定位精度、抗干扰能力、自主性、可靠性和可用性等有重要作用。与地形匹配导航相似，图像匹配导航不是在所有的地理条件下都能工作，因为它需要独特的地貌特征，如房屋、道路、桥梁、树丛等来进行匹配。在平坦的地形上，地形匹配导航性能很差，而图像匹配特征往往比较丰富，因此，这两种技术具有互补性。

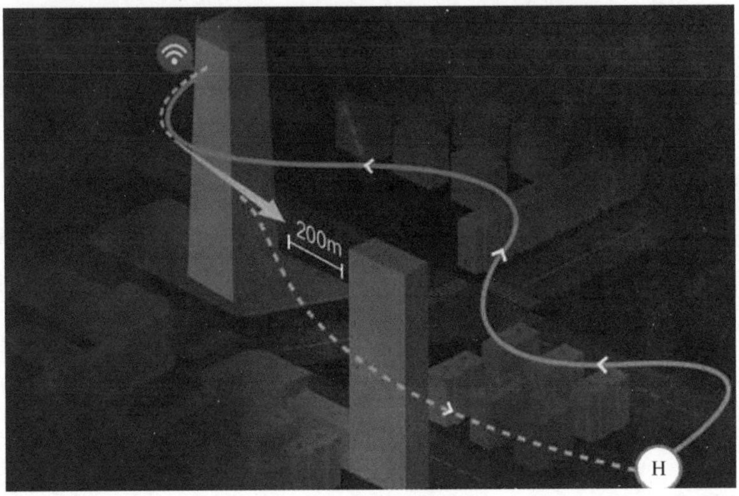


图 2.4 图像匹配导航

根据获取图像方式的不同，图像匹配大致可以分为三种：雷达图像匹配、光学图像匹配和红外图像匹配。雷达图像主要使用合成孔径雷达，这是一种全天候主动式高分辨率的微波遥感成像雷达。光学图像导航利用照相机拍摄地面景物作为实时图将该图与存储在弹上计算机中的基准图相匹配，从而获得导弹的准确位置，以此修正导弹飞行，提高导弹命中精度。红外图像导航使用的是红外摄像机，主要探测 8～14 $\mu$m 的远红外波，具有较好的昼夜和低能见度下工作的能力。

本节主要以光学图像匹配为例，简要介绍图像匹配导航原理、图像特征提取与匹配以及各种图像传感器。

图像匹配导航算法主要分为两类：第一类是景象匹配算法，该类算法通过匹配运动载体（飞行器或车辆）获取的景象图像与基准图像数据库，从而估计运动载体的位置；第二类是图像特征导航算法，该类算法是通过匹配连续图像中的特征，根据特征成像的几何原理，估计运动载体的位置和姿态。

景象匹配算法可分为基于全局特征的匹配算法（如图像灰度相关匹配算法）和基于局部特

征的匹配算法(如特征点或特征直线线匹配算法)。常见的图像灰度相关匹配算法包括积相关算法、平均绝对值差算法和均方差算法。常见的图像局部特征包括点特征、线特征和区域特征。通常选取相应的特征检测和描述算法,建立特征描述子,通过计算特征描述子之间的距离来确定最优匹配。为了提高匹配的鲁棒性,通常根据实时图像中所有局部特征与数据库中特征的匹配结果,建立贝叶斯概率估计模型确定实时图像在数据库中的最优匹配位置。

影响匹配精度的系统性误差因素有数据库误差、传感器对准误差、相机镜头扭曲和未补偿的缩放因子变化、季节和光照条件、红外图像的昼/夜对比反转等,类噪声误差因素有实时图像获取分辨率、参考图像数据库分辨率等。

图像特征导航算法的本质是利用空间场景以及在图像中投影的对应关系,进而估计图像传感器的位置和姿态。

## 2.4　视觉导航技术

视觉导航(见图 2.5)是利用传感器感知周围环境信息作为航空器飞行依据的导航技术,主要包括视觉图像预处理、目标提取、目标跟踪、数据融介等问题。依据导航所需要的信息来源,可简要分为不基于地图的导航系统、基于地图的导航系统和建图的导航系统。

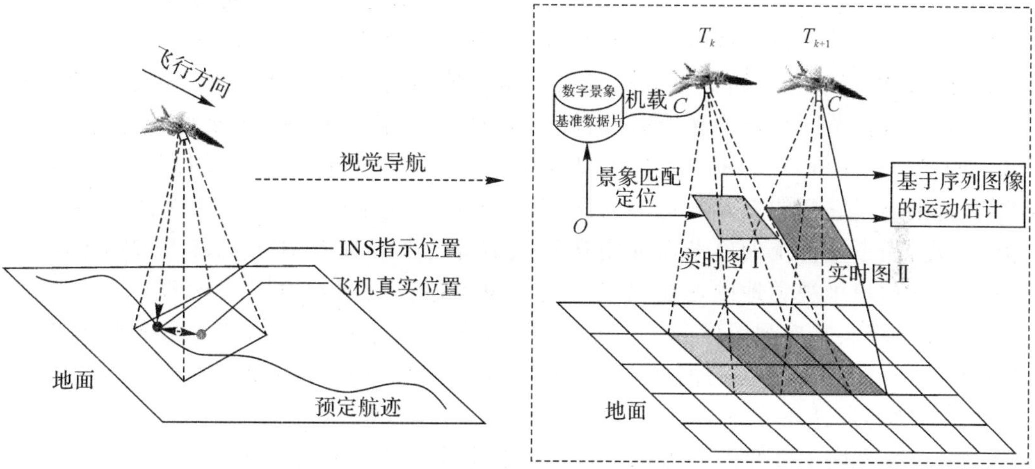


图 2.5　视觉导航示意图

不基于地图的导航主要有光流法和特征追踪法。一般来说,可以将光流技术分为两类:全局方法和局部方法。早在 1993 年,相关学者发明了一种模拟蜜蜂飞行行为的方法,通过机器人两侧的摄像机来估计物体的运动。它分别计算两个凸轮相对于墙壁的光学速度。如果它们相同,机器人会沿着中心线移动;否则,机器人会沿着小速度的方向向前移动。然而,在无纹理环境中导航时,它的性能很差。从那时起,我们看到了光流方法的巨大发展,并在检测和跟踪领域取得了一些突破。目前,提出了一种利用光流进行场景变化检测和描述的新方法。此外,通过将惯性测量单元与光流测量相结合,研究人员在移动平台上实现了悬停飞行和着陆操纵。通过密集的光流计算,它甚至可以检测所有运动物体的运动,这在高级任务中扮演了重要角色,如监视和跟踪拍摄。

特征跟踪方法已经成为一种稳健且标准的定位和映射方法。它主要跟踪运动元素的不变特征，包括线、角等，并通过检测连续图像中的特征及其相对运动来确定物体的运动。在机器人导航过程中，以前在环境中观察到的不变特征可能会从不同的角度、距离和不同的照明条件被重新观察到。

基于地图的系统预先定义了地图中环境的空间布局，这使得无人机能够以迂回行为和移动规划能力导航。通常，有两种类型的地图：八叉树地图和占用栅格地图。不同类型的地图可能包含不同程度的细节，从完整环境的 3D 模型到环境元素的互联。

Fournier 等人使用 3D 体积传感器，利用自主机器人平台有效地绘制和探索城市环境，使用多分辨率八叉树构建环境的 3D 模型。Hornong 等人开发了一个开源框架来表示 3D 环境模型。这里的主要思想是用八叉树来表示模型，不仅可以表示占用的空间，还可以表示自由和未知的空间。此外，使用八叉树地图压缩方法压缩 3D 模型，允许系统有效地存储和更新 3D 模型。Gutmann，Fukuchi 和 Fujita 使用立体视觉传感器来收集和处理数据，然后这些数据可以用来生成 3D 环境地图。该方法的核心是一种扩展扫描线分组方法，将距离数据精确地分割成平面段，这种方法可以有效地处理立体视觉算法在估计深度时产生的数据噪声。Dryanovski，Morris 和 Xiao（2010）使用多体积占用网格来表示 3D 环境，该网格明确存储关于障碍物和自由空间的信息。它还允许我们通过增量过滤和融合新的正或负传感器信息来纠正以前潜在的错误传感器读数。

有时，由于环境限制，很难使用预先存在的准确环境地图导航。此外，在一些紧急情况下（如救灾），事先获得目标区域的地图是不切实际的。因此，在这种情况下，在飞行的同时绘制地图将是更有吸引力和更有效的解决方案。地图构建系统已广泛应用于自治和半自治领域，并随着视觉同步定位和地图绘制（视觉 SLAM）技术的快速发展而变得越来越流行（Strasdat，Montiel 和 Davison，2012 年；奥拉纳斯等人，2008 年）。如今，无人机变得比以前小得多，这限制了它们的有效载荷。因此，研究人员对简单（单个和多个）摄像机的使用越来越感兴趣，而不是传统的复杂激光雷达和声呐等。斯坦福 CART 机器人（Moravec，1983 年）中所使用的单维视觉地图匹配是最早使用单个摄像机制作地图的技术之一。随后，改进了兴趣算子算法来检测图像的三维坐标。该系统基本上展示了物体的三维坐标，这些坐标存储在一个有 2m 个单元的网格上。尽管这项技术可以重建环境中的障碍，但它仍然无法模拟大规模的世界环境。

此后，在同时恢复摄像机姿态和环境结构的目标下，基于摄像机的基于视觉的 SLAM 算法取得了长足的进步，并根据视觉传感器图像处理的方式，导出了三种方法：间接法、直接法和混合法。

## 2.5 光学导航技术

早期的光学导航，通过判断星下点与舰船之间的距离，来确定舰船所处的具体位置。要实现这一目的，必须具备三个条件：星下点的位置、精密时间以及星下点与行船之间的距离。早期航海时利用天文历查找与当时最精密的时间对应的准确性星下点位置；而星下点与舰船之间的距离，则是通过星下点仰角和舰船仰角之间的弧度角来确定。

在星下点观察恒星，星下点的仰角为 90°，在船上观察同一颗恒星，其仰角为 $\alpha$，由于恒星距地球距离很远，可以认为恒星是平行光源，因此星下点和帆船之间的弧度等于 $90°-\alpha$，弧度角乘以地球半径就可以获得船距离星下点圆弧的距离。

早期的这种方法由于船与星下点之间的地球表面圆弧距离太远而精度太低，实用性差。1837 年，美国船长萨姆纳发明了等高线求经纬度的方法（萨姆纳法），是以位置圆的割线作为位置线，方法虽然简单，然而精度较低。直到 1875 年，法国海军中校圣・希勒尔将其改进为“高度差法”，通过高度差和天体方位线确定位置圆的切线作为位置线，才使得导航的精度满足导航定位的基本需求。

现代光学导航发展迅速，多用于解决航空航天领域的自主导航问题。现以深空中巡航的探测器相对于小行星的光学定位为例简要说明光学导航的基本原理。在深空中巡航的探测器，利用光学相机拍摄导航小行星图片，根据图片上的恒星背景，经过图像处理技术，就可以确定所拍摄小行星相对于探测器的方向矢量。由于拍摄的小行星的编号是已知的，根据预先存储的小行星星历数据，就可以计算出拍摄时刻小行星在 J2000 日心黄道系中的位置，进而得到通过探测器的一条直线。如果同时观测两颗不同的导航小行星，就可以得到空间中的两条直线。由于这两条直线都是从探测器出发的，因此计算这两条直线的交点，就可以得到探测器在空间中的位置。其示意图如图 2.6 所示。

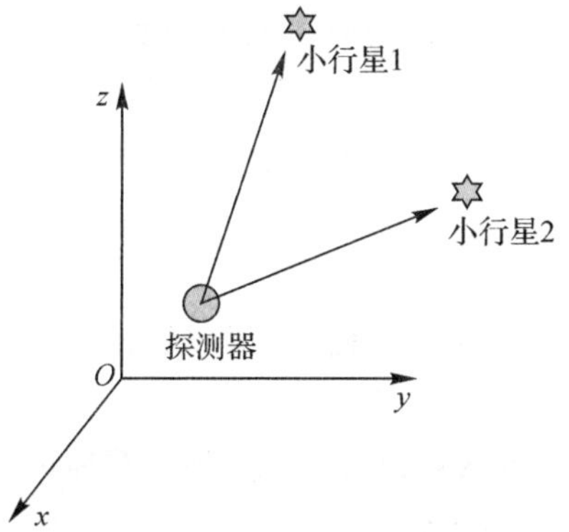


图 2.6　小行星光学导航示意图

假设根据行星星历表得到两颗不同的小行星在 J2000 日心黄道系中的位置分别是 $(x_1, y_1, z_1)$ 和 $(x_2, y_2, z_2)$，根据探测器姿态确定系统信息获得通过这两颗小行星的方向矢量分别是 $(a_1, b_1, c_1)$ 和 $(a_2, b_2, c_2)$，那么这两条空间直线的方程为

$$\left.\begin{aligned} L_1: \frac{x - x_1}{a_1} = \frac{y - y_1}{b_1} = \frac{z - z_1}{c_1} \\ L_2: \frac{x - x_2}{a_2} = \frac{y - y_2}{b_2} = \frac{z - z_2}{c_2} \end{aligned}\right\} \tag{2-34}$$

由于这两条空间直线都经过探测器的位置，因此这两条直线的几何关系是共面但不平行，则有

$$\left.\begin{aligned} \begin{vmatrix} x_2 - x_2 & y_2 - y_1 & z_2 - z_1 \\ a_1 & b_1 & c_1 \\ a_2 & b_2 & c_2 \end{vmatrix} = 0 \\ a : b : c \neq a : b : c \end{aligned}\right\} \tag{2-35}$$

联立式（2-34）中的两条直线方程可以得到 4 个方程：

$$
\left.\begin{aligned}
\frac{x-x_1}{a_1}&=\frac{y-y_1}{b_1}\\
\frac{x-x_1}{a_1}&=\frac{z-z_1}{c_1}\\
\frac{x-x_2}{a_2}&=\frac{y-y_2}{b_2}\\
\frac{x-x_2}{a_2}&= =\frac{z-z_2}{c_2}
\end{aligned}\right\} \tag{2-36}
$$

根据式(2-36)中的前3个方程可以解得

$$
\begin{bmatrix} x \\ y \\ z \end{bmatrix}=\begin{bmatrix} b_1 & -a_1 & 0 \\ c_1 & 0 & -a_1 \\ b_2 & -a_2 & 0 \end{bmatrix}^{-1}\begin{bmatrix} b_1x_1-a_1y_1 \\ c_1x_1-a_1z_1 \\ b_2x_2-a_2y_2 \end{bmatrix} \tag{2-37}
$$

将式(2-37)和式(2-35)代入式(2-36)中的第四个方程,可知等式成立,所以由两颗导航小行星的视线矢量方向确定的探测器的空间位置是唯一的。

在实际情况下,由于光学相机的视场非常狭窄,例如"深空一号"探测器巡航段中相机视场只有0.76°,在同一时刻只能拍摄到一颗导航小行星;而且由于图像处理误差及导航小行星星历误差的存在,由两颗导航星往往不能直接计算出探测器的准确位置,因此需要在一段时间内拍摄多颗导航小行星,然后利用得到的多颗导航小行星的方向矢量进行滤波,才能得到满足一定精度要求的位置和速度。

## 2.6 天文导航技术

现代天文导航的定位,通过敏感器观测天体来确定载体的位置。常用的方法有单星定位导航、双星定位导航、三星定位导航和解析高度差法。

### 2.6.1 单星导航原理

单星导航是通过观测一个球体的高度角 $h$ 和方位角 $A$ 进行定位的方法,如图2.7所示。

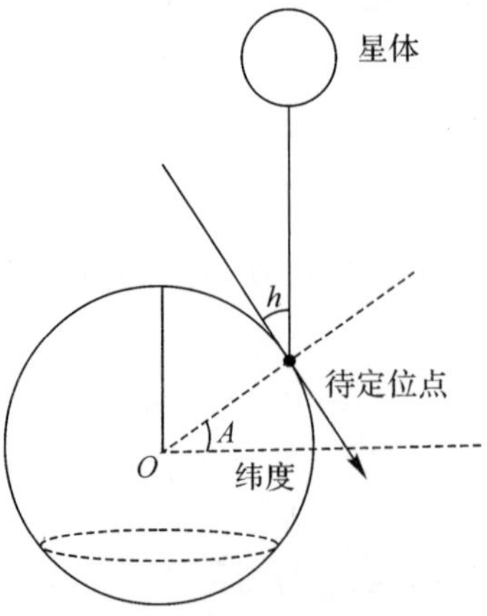


图2.7 单星导航示意图

其定位计算公式可由球面三角公式求得：

$$\left.\begin{aligned} \sin h &= \sin\alpha\sin\gamma - \cos\alpha\cos\gamma\cos(t_G - \beta + \lambda) \\ \tan A &= \frac{\sin\gamma\cos(t_G - \beta + \lambda) - \cos\gamma\tan\alpha}{\sin(t - \beta + \lambda)} \end{aligned}\right\} \tag{2-38}$$

式中：$\lambda$，$\gamma$ 为载体的经度、纬度；$\alpha$，$\beta$ 为赤纬、赤经，可由天文历查得；$t_G$ 为格林时角，通过赤经可得。

式(2-38)中，只有用户的位置 $\lambda$，$\gamma$ 是未知的，因此理论上可以解算出来，可得到载体的导航信息。然而单星导航观测星体只能获得一个等高圆，且通常方位角测量的精度较低，又对选星要求苛刻，故单星导航不常使用，而用观测两颗或以上星体的双星和三星导航。

### 2.6.2　双星导航及三星导航原理

双星和三星导航定位计算方式与单星导航类似，由于在导航时，多引入了一颗或两颗观测星体的信息，因而增加了一个或两个等高圆，大大提高了定位精度。在地球上的同一地点观测两个星体可得两个高度角 $h_1$，$h_2$，于是可作两个等高圆，如图 2.8 所示。两圆交于两点。该两点一般相距较远，可以用近似的地理位置来判别真伪位置，若再观测第三个星体的高度角，则可得第三个等高圆，三个圆的交点便是观测者的位置。

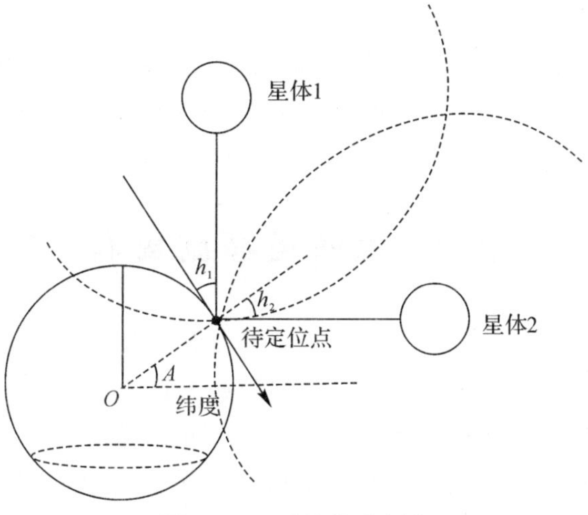


图 2.8　双星导航示意图

下面给出双星导航定位的数学表达式。观测两颗星体的高度角 $h_1$，$h_2$ 与单星导航类似，得到其定位计算公式为

$$\left.\begin{aligned} \sin h_1 &= \sin\alpha_1\sin\gamma - \cos\alpha_1\cos\gamma\cos(t_G - \beta_1 + \lambda) \\ \sin h_2 &= \sin\alpha_2\sin\gamma - \cos\alpha_2\cos\gamma\cos(t_G - \beta_2 + \lambda) \end{aligned}\right\} \tag{2-39}$$

式(2-39)中只有两个未知数 $\lambda$，$\gamma$，可以通过解方程求得。当选择双星观测时，为了获得较好的定位精度，应该尽量使得 $|h_1 + h_2| \approx 45°$，当选星困难时就不必苛求。

### 2.6.3　解析高度差法

以双星定位为例，高度差法的定位基本思路是：由观测设备观测天体，获得天体的观测高

度角 $h_0$；再由天文历书获得观测天体的星下点位置，以及已知的载体的经纬度位置初值，获得天体的计算高度角 $h_c$ 与方位角 $A$；观测高度角与计算高度角二者之差即为高度(角)差 $\Delta h$。再观测另一天体或不同时刻观测同一天体获得另一组高度差与方位角。然后通过解析高度差法解算即获得天文经度 $\lambda$ 和纬度 $\gamma$。同时观测两个天体，获得 $\Delta h_1$，$\Delta h_2$，$A_1$，$A_2$，再通过解析高度差法求解载体经、纬度。引入中间辅助量 $a,b,c,d,e,f$，有

$$\left.\begin{aligned} a &= \cos^2 A_1 - \cos^2 A_2 \\ b &= \sin A_1 \cos A_1 - \sin A_2 \cos A_2 \\ c &= \sin^2 A_1 - \sin^2 A_2 \\ d &= \Delta h_1 \cos A_1 - \Delta h_2 \cos A_2 \\ e &= \Delta h_1 \sin A_1 - \Delta h_2 \sin A_2 \\ f &= ac - b^2 \end{aligned}\right\} \tag{2-40}$$

计算天文定位经纬度的迭代公式为

$$\left.\begin{aligned} \lambda &= \lambda_0 + \frac{ae - bd}{f\cos\gamma_0} \\ \gamma &= \gamma_0 + \frac{cd - be}{f} \end{aligned}\right\} \tag{2-41}$$

式中：$\lambda_0$，$\gamma_0$ 为经、纬度初值。

高度差法通过迭代 1～2 次即可达到很高的精度。需要指出的是，高度差法忽略了真正位置线的曲率，因此得到的位置不是测得的真正位置，这是由于高度差法本身的计算误差造成的。但是由于地球半径很大，由此引起的误差很小，该误差在地理经纬度的角秒级别以内。

## 2.7 无线电导航技术

无线电导航是利用无线电技术测量运动载体的导航参数，具有不受时间和天候的限制、定位精度高、设备简单、使用方便、用途广泛等诸多优点，主要缺点是易受自然或人为的干扰。无线电导航系统主要由设在陆地的导航台和运动载体上的导航装置组成，两者通过无线电波相联系。无线电导航的过程就是利用无线电导航信号的电参量特性，测量出运动载体相对于导航台的方向、距离、距离差等导航参量，进而确定其空间位置和速度。

### 2.7.1 无线电导航系统组成

无线电导航系统通常由四个主要部分组成：发射部分、传输部分、接收部分和数据处理部分。

发射部分产生无线电导航信号并发射出去，经过传输部分到达各个接收点。传输部分由各种媒质组成，如大气，由于电波传播的特性，导航信号经过传输部分后其信号强度可能会受到很多的损耗。接收部分主要由导航用户设备组成，经过信号匹配接收后，进入数据处理部分，对信号进行滤波、放大和处理等工作，最后转化为定位或测速信息。

无线电导航是建立在无线电波传播基础上的。所谓无线电波传播是指由发射部分天线所

辐射的无线电波，通过自然条件下的媒质到达接收设备天线的过程。在传播过程中，电波有可能受到反射、折射、绕射、散射以及吸收等影响，进而引起无线电导航信号的畸变与传播速度的变化。下面简要介绍无线电波传播的基本知识。

### 2.7.2　无线电波传播

1. 无线电波传播的特性

无线电波传播的物理特性主要体现在以下几个方面。

(1)直线传播特性。在理想均匀媒质中，无线电波是直线传播。利用这个特性，可以进行目标辐射电波方向的测定，这是实现无线电测向的理论基础。

(2)等速传播特性。在理想均匀媒质中，无线电波传播的速度是常数。利用这个特性，可以通过测定电波传播的时间，得到传播距离，这是实施无线电测距、测距离差、测距离和的理论基础。

(3)反射特性。电波在任何两种媒质的边界上必然产生反射，部分电波被介质表面反射回原介质。利用这个特性，可以发现和搜索目标，也可以确定目标的方向和距离，这是实施导航雷达的理论基础。此外，地基导航台发射的无线电波经电离层反射后，入射波和反射波在同一铅垂面内。利用这个特性，可以克服地球曲率对电波传播的影响，实施天波导航，扩大导航系统的作用距离。

(4)折射特性。当电波从一种介质斜射入另一种介质时，传播方向会发生变化。

(5)散射特性。如果传播介质是不均匀的，将会引起电波向四周传播。

(6)绕射特性。电波传播到物体边沿后通过散射特性会继续向空间发射。换句话说，绕射特性是指在传播过程中遇到障碍时，电波会改变直线传播而绕过障碍物继续传播的特性。

(7)吸收特性。特殊的材料可以将电波的能量转化成其他形式的能量，即电波的能量可以被消失的特性。

2. 无线电导航信号的电参量

通常，将无线电导航信号的传输形式表达为

$$s(t) = a\sin(\varphi + \omega t) \tag{2-42}$$

式中：$a$ 为信号的振幅；$\varphi$ 为信号的初始相位；$\omega$ 为信号的角频率；$t$ 为信号的传输时间。$\psi = \varphi + \omega t$则为信号在 $t$ 时刻的相位。

上述五个参量称为无线电信号的有效资源。实际上整个无线电导航的运作过程就是怎样合理利用这些有效资源的过程，也就是将这些有效资源，通过发射、传输、接收、处理并转换成接收点相对于导航台站坐标的导航几何参量，再根据无线电导航的几何定位原理得到用户的位置。

在无线电导航中，测量并判断出无线电信号的振幅信息，可以得到运动体方向信息。频率信息是无线电导航信号的基本特征，利用频率测量出发射信号的多普勒频移，并将其积分，可以得到相应时间间隔观测点与发射点之间的距离信息；利用无线电信号的时间信息，根据无线电波直线和等速传播特性，可以测量出用户观测点与多个导航台站之间的距离、距离差；同样，利用无线电信号的相位信息，也可以测量距离、距离差；利用无线电信号的初始相位信息，系统可以根据起始信号的正、负电平，实现导航信号的编码调制，为用户的相关接收提供依据。

3. 无线电波传播的主要方式

不同媒质对不同频段的无线电波的传播有不同的影响，根据媒质及不同媒质分界面对电波传播产生的主要影响，电波传播分为地波传播、天波传播、视距波传播和波导模传播等几种主要方式。

地波传播是指天线发射出的电磁波沿地球表面传播的过程，此时，无线电信号的最大辐射方向是沿地面展开的。地波传播有如下规律：城市的钢筋混凝土建筑、森林、湖泊、海洋等媒质对电波有吸收作用，其中海水的吸收作用最小。地波在同一媒介中传播时，衰减程度随频率的升高而增大，地面对低频电波的吸收较少，因此，地波通常采用中长波传输。目前，潜艇的无线电导航和通信一般都采用长波段的地波传输。

天波传播是指由地面发射的无线电波，在高空被电离层反射后返回地面的传播方式。显然，天波传播方式可以扩大无线电导航系统的作用距离，但由于电离层实际上是一种随机、色散、各向异性的媒介，电波在其中传播时会产生各种效应，例如，多路径传播、多普勒频移、非相干散射等，都会对传输信号产生较大影响，对提高导航精度不利。因此，高精度无线电导航系统一般不采用天波传输方式。

视距波传播是指在发射天线和接收天线之间能相互“通视”的距离内，电波直接从发射点传播到接收点的一种传播方式。受地球曲率的影响，电波在地球表面的传播距离一般只有几十千米，为 了增大传播距离，通常采用加高天线高度或中继方式，例如，把发射天线建于高山顶上，或者像手机通信那样建设许多中继转发站，构成“蜂窝”状通信覆盖网等。按照无线电波的发射点和接收点所处的空间位置的不同，视距波通常有地面与地面、地面与空间、空间与空间等传播方式。卫星导航与通信技术的出现为视距波开辟了新的应用领域。地面与卫星之间的视距波传播，需要穿过电离层和对流层，电离层分布在离地面几十千米至几百千米的区域，而对流层则分布在离地面几十千米以下的区域。电波在电离层和对流层中的传播特性与其在真空中的传播特性不同，会产生折射效应，需要进行修正。

波导模传播是指电波在电离层下缘与地面构成的同心球壳形波导内的传播，在甚低频频段，电波的波长与电离层的高度相当。波导模传播的主要特点是传播损耗小、相位稳定、作用距离可至全球。例如，“欧米伽”导航系统工作在甚低频频段，以波导模方式传播导航信号，仅用 8 个地面导航台就能够覆盖全球。

### 2.7.3 无线电导航定位原理

依据位置线形状不同，无线电定位的方法也不同，常用的方法有测向定位法、测距定位法、测距离差定位法、综合定位法等。

1. 测向定位法

如图 2.9(a)所示，$A$ 为参考点，$AN$ 为地球子午线北向，若在运动体 $P$ 上测得 $A$ 点的方位角 $c$，则 $AC$ 与真北方向的夹角为 $180°+c$。同理，通过参考点 $B$ 点作出另一条位置线 $BD$，对于地球表面的运动体，由两条位置线的交点可得到运动体的位置。在测向定位法中，位置线是以参考点为起点的经向线。在航海中，通常也将位置线称为船位线。

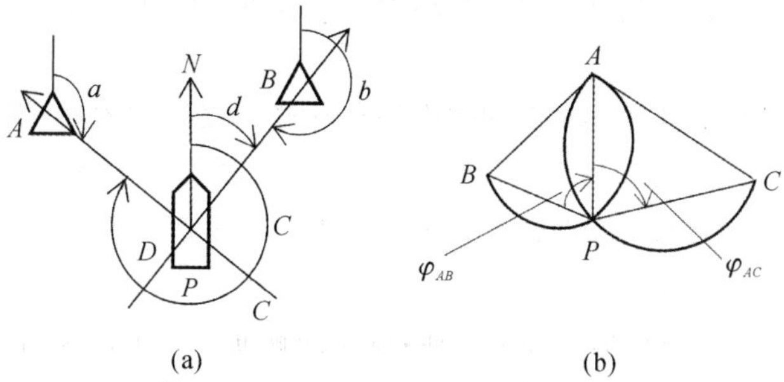


图 2.9　测向定位法示意图

显然，在上述测向定位法中，需要已知真北方向，当不能确定真北方向时，也可通过在运动体上观测两个参考点之间的夹角来确定位置线，如图 2.9(b)所示。这时的位置线是以 $A$、$B$ 为弦、圆周角为 $\varphi_{AB}$ 的圆弧。若同时测定三个参考点的夹角，便可以得到两条圆弧，由两条圆弧的交点也可以获得运动体的位置。

测向定位法的优点是设备简单，缺点是定位误差与运动体离导航台的距离成正比，因此，该方法通常用于近距离定位。

2. 测距定位法

在测距定位法中，所测量的几何参量是运动体与导航台之间的距离 $R$，所以位置线是以导航台为中心、以 $R$ 为半径的圆。对于平面定位而言，只要从运动体上测得其相对两个导航台的距离，便可得到两条圆位置线，两条圆位置线的交点有两个，即 $P_1$ 和 $P_2$，通过求解所谓的模糊度问题，便可确定两者中哪个是运动体的真实位置，如图 2.10 所示。

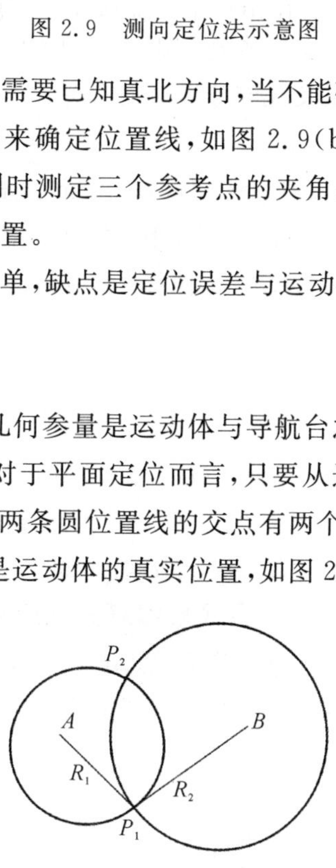


图 2.10　测距定位法示意图

用无线电技术测量距离的方法有很多种，最常用的是测量两点间电波传播的时间间隔以确定其距离。根据电波在均匀媒质中等速直线传播的特点，两点间距离与电波传播的时间成正比，即

$$R = c \cdot \Delta t \tag{2-43}$$

式中：$c$ 为电波传播的速度；$\Delta t$ 为电波在两点间传播的时间。

因此，测出电波传播的时间 $\Delta t$，也就得到了两点间的距离 $R$。通过测量电波传播时间来测距的方法有单向测距法和双向测距法两种。

(1)单向测距法。该方法是直接测量电波在两点之间的传播时间，这就要求运动体的时钟与导航台的时钟长时间保持精确同步，这在实际工作中很难做到。解决这一难题的有效途径是多个导航台联合测距定位，即所谓的测伪距法。测伪距法的基本思路是：多导航台以广播方式向外发射导航定位信息(或称导航电文)，运动体接收到这些导航信息后，通过解联立方程组来确定自身的位置。

(2)双向测距法。该方法实际上是测量电波往返两点之间的时间：当运动体需要定位时，向导航台发出询问信号，导航台在接收到这一信号后，随即发出应答信号，运动体接收到该应答信号，并与询问信号相比较，测出信号往返所经过的时间间隔(记为 $\Delta T$)。如果将信号转发所耗时间记为 $\tau$(对于同一台接收机，$\tau$ 一般为常量)，则有 $\Delta T=2\Delta t+\tau$，那么有

$$R = c \cdot \frac{\Delta T - \tau}{2} \tag{2-44}$$

除了测量电波在两点间的传播时间来确定距离这种方法外，通过测量电波的相位，也可以测距，这是因为电波传播时，相位的变化与传播时间有关。

3. 测距离差定位法

在许多实际情况下，不需要直接测量距离，而是测量运动体与两个导航台的距离差。如图 2.11 所示，假设导航台 $A$ 和 $B$ 以脉冲波方式工作，在时间上是精确同步的，如果以发射信号瞬间为基准，运动体接收到导航台 $A$ 和 $B$ 发射来的信号延时分别为 $\Delta t_A$ 和 $\Delta t_B$，则有

$$\left.\begin{aligned} R_A &= c \cdot \Delta t_A \\ R_B &= c \cdot \Delta t_B \end{aligned}\right\} \tag{2-45}$$

距离差为

$$\Delta R_{AB} = c \cdot (\Delta t_A - \Delta t_B)\Delta c \cdot \Delta t_{AB} \tag{2-46}$$

显然，$\Delta t_{AB}$ 为导航台 $A$ 与 $B$ 同时发射出的信号到达运动体的时间差，可以由接收机精确地测得，进而避免了直接测量 $\Delta t_A$ 和 $\Delta t_B$ 的困难。如果运动体保持接收信号的时间差不变，即 $\Delta t_{AB}$ 为常数，则运动体位于 $\Delta R_{AB}$ 为常数的双曲线位置线上，该双曲线的焦点为 $A$ 和 $B$。同理，如果再增加一个导航台 $C$，测得距离差 $\Delta R_{CB}=R_C-R_B$，可以得到以 $C$ 和 $B$ 为焦点的另一条双曲线位置线。两条位置线的交点 $P$ 便是运动体的位置。这种方法又称为双曲线定位法。

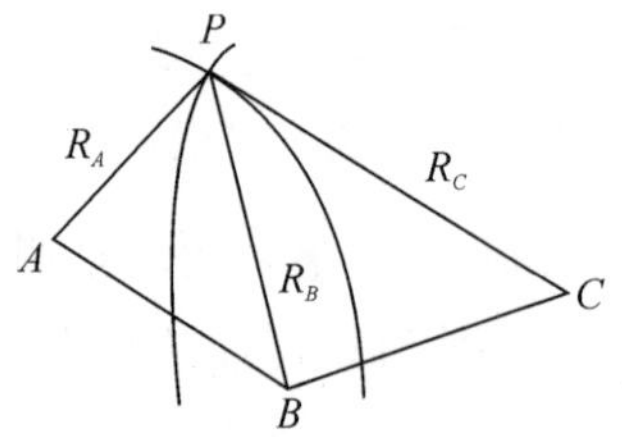


图 2.11　测距离差定位法示意图

4. 综合定位法

综合定位法的思路是：同时测量运动体相对某个导航台的几种不同的几何参量，例如距离与方位，从而得到几种不同形状的位置线，其中两条不同形状位置线的交点便是运动体的位置。如图 2.12 所示，运动体同时测得相对于导航台 $A$ 的方位角 $\theta$ 和距离 $R$，得到一条直线和一条圆位置线，其交点 $P$ 便是运动体的位置。原则上任何不同形状的位置线都可以组成相应

的综合定位法。

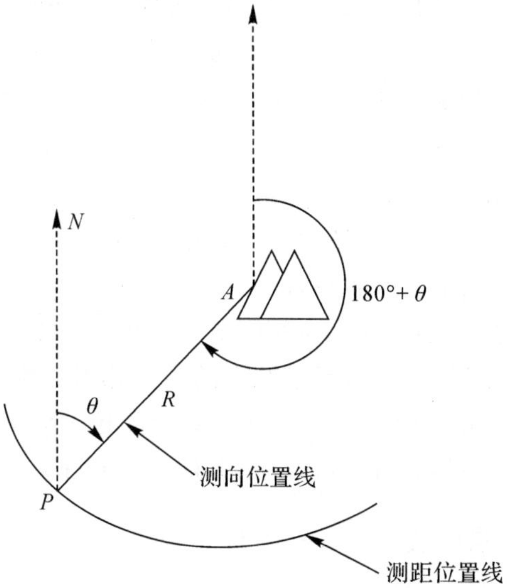


图 2.12　测距-测向定位法示意图

5. 无线电测量高度法

当需要测量运动体的飞行高度时，可由运动体上的测高设备（如雷达高度表）向地面发射无线电波，电波经地面反射后，被测高设备接收，测量出电波往返地面的传播延时 $\Delta t_H$，可得出高度 $H$ 与延时 $\Delta t_H$ 的关系为

$$H = \frac{1}{2}c \cdot \Delta t_H \tag{2-47}$$

当测高设备以脉冲波方式工作时，$\Delta t_H$ 可由发射脉冲与回波脉冲之间的间隔时间直接求出。当以连续波方式工作时，可以通过测量频率的方法求出运动体的飞行高度为

$$H = \frac{\lambda}{4\pi} \cdot \Delta\varphi_H \tag{2-48}$$

式中：$\Delta\varphi_H$ 为电波往返地面产生的相位差。

## 2.8　组合导航技术

组合导航系统随着计算机技术、最优估计理论、信息融合理论以及大系统理论的发展，迅速发展成为一种多系统、多功能、高性能、高可靠性的导航系统。

### 2.8.1　组合导航概况

导航系统种类多样，可以通过多种手段在不同环境工作条件下获取导航信息，所以在实际中，人们已经很少依赖单一导航系统完成导航功能，而是将各类载体上的导航系统的信息和功能结合起来，形成综合性能更强的组合导航系统。当前，高科技战争对武器和武器平台的导航系统的自主性、精确性、自动化程度、外形尺寸均提出了非常高的要求，随着技术的发展，可利用的导航系统信息资源越来越多。相对于单一导航系统，组合导航系统具备更强的协合超越功能、冗余互补功能和更宽的应用范围。

组合导航是近代导航理论和技术发展的结果。每种单一导航系统都有各自的独特性能和局限性。把几种不同的单一系统组合在一起,就能利用多种信息源,互相补充,构成一种有冗余度和导航准确度更高的多功能系统。

根据多传感器信息融合理论的划分,组合导航多传感器信息融合属于位置级和属性级融合,处于信息融合系统基础层级。组合导航系统要求能够自适应地接收和处理所有可用的导航信息数据源,并对导航信息数据进行融合,提供精确的位置、速度和姿态等导航信息。同时,高精度导航系统根据对系统可靠性和鲁棒性的要求,还必须具有强容错能力,即具有对子系统进行故障诊断并对故障子系统进行隔离、全系统信息余度控制优化、提供系统最优的冗余度导航信息以及提供辅助决策的能力。组合导航系统的多传感器系统融合结构可以采取集总式、分布式及联合式结构方案,可以分别对应信息融合系统的相应结构。总地来说,组合导航系统本质上是种多传感器融合的参数估计系统,功能上是一种单目标多传感器信息融合跟踪系统。

### 2.8.2 常见组合导航种类

**(一)推算系统**

推算系统通常由航向传感器(如陀螺罗经)和速度传感器(如计程仪)构成,通过对载体航向角变化量和载体位置变化量的测量,递推出载体位置的变化,因此能够提供连续的、相对精度很高的定位信息。其自主导航的基本原理是:将载体运动视为二维平面上的运动,如果已知载体的初始位置和初始航向角,通过实时测量载体行驶距离和航向角的变化,就可以推算出每个时刻的坐标。由于推算系统中航向传感器的误差较大,且随着时间积累,因而推算导航只能作为一种辅助的导航技术。

**(二)以 INS 为核心的组合导航系统**

1. INS/GNSS 组合导航系统

惯性导航不依赖外部信息,隐蔽性好,抗干扰能力强,能提供载体需要的几乎所有的导航参数,具有数据更新率高、短期精度和稳定性好的优点;但其误差存在随时间积累,且初始启动对准时间较长,对于执行任务时间长又要求快速反应的应用场合而言是致命的弱点。GNSS 是星基导航定位系统,能全天候、全时间、连续提供精确的三维位置、速度和时间信息;但存在动态响应能力差、易受电子干扰、信号易被遮挡且完善性较差的缺点。将惯性导航和 GNSS 系统两者组合在一起,高精度 GNSS 信息作为外部量测输入,在运动过程中可频繁修正惯性导航,以限制其误差随时间的积累;而短时间内高精度的 INS 定位结果,可很好地解决 GNSS 动态环境中的信号失锁和周跳问题。所以组合系统不仅具有两个独立系统各自的主要优点,而且随着组合水平的加深和它们之间信息相互传递和使用的加强,组合系统所体现的总体性能远优于任一独立系统。因此,INS/GNSS 的组合被认为是目前导航领域最理想的组合方式。常见的组合方式有松耦合(loosely coupled)、紧耦合(tightly coupled)、超紧耦合(ultra-tightly coupled) 、紧密耦合(closely coupled)、级联(cascaded)以及深(deep)组合等,这些专业术语没有公认的定义,这里介绍最常用的定义。

(1)松耦合 INS/GNSS 系统。该系统使用 GNSS 位置和速度作为组合算法的测量输入,与 INS 校正类型或 GNSS 辅助无关。由于 GNSS 用户设备已经融入了导航滤波器,因比松耦合系统是一个级联结构。这是位置域组合,如图 2.13 所示。

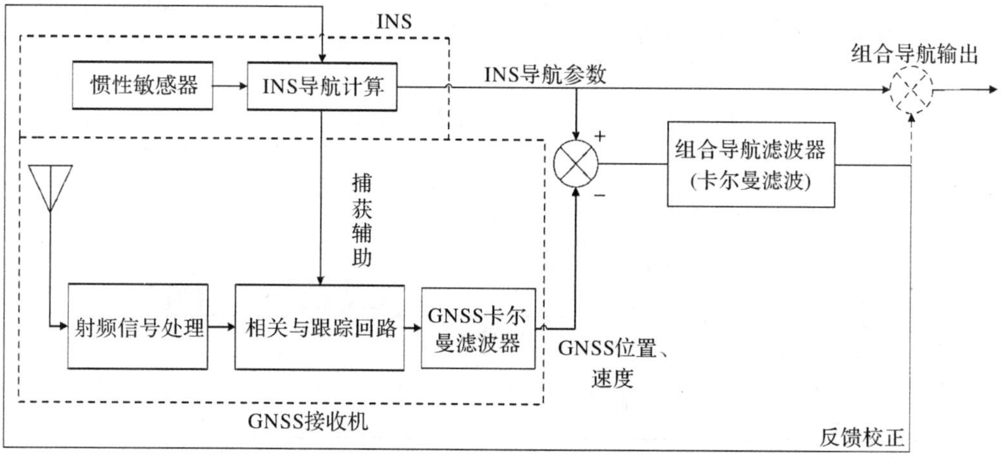


图 2.13　松组合导航原理框图

以 GNSS 和 INS 输出的位置和速度之差作为观测量,构造量测方程。设 GNSS,INS 在地固坐标系中的位置和速度输出分别为场 $r_{\text{gps}}$,$v_{\text{gps}}$ 和 $r_{\text{ins}}$,$v_{\text{ins}}$,这里 $r_{\text{ins}}$,$v_{\text{ins}}$ 是由惯性导航力学编排得到,则令

$$\boldsymbol{L}_k=\begin{bmatrix} r_{\text{ins}}-r_{\text{gps}} \\ v_{\text{ins}}-v_{\text{gps}} \end{bmatrix} \tag{2-49}$$

误差方程为

$$\boldsymbol{V}_{\text{k}}=\boldsymbol{A}_{\text{k}}\hat{\boldsymbol{X}}_{\text{k}}-\boldsymbol{L}_{\text{k}} \tag{2-50}$$

式中:$\boldsymbol{A}_{\text{k}}$ 为量测矩阵;$\boldsymbol{L}_{\text{k}}$ 为观测向量;$\boldsymbol{V}_{\text{k}}$ 为残差向量;$\hat{\boldsymbol{X}}_{\text{k}}$ 为状态参数向量。

这种组合方式的优点是可靠性比较高,当其中有一个出现故障的时候,组合导航系统仍然可以继续给出导航结果,保证定位的完整性;观测方程比较简单,有助于进行实时解算。其缺点是 GNSS 需要单独给出导航结果与 INS 进行组合,所以至少需要 4 颗卫星;因为 GNSS 单独解算造成滤波器中观测量相关。

因此,当 INS 精度较低,失锁频繁且 GNSS 时间较长时,这种组合方式并不适用。

(2)紧耦合 INS/GNSS 系统。该系统使用 GNSS 伪距和伪距率、伪距增量或者 ADR 测量作为组合算法的输入,同样不考虑 INS 校正类型或 GNSS 辅助。这是距离域组合,如图 2.14 所示。

INS/GNSS 的状态方程可以简写为

$$\boldsymbol{X}_k=\boldsymbol{\Phi}_{k,k-1}\boldsymbol{X}_{k-1}+\boldsymbol{w}_k \tag{2-51}$$

式中:$\boldsymbol{X}_k$ 为 $k$ 时刻的状态向量;$\boldsymbol{X}_{k-1}$ 为 $k-1$ 时刻的状态向量;$\boldsymbol{\Phi}_{k,k-1}$ 为离散后的状态转移矩阵;$\boldsymbol{w}_k$ 为动力学模型噪声向量。

(3)深耦合 INS/GNSS 系统。该系统将 INS/GNSS 组合和 GNSS 信号跟踪合并为单个估计算法。这种组合,要么直接地,要么借助鉴别器函数,采用 GNSS 相关通道中的 I 和 Q 信号作为测量,生成用于控制 GNSS 接收机中参考码和载波的 NCO 命令。这是跟踪域的组合,也称为深组合。

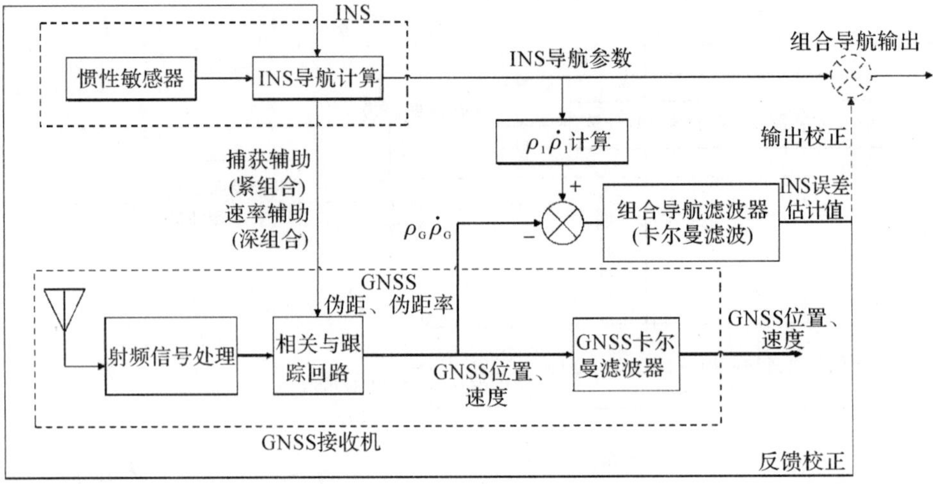


图 2.14　紧组合导航原理框图

(4)超紧耦合 INS/GNSS 系统。该系统用来描述带有 GNSS 跟踪环辅助的跟踪域和距离域的组合,而紧密耦合用于位置域和距离域的组合结构。

2. INS/log 组合导航系统

高精度的惯性导航系统与计程仪组合构成高精度的自主导航系统,也可采用多种组合方式。其一是采用 INS/log 速度组合方式,其位置误差会随着载体运动距离的增加而慢慢发散。但与 INS 相比,INS/log 组合可有效减小姿态:速度、经度和纬度等导航参数误差的积累,提高系统的导航精度。其二是利用计程仪速度对惯性导航系统的水平通道进行阻尼,以改善惯性导航内部的控制性能,达到提高惯性导航精度的目的。其三是基于计程仪和 INS 航向可以构成推算系统,其误差主要随行驶距离的增加而增加。在载体低速运动时,推算系统误差随时间增长较慢,如图 2.15 所示。

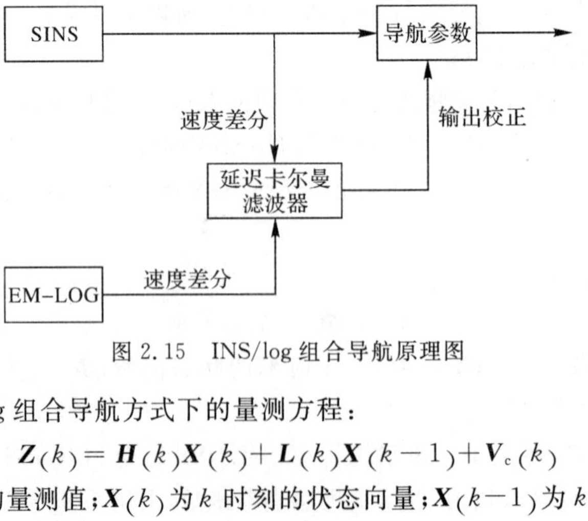


图 2.15　INS/log 组合导航原理图

这里给出 INS/log 组合导航方式下的量测方程:

$$\boldsymbol{Z}(k)=\boldsymbol{H}(k)\boldsymbol{X}(k)+\boldsymbol{L}(k)\boldsymbol{X}(k-1)+\boldsymbol{V}_c(k) \tag{2-52}$$

式中:$\boldsymbol{Z}(k)$为$k$时刻的量测值;$\boldsymbol{X}(k)$为$k$时刻的状态向量;$\boldsymbol{X}(k-1)$为$k-1$时刻的状态向量;$\boldsymbol{V}_c(k)$为白噪声,且有系数矩阵:

$$\boldsymbol{H}(k)=\begin{bmatrix}0&0&-1&0&0&0&0&0&0&0&0&0\\0&0&0&-1&0&0&0&0&0&0&0&0\end{bmatrix} \tag{2-53}$$

$$\boldsymbol{L}(k)=\begin{bmatrix}0&0&1&0&0&0&0&0&0&0&0&0\\0&0&0&1&0&0&0&0&0&0&0&0\end{bmatrix} \tag{2-54}$$

3. INS/CNS 组合导航系统

INS/CNS组合导航系统是一种自主式导航系统，由于天体目标的不可干扰性和天文导航系统能同时获得很高精度的位置航向信息，它能全面校正惯性导航系统。一方面，惯性导航系统可以向天文导航系统提供姿态、航向、速度等各种导航数据，天文导航系统则基于惯性导航提供的上述信息，更准确、快速地解算天文位置和航向，实现天文定位；另一方面，天文导航系统观测到的定位信息对惯性导航的位置等数据进行校正。观测的载体姿态角可反映陀螺的漂移率，例如，用卡尔曼滤波方法处理这些角度信息，为惯性导航参数误差和惯性元件误差提供最优估计并进行补偿，可提高惯性导航系统的导航精度。

这里给出惯性/天文组合导航系统的量测方程：

$$\boldsymbol{Z}=\begin{bmatrix}Z_1\\Z_2\end{bmatrix}=\begin{bmatrix}h_1(t)\\h_2(t)\end{bmatrix}+\begin{bmatrix}v_1(t)\\v_2(t)\end{bmatrix} \tag{2-55}$$

式中：$\boldsymbol{Z}$ 为系统的量测向量；$Z_1$ 为惯性量测输出值；$Z_2$ 为星光折射的量测输出值；$h_1(t)$，$h_2(t)$ 为高度系数；$v_1(t)$，$v_2(t)$ 为量测白噪声。

## （三）以 GNSS 为核心的组合导航系统

1. GNSS 组合导航系统

目前，已完全投入使用的全球定位系统主要有美国的 GPS 和俄罗斯的 GLONASS 系统，二者都能在全球范围提供全天候导航定位。我国北斗系统已经在 2020 年完成全球定位，目前在亚太等重点区域已经提供导航定位服务。在高山峡谷、森林等特殊场合使用单个 GNSS 系统时，由于卫星易被遮挡，可见卫星数将减少，从而影响系统定位精度。此外，由于军事政治原因，美国对本国及其盟国军队以外的用户提供的 GPS 精度仍得不到稳定保证。因此，人们开始研究应用组合 GPS/GLONASS/北斗来提高定位精度及可靠性。在 GNSS 组合系统中，组合接收机将同时接收 GPS、GLONASS 和北斗卫星信号，并将三者的数据进行融合后得到导航信息。较单独的 GNSS 而言，可用卫星数理论上从 24 增加近 3 倍，因此在同等观测条件下，可见卫星数增加，定位精度将大为提高。

2. GNSS/罗兰 C 组合导航系统

罗兰 C 系统是一种陆基远程无线电导航系统，其主要特点是覆盖范围大，岸台采用固态大功率发射机，峰值发射功率可达 2 MW。其抗干扰能力强、可靠性高，是一种为我国完全掌握的无线电导航资源，可覆盖我国沿海的大部分地区，在战时具有重要意义。但罗兰 C 系统的定位误差较大，它与 GNSS 各有优缺点，并且各自独立。因此，GNSS/罗兰 C 组合导航可将两种导航系统优势互补。

以 3 颗 GNSS 卫星和一个罗兰 C 发播台进行组合定位为例来研究组合定位数学模型。组合定位伪距观测方程为

$$\left.\begin{aligned} P_{k,k=1\sim3} &= \sqrt{(X_s^k - x_r)^2 + (Y_s^k - y_r)^2 + (Z_s^k - z_r)^2} + c \cdot \delta_r + \xi_k \\ P_4 &= a \cdot (\delta_0 + \delta_s) + c \cdot (\delta_r + \delta_{G-S}) + \xi_4 \end{aligned}\right\} \tag{2-56}$$

式中，第一个方程为 GNSS 伪距方程，第二个方程为罗兰 C 系统伪距方程。$(X_s^k, Y_s^k, Z_s^k)$为第 $k$ 颗卫星的位置坐标；$P_k$ 为 GNSS 接收机和罗兰接收机的伪距观测量；$\delta_r$ 为 GNSS 接收机和 GNSS 系统时间之间的偏差，为待求量；$(x_r, y_r, z_r)$为 GNSS 接收机坐标，也为待求量。$\delta_{G-S}$ 为 GNSS 系统时间与罗兰 C 发播台之间的偏差，对于溯源至 UTC 的发播台，该偏差为一个固定的已知量。罗兰 C 接收机与 GNSS 接收机外接同源时间基准信号，$\delta_r + \delta_{G-S}$即为本地时间与罗兰 C 发播台之间的时差。$c$ 为光速，$a$ 为参考椭球的长半轴。$\delta_0$ 为罗兰接收机到罗兰 C 发播台之间的球面角距，$\delta_s$ 为球面角距到椭球面角距的修正量，$\delta_0$ 和 $\delta_s$ 都是关于罗兰接收机坐标的函数，罗兰接收机与 GNSS 接收机放置在同一地点，所以其为$(x_r, y_r, z_r)$的函数。$\xi_k$ 为 GNSS 观测方程的各项误差之和。$\xi_4$ 为罗兰 C 观测方程的各项误差之和。定位原理框图如图 2.16 所示。

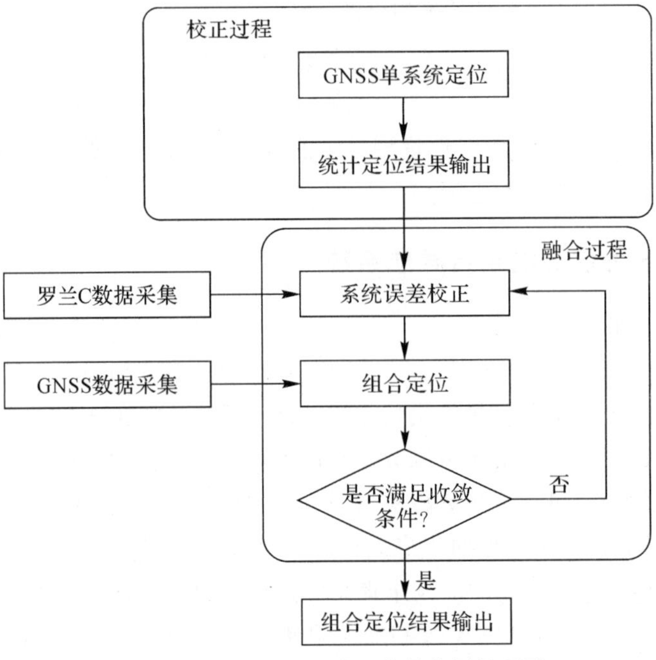


图 2.16　GNSS/罗兰 C 组合导航原框理图

目前，罗兰 C 和卫星导航组合应用有以下几种方式：罗兰 C 差分增强卫星导航、罗兰 C 作为伪卫星增强卫星导航、利用卫星导航提高罗兰 C 接收机的定位精度、罗兰 C 定位数据和卫星导航定位数据融合应用。

### 2.8.3　组合导航定位算法

组合导航信息融合是根据系统的物理模型（由状态方程和观测方程描述）及传感器的噪声的统计假设，将观测数据映射到状态矢量空间。状态矢量包括一组导航与制导系统的状态变量，如位置、速度、角速度、姿态和各种失调偏差量等，可以用来描述系统的运行状态，精确测定载体的运动行为。融合的过程对于多传感器导航系统实际上是传感器测量数据的互联与状态矢量估计。来自多传感器的数据首先要进行数据对准，将各种传感器的输入数据通过坐标变换和单位变换，转换到同一个公共导航坐标系中，将属于同一个状态的数据联系起来，根据建立的描述载体的运动规律、系统的状态方程及观测量的物理性质的数学模型，在一定的最优估计准则下，进行最优估计，即使状态矢量与观测达到最佳拟合，获得状态矢量的最佳估计值。最佳准则有最小二乘法、加权最小二乘法、最小均方误差、极大似然、贝叶斯准则等，处理方式有最小二乘、加权最小二乘、贝叶斯加权最小二乘及最大似然估计等大批处理方法。最常用的组合导航算法为卡尔曼滤波最优估计理论。

对于确定性系统，已知系统初始条件，通过求解系统的微分方程，就可以得到系统在未来各个时刻的准确状态。但是实际中大部分系统都是随机线性动力系统，在运行过程中都受到各种干扰和噪声的影响，给其运行状态带来某种不确定性，并因此产生各种误差。组合导航系统即属于此类随机线性动力系统。组合导航系统最常使用的状态估计算法就是卡尔曼滤波算法，卡尔曼滤波器采用状态空间法建立准确的线性系统的状态方程、量测方程；同时掌握系统噪声与量测噪声精确的白噪声统计特性。在上述理想的条件下（实际应用中难以满足），通过建立一套由计算机实现的实时递推算法，根据系统每一时刻的观测量实现对系统状态的最优估计。

卡尔曼滤波是一种线性最小方差估计，它是采用状态空间法在时域内进行滤波的方法，适用于多维随机过程的估计。卡尔曼滤波有多种理论推导方法，也有多种不同的表示方法，这里直接给出离散卡尔曼递推滤波算法。

首先采取随机离散线性系统的方程描述，设 $t_k$ 时刻系统状态方程和测量方程如下：

$$\boldsymbol{X}_k = \boldsymbol{\Phi}_{k,k-1}\boldsymbol{X}_{k-1} + \boldsymbol{\Gamma}_{k,k-1}\boldsymbol{W}_{k-1} \tag{2-57}$$

$$\boldsymbol{Z}_k = \boldsymbol{H}_k\boldsymbol{X}_k + \boldsymbol{V}_k \tag{2-58}$$

式中：$\boldsymbol{X}_k$ 为估计状态；$\boldsymbol{W}_k$ 为系统噪声；$\boldsymbol{V}_k$ 为测量噪声；$\boldsymbol{\Phi}_{k,k-1}$ 为 $t_{k-1}$ 时刻到 $t_k$ 时刻的转移矩阵；$\boldsymbol{\Gamma}_{k,k-1}$ 为系统噪声驱动矩阵；$\boldsymbol{H}_k$ 为测量矩阵，且 $\boldsymbol{W}_k$ 和 $\boldsymbol{V}_k$ 满足 $E[\boldsymbol{W}_k]=0$，$\mathrm{cov}[\boldsymbol{W}_k,\boldsymbol{W}_j]=Q_k\delta_{kj}$，$E[\boldsymbol{V}_k]=0$，$\mathrm{cov}[\boldsymbol{V}_k,\boldsymbol{V}_j]=R_k\delta_{kj}$，$\mathrm{cov}[\boldsymbol{W}_k,\boldsymbol{V}_j]=0$，其中，狄拉克函数 $\delta_{k,j}=\begin{cases}1, k=j\\0, k\neq j\end{cases}$；$\boldsymbol{Q}_k$ 是系统噪声的方差阵，为非负定阵；$\boldsymbol{R}_k$ 为测量噪声的方差阵，为正定阵。

离散卡尔曼滤波器的计算步骤一般如下：

状态的初步预测向量：

$$\hat{\boldsymbol{X}}_{k,k-1} = \boldsymbol{\Phi}_{k,k-1}\hat{\boldsymbol{X}}_{k-1} \tag{2-59}$$

状态估计向量：

$$\hat{\boldsymbol{X}}_{k,k-1} = \hat{\boldsymbol{X}}_{k-1} + \boldsymbol{K}_k(\boldsymbol{Z}_k - \boldsymbol{H}_k\hat{\boldsymbol{X}}_{k,k-1}) \tag{2-60}$$

滤波增益矩阵：

$$\boldsymbol{K}_k = \boldsymbol{P}_{k,k-1}\boldsymbol{H}_k^{\mathrm{T}}(\boldsymbol{H}_k\boldsymbol{P}_{k,k-1}\boldsymbol{H}_k^{\mathrm{T}} + \boldsymbol{R}_k)^{-1} \tag{2-61}$$

一步预测误差方差阵：

$$\boldsymbol{P}_{k,k-1} = \boldsymbol{\Phi}_{k,k-1}\boldsymbol{P}_{k-1}\boldsymbol{\Phi}_{k,k-1}^{\mathrm{T}} + \boldsymbol{\Gamma}_{k,k-1}\boldsymbol{Q}_{k-1}\boldsymbol{\Gamma}_{k,k-1}^{\mathrm{T}} \tag{2-62}$$

估计误差方差阵：

$$\boldsymbol{P}_k = (\boldsymbol{I} - \boldsymbol{K}_k\boldsymbol{H}_k)\boldsymbol{P}_{k,k-1} \tag{2-63}$$

只要给定初值 $\hat{\boldsymbol{X}}_0$ 和 $\boldsymbol{P}_0$，根据 $k$ 时刻的测量值 $\boldsymbol{Z}_k$ 就可以地推计算得到 $k$ 时刻的状态估计

值 $\hat{\boldsymbol{X}}_k$。

式(2－59)和式(2－62)属于时间更新过程，其中式(2－59)说明了根据 $k-1$ 时刻的状态估计预测时刻状态估计的方法，式(2－62)对这种预测的质量优劣做出了定量描述。这两式的计算中仅使用了与系统动态特性有关的信息，如一步转移阵、噪声驱动阵、驱动噪声的方差阵。从时间的推移过程来看，这两个公式仅根据系统自身的特性将状态估计的时间从 $k-1$ 时刻推进到 $k$ 时刻，并没有使用量测的信息，因此它们描述了卡尔曼滤波的时间更新过程。这一过程与前面目标跟踪的预测环节相似。

量测更新过程主要由式(2－60)～式(2－63)描述，主要用来计算对时间更新值的修正量，该修正量由时间更新的质量优劣 $\boldsymbol{P}_{k,k-1}$、量测信息的质量优劣 $\boldsymbol{R}_k$、量测与状态的关系 $\boldsymbol{H}_k$ 以及具体的量测值 $\boldsymbol{Z}_k$ 所确定，所有这些方程围绕一个目的，即正确、合理地利用量测 $\boldsymbol{Z}_k$，所以这一过程描述了卡尔曼滤波的量测更新过程，与前面目标跟踪的修正环节相似。更多有关卡尔曼滤波的知识可以根据需要进行拓展阅读。

## 2.9 本章小结及思考题

### 2.9.1 本章小结

本章介绍了室外定位环境下的一些重要定位技术。卫星导航是现阶段应用最为广泛的定位导航技术，相关理论成熟，软硬件同步，在大部分情况下都可以获得可观的定位结果，是公认的主流室外定位技术；惯性导航技术以惯性定律为基础，惯性测量器件为载体，在航迹推算、路径规划、动态定位等方面取得了长足发展，也是重要的室外导航定位技术之一；匹配导航包括了地图匹配、地形匹配等多个方面，在环境恶劣的山地丘陵地区具有巨大的优势，对于野外勘探等方面有重要应用价值；视觉导航是现代导航的一项新兴导航手段，其极端依赖于软硬件的图像处理能力，高度精使得其在视觉规划领域独树一帜，未来在智能轨迹、自动驾驶等方面也会有重要应用；光学导航在航空航天、太空探测、探测器着陆等方面有着重大的应用意义，现阶段常常与卫星导航、惯性导航等技术组成组合导航，以提高定位的精确性和稳定性；天文导航在航空航海等领域应用已久，相关理论较为成熟；无线电导航由于无线电的独特优势，在军方与智能搜救保障等小范围定位环境方面应用广泛。随着定位环境的复杂化和定位要求的进一步提高，单一的导航定位方案逐渐不能满足实际需要，所以一些组合导航定位方案出现，取长补短，提高了定位精度，提升了定位性能。未来必然会有更多性能优良的定位技术和定位算法出现，以满足不断变化发展的定位需求。

### 2.9.2 思考题

1. 现有的卫星导航系统有哪些？各自有什么优势和不足？列表进行对比分析。

2. 简述卫星定位的导航定位原理，并对其中涉及的定位模型和公式进行推导。

3. 卫星导航过程中的误差来源有哪些？查找资料并建立各类误差模型，找到减小这些误差的技术手段并通过理论推导验证，利用合适的仿真平台进行仿真。

4. 卫星导航的主要应用有哪些？它对日常生活产生了什么样的影响？

5.什么是惯性导航？惯性导航的物理原理是什么？

6.简述惯性导航的定位原理，画出惯性导航定位原理框图，推导惯性导航的状态方程和测量方程表达式。

7.惯性导航的误差来源是什么？应该如何解决误差问题？查找减小误差的算法，并利用MATLAB进行仿真验证。

8.匹配导航有哪些种类？各自之间有何异同？列表进行对比。

9.什么是视觉导航？简述视觉导航的基本原理，并说明视觉导航的应用领域以及视觉导航相比现有其他导航方式有何优、缺点。

10.光学导航主要应用在哪些领域？分析其应用特点，简述其定位基本原理。

11.讨论天文导航的发展历程，说明在现代科技背景下，光学导航有了什么样的进步，在哪些领域取得了广泛应用。

12.简述单星定位法、双星定位法、高度差定位法的基本原理。

13.什么是无线电导航定位？无线电技术有何特点和优势？无线电定位技术的主要误差来源是什么？

14.简述测向定位、测距定位、测向-测距定位技术的基本原理并给出定位原理示意图。

15.什么是组合导航？为何要发展组合导航定位技术？相比于单一导航方式，组合导航定位技术有什么优势和姿势？

16.组合导航有哪些类型？简述各个类型的导航定位原理并给出导航观测方程。

17.常用的组合导航定位算法有哪些？查找并分析基本原理，列表进行对比。

## 参 考 文 献

[1] 史增凯，马祥泰，钱昭勇，等.基于北斗卫星导航系统非组合精密单点定位算法的精密授时精度研究[J].电子与信息学报，2019，33(1)：1－9.

[2] 贾蕊溪，董绪荣，李晓宇. 北斗卫星导航系统空间信号精度分析[J]. 卫星与导航，2021，4(2)：384－387.

[3] 毛飞宇，龚晓鹏，辜声峰，等.北斗三号卫星导航信号接收机端伪距偏差建模与验证[J].测绘学报，2021，50(4)：457－465.

[4] 冯帆. 基于 GNSS 地基增强服务的完好性监测系统[J]. 地矿测绘，2021，4(1)：7－8.

[5] MUBARAKSHINA R R，LAPAEVA V V，KASHCHEEV R A，et al. Analysis of Latitude Observations and Data of Satellite Navigation Systems to Determine Geodynamic Parameters[J]. Astronomy Reports，2021，65(3)：224－232.

[6] XU C T，XIE MA Y C，LIU Z. Research on Multipath Suppression Method of Satellite Navigation Signal Based on Sparse Representation in The Background of Artificial Intelligent[J]. Journal of Physics：Conference Series，2021，1915(4)：46－58.

[7] CERUZZI P E. Satellite Navigation and the Military－Civilian Dilemma：The Geopolitics of GPS and Its Rivals[M]. Boston：MIT Press，2021.

[8] YAO Z, LU M. New Generation GNSS Signal Design[M]. Singapore:Springer Nature, 2021.

[9] 梁艳，张清东，赵宁，等. 基于UWB和惯性导航融合的室内定位方法[J]. 红外与激光工程，2021,50(9):293-306.

[10] 谭祖锋. 惯性导航技术的新进展及其发展趋势[J]. 电子技术与软件工程,2019,38(5):76-78.

[11] 张宝军，田奇. 基于CNN的超宽带/惯性导航室内定位算法[J]. 传感器与微系统，2021,40(7):114-117.

[12] XU C H, LIU Z B, LI Z K. Robust Visual-Inertial Navigation System for Low Precision Sensors under Indoor and Outdoor Environments[J]. Remote Sensing,2021,13(4):112-120.

[13] AUCCAHUASI W, DIAZ M, SERNAQUE F, et al. Low-cost System in the Analysis of the Recovery of Mobility Through Inertial Navigation Techniques and Virtual Reality-Science Direct[J]. Healthcare Paradigms in the Internet of Things Ecosystem, 2021,8(2):271-292.

[14] LIU J J. Analysis of Inertial Navigation Technology[J]. International Journal of Education and Technology,2021,2(3):56-69.

[15] 訾烨,任明武. 一种基于高精度地图匹配误差的路径规划方法[J]. 计算机与数字工程，2021,49(11):2248-2253.

[16] 高扬，胡庆武，郭浩. 视觉激光匹配导航技术及其应用[J]. 现代导航，2021,12(5):313-318.

[17] 徐欣彤，桑吉章，刘晖. 深空探测器光学自主导航方法探讨[J]. 导航定位学报，2021,9(1):1-4.

[18] YAN F, ZHAO W Y, WANG X L, et al. Research on Master-slave Filtering of Celestial Navigation System / Inertial Navigation System[J]. Journal of Physics,2021, 32(1):79-90.

[19] LI W Q, ZHANG R, LEI H J, et al. Navigation Switching Strategy-Based SINS/GPS/ADS/DVL Fault-Tolerant Integrated Navigation System[J]. Journal of Sensors, 2021,17(4):1127-1139.

[20] SPECHT C. Radio Navigation Systems: Definitions and Classifications[J]. Journal of Navigation, 2021,18(12):281-290.

[21] DENIS A A, The Oretical Foundations of Radar Location and Radio Navigation[M]. Moscow:Vladivostok Russia,2021.

[22] YE L Y, YANG YI K, JING X L, et al. Altimeter + INS/Giant LEO Constellation Dual-Satellite Integrated Navigation and Positioning Algorithm Based on Similar Ellipsoid Model and UKF[J]. Remote Sensing,2021,13(20):33-45.

[23] 杨洁,申亮亮,王新龙,等. RSINS/里程计容错组合导航方案设计与性能验证[J]. 航空兵器，2021,28(2):93-99.

[24] 冯祎,涂锐,韩军强,等. 一种GNSS/视觉观测紧组合导航定位算法研究[J]. 全球定位系统，2021, 46(6):49-54.

[25] 史增凯，马祥泰，钱昭勇，等. 基于北斗卫星导航系统非组合精密单点定位算法的精密授时精度研究[J]. 电子与信息学报，2021,35(11):1-9.

[26] XU B , WANG X , ZHANG J, et al. Maximum Correntropy Delay Kalman Filter for SINS/USBL Integrated Navigation[J]. ISA Transactions, 2021,14(1):39-45.

[27] CHEN K , CHANG G , CHEN C . GINav: a MATLAB-based Software for The Data Processing and Analysis of A GNSS/INS Integrated Navigation System[J]. GPS Solutions, 2021, 25(3):1-7.

[28] LIU W, GU M, MOU M , et al. A Distributed GNSS/INS Integrated Navigation System in a Weak signal Environment[J]. Measurement Science and Technology, 2021, 32(11):115-126.

# 第3章　室内协同导航的认知

室外定位技术蓬勃发展，室内定位技术也百花齐放。伴随着科技的发展，室内不同环境下的定位需求有着不同的技术手段来支持，也有着不同的计算方法来实现，这些技术和方法受到不同客观因素的影响，同时也受到一些物理数学条件的限制，那么分析这些影响因素和限制条件对提升导航定位精度、提高导航定位的服务性有着重大意义。同时，行业内也需要一些客观指标来对各种定位技术和方法加以评定，以形成室内定位领域的评价标准，便于定位手段更好地面向实际应用环境。诚然，室内导航定位还存在一些未能良好解决的问题，各种定位场景下的定位手段仍需要不断地细化和发展。

## 3.1　室内协同导航技术概述

### 3.1.1　室内协同导航解算类型

目前的室内定位解算类型，从基本原理来分析，主要可以分为邻近信息法、指纹特征法和几何特性法。

(1)邻近信息法：利用信号作用的范围有限的特点，以此来确定待测的位置点在某个参考位置点的附近的可能性。但是只能完成大概的定位，比如前文的蜂窝基站定位可以大概确定手机的大概位置信息，精度只能在区或城市范围，这些满足的都是一些对精度要求不高的需求。

(2)指纹特征法：在定位的区域内的指定位置存在可测量的特征信息。比如 WiFi 信号强度，通过与提前建立的指纹数据库进行查询和匹配，可以推测出待测点的位置信息。这个需要比较庞大精细的信息知识库作为支撑。

(3)几何特性法：几何特性法是利用几何原理进行定位的算法，是目前比较常见的定位算法之一。几何特性法利用多个点和边作为已知条件，然后利用几何关系和几何原理进行计算定位，具体又分为三边定位法、三角定位法和双曲线定位法。

### 3.1.2　室内协同导航技术

目前，主流的室内定位技术包括红外线室内定位技术、超声波定位技术、RFID 定位技术、蓝牙定位技术、WiFi 室内定位技术、超宽带定位技术和 ZigBee 定位技术。

1. 红外线室内定位技术

通过红外线标识发射器发射特定的红外线信号，分布在室内预设位置的光学传感器接到红外线信号之后对其识别然后定位，如图 3.1 所示。尽管红外线室内定位技术的室内定位精度相对较高，但是受限于红外线只能视距传播，不能穿透阻碍物体。除此之外，红外线定位的传播距离短，这些缺陷导致红外线定位效果较差。当红外线标识被遮挡时，比如放在口袋里或者被墙壁等遮挡时，它就不能正常工作，而且容易被荧光灯或者房间内的灯光干扰。此外，还需要在室内安装大量的接收天线，使得红外线室内定位成本较高。

图 3.1　RFID 人员定位导航

2. 超声波定位技术

超声波测距主要利用超声波的反射原理测距，然后通过三边定位等定位算法计算物体的位置。具体原理是，发射器发射超声波之后，遇到被测物体会反射由被测物产生的反射波，接收到反射波之后，根据反射波与发射波的接收时间的差值，结合超声波的传播速度计算出直线距离，如图 3.2 所示。多个接收器和一个放置在被测物体上的测距传感器组成了超声波定位系统。定位过程中，发出定位请求后，处于预设位置的接收器接收到请求指令之后向测距传感器发射超声波信号，从而得到接收器同测距传感器的距离。当有大于或等于三个可组成一个三角形的接收器时，测量出距离之后，可以根据三边定位法确定出被测物体的位置坐标。超声波定位系统具有定位精度较高、设备机构简单等优点。超声波定位技术的缺点是容易受多径效应以及非视距传播的影响，硬件成本高。

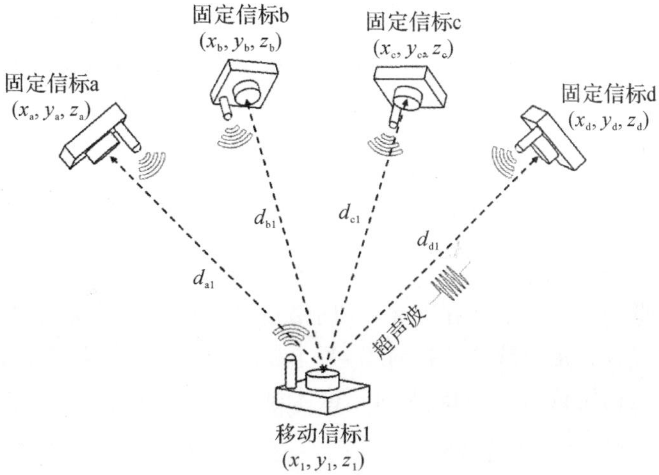


图 3.2　RFID 人员定位导航

3. 蓝牙定位技术

蓝牙定位技术是一种短距离低功耗的无线传输技术。利用蓝牙技术进行室内定位的原理是:在室内固定位置安装蓝牙信号发射器,组成蓝牙局域网(见图 3.3),将蓝牙局域网设置成面向多用户的网络连接,并保证蓝牙局域网接入点(也就是这个蓝牙发射器)是这个小型局域网的主设备,采用几何特性定位方法或者指纹匹配方法,获得定位请求用户的位置信息。

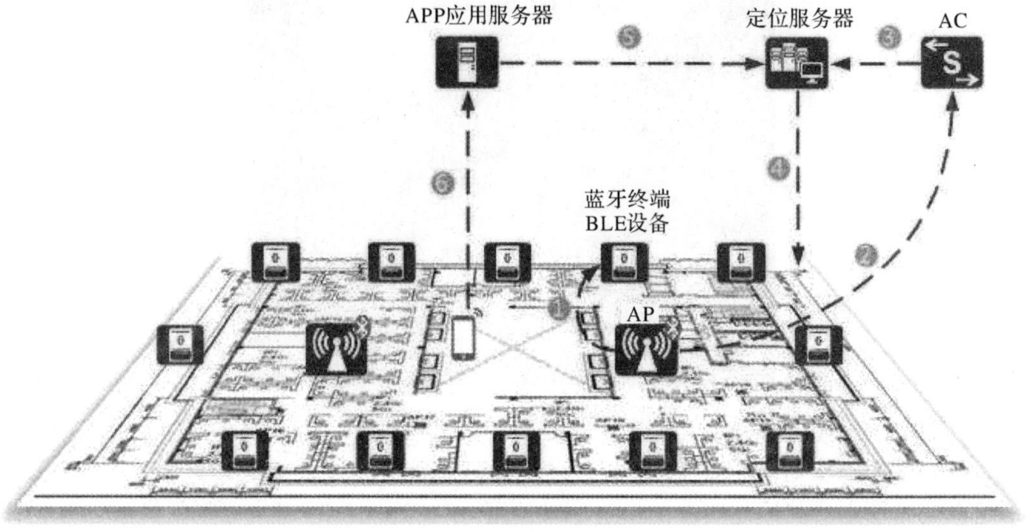


图 3.3 蓝牙定位示意图

最常用的蓝牙定位技术是基于蓝牙 4.0 的低功耗蓝牙技术,即 iBeacon 技术,该技术具有功耗低、连接速度快、传输速率高、信号传输稳定安全无干扰等特点。iBeacon 技术尚未大规模工程应用,其原因在于需要高密度部署蓝牙信标,加之软件费用较高,使得该系统成本偏高。蓝牙设备同样可作为无线接入点,与 WiFi 定位技术类似。因此指纹匹配算法同样应用广泛,针对信号范围小、稳定性差等特点,经常与 WiFi 组合应用来实现室内定位的小范围区域增强。

蓝牙技术主要在小范围定位应用,如果需要在大型商场等场所利用蓝牙定位技术建设室内定位系统,需要铺设大量蓝牙节点。蓝牙室内定位技术的优点是设备体积小,而且现在的智能终端基本都装有蓝牙模块,因此推广普及非常容易。除了这些优点,采用蓝牙技术在室内进行短距离定位时,还可以比较方便容易地发现设备,而且视距因素等不会对蓝牙信号传输造成影响。蓝牙室内定位技术的不足是在环境复杂的空间中,蓝牙定位技术容易受噪声信号干扰,稳定性较差。

4. ZigBee 定位技术

ZigBee 是无线设备之间的一种通信方式,一般应用在短距离、低速率无线通信网络,具有距离近、复杂度低、低功耗等特点。在 ZigBee 网络里可以建立一个无线局域网,在 ZigBee 网络里的每个模块可以作为定位或者监控对象,每个模块 ZigBee 信号一般可以传输几十米远,通信范围能够满足室内定位需求,同时又可以嵌入设备中,应用方便,大大提高 ZigBee 在室内定位中的应用前景,如图 3.4 所示。

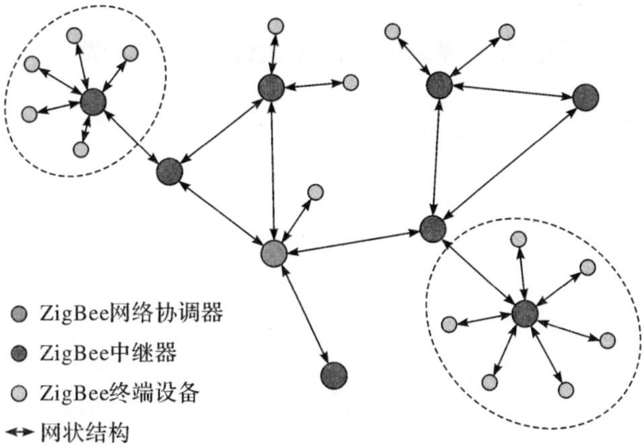


图 3.4　ZigBee 定位示意图

ZigBee 技术通过在数以千计的微传感器之间相互通信以实现定位。这些传感器通过很低的功耗，利用无线信号作为载体一个接一个地传递下去。因此 ZigBee 传感器之间的通信效率非常高。ZigBee 定位的主要优势是功耗低和成本低。

ZigBee 网络主要有星形、树形和网状三种拓扑结构，如图 3.5 所示。其中，FFD 表示中继节点，可以接收并转发信号；RFD 表示末端节点，只能接收信号。

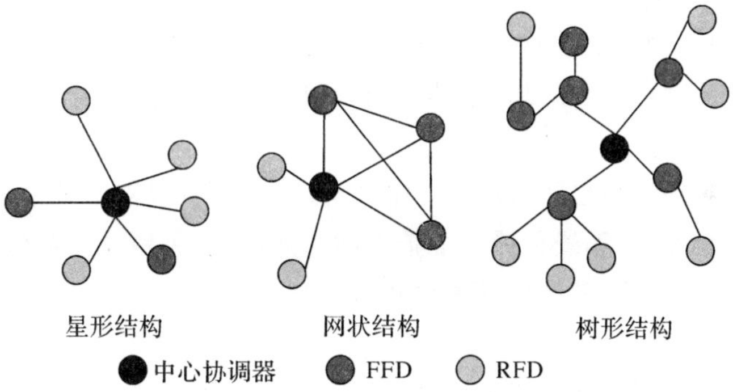


图 3.5　ZigBee 网络拓扑结构图

在星型结构网络中，拓扑有一个中心节点即中心协调器，网络拓扑以中心节点为中心向外辐射，数据和命令都通过中心节点进行通信和传输。网状拓扑结构的特点是对环境的适应能力比较强，在网络中主要由一个中心协调器和多个路由节点组成。在网络中两个节点之间可以通过协调器和路由节点寻找路由通信。从图 3.5 中可以看出，任何两个节点之间的通信的路径都不是唯一的，从而灵活性更强，使得网络稳定性更强。树形拓扑结构其实是在星形拓扑结构基础上发展而来的，只是在中心协调器基础上增加了若干转发节点，树形结构就像一棵倒立树，根为中心协调器，然后在中心节点上增加两个转发节点，这两个节点的结构就像星形拓扑，所以说树形是建立在星形的基础上，相对于星形更容易拓展。树形拓扑保持了星形拓扑简单性、较少上层路由信息维护和管理以及信息存储简单，开销小，降低了设备成本。

关于 RFID 定位技术、WiFi 室内定位技术、超宽带定位技术以及其他的一些定位技术，后续章节将详细叙述。

# 3.2 影响定位的主要因素

## 3.2.1 非视距传播

通常将无线通信系统的传播条件分成视距和非视距两种环境。视距条件下，无线信号无遮挡地在发信端与接收端之间”直线“传播，这要求在第一菲涅尔区(First Fresnel Zone)内没有对无线电波造成遮挡的物体，如果条件不满足，信号强度就会明显下降。菲涅尔区的大小取决于无线电波的频率及收发信机间距离。

从发射机到接收机传播路径上，有直射波和反射波，反射波的电场方向正好与原来相反，相位相差 180°。当天线高度较低且距离较远时，直射波路径与反射波路径差较小，则反射波将会产生破坏作用。实际传播环境中，第一菲涅尔区定义为包含一些反射点的椭圆体，在这些反射点上反射波和直射波的路径差小于半个波长。从电磁波在空间的传播来讲，第一菲涅尔区是满足直射波和反射波某种特性的波，是从接收区域可以接收到的电磁波角度出发的。视距通信应保证第一菲涅尔区 0.6 倍焦距内无障碍物。而在有障碍物的情况下，无线信号只能通过反射、散射和衍射方式到达接收端，称为非视距通信。此时的无线信号通过多种途径被接收，而多径效应会带来时延不同步、信号衰减、极化改变、链路不稳定等一系列问题。

下面以一个简单示例来说明非视距传播对导航定位的影响。

某待定位目标 m 到第 $i$ 个基站的波达时间可用模型表示为

$$t_{i,\mathrm{m}} = t_{i,\mathrm{LOS}} + t_{i,\mathrm{N}} + t_{i,\mathrm{e}},\ i = 1,2,\cdots,M \tag{3-1}$$

式中：$t_{i,\mathrm{LOS}}$为定位目标到基站之间的视距传播时间；$t_{i,\mathrm{e}}$为测量仪器所带来的系统误差，可通过仪器改良及补偿减小；$t_{i,\mathrm{N}}$为无线传播环境带来的时间误差，可服从指数分布、均匀分布等，本书以指数分布为例进行说明，其条件概率密度函数为

$$p(t_{i,\mathrm{N}}/\tau_{i,\mathrm{ms}}) = \begin{cases} \dfrac{1}{\tau_{i,\mathrm{ms}}}\exp\left(-\dfrac{t_{i,\mathrm{N}}}{\tau_{i,\mathrm{ms}}}\right), t_{i,\mathrm{N}} \geqslant 0 \\ 0, t_{i,\mathrm{N}} < 0 \end{cases} \tag{3-2}$$

式中：$\tau_{i,\mathrm{ms}}$为均方根时延扩展，可表示为

$$\tau_{i,\mathrm{ms}} = T_1 d_i^{\varepsilon}\xi \tag{3-3}$$

式中：$d_i$ 为定位目标与基站之间的收发距离(km)；$T_1$ 为 $\tau_{i,\mathrm{ms}}$在 $d_i=1$ km 时的中值；$\varepsilon$ 为 0.5～1 之间的指数；$\xi$ 是服从对数正态分布的随机变量，可通过实验测得。可以看出，目标与基站之间的距离不同，所处环境不同，非视距误差的均值和方差往往不同，故而需要对其做无偏估计，而一般情况即以其均值作为无偏估计。经过推导，由非视距引起的附加时延的均值和方差如下：

$$E(t_{i,\mathrm{N}}) = T_1 d_i^{\varepsilon} \mathrm{e}^{m_z + \frac{\delta_z^2}{2}} \tag{3-4}$$

$$D(t_{i,\mathrm{N}}) = (T_1 d_i^{\varepsilon})^2 (2\mathrm{e}^{\delta_z^2} - 1) \mathrm{e}^{2m_z + \delta_z^2} \tag{3-5}$$

式中：$m_z$，$\delta_z$ 为高斯随机变量 $z=10\lg\xi$ 的均值与均方差。显然，非视距传播引起附加时延的均值与方差均和定位目标与基站间的真实距离、信号传播环境有关。

多径信号传播过程中会引起信号极化角的改变。另外，基站常使用不同极化方式进行频率复用，因此多径效应引起的极化角改变，就会产生问题。

如何把多径传播的不利因素变为有利因素，是实现非视距通信的关键。一种简单的方法就是提高发射功率，以使信号穿透障碍物，变非视距传播为准视距传播，但这不是真正的解决之道，只能一定程度地解决问题。无线覆盖总是要受制于地理环境、空中损耗、链路预算等条件。某些情况要求无线传播条件一定是非视距的，如规划的要求、高度的限制，不允许天线安装在视距范围内。小区连续覆盖时，频率复用要求很严格，降低天线高度可有效减少相邻小区的同频干扰。所以基站与终端经常是在非视距条件下通信。而视距通信环境中天线过高、过密反而会带来问题。

非视距传播对定位的影响主要体现在测距阶段，它对不同测距方法造成的影响不同。以 RSSI 方法为例，对 RSSI 定位的影响如图 3.6 所示。路径 1 为没有遮挡时的路径，即视距路径。路径 2 为信号通过衍/透射穿过障碍物的传播路径，通过路径 2 从节点 A 到达节点 B 的信号比视距信号弱。路径 3 为信号发生折射的传播路径，信号强度比视频信号弱。从 RSSI 定位角度而言，更弱的信号强度会误认为收、发节点之间比实际距离远，从而降低定位精度。

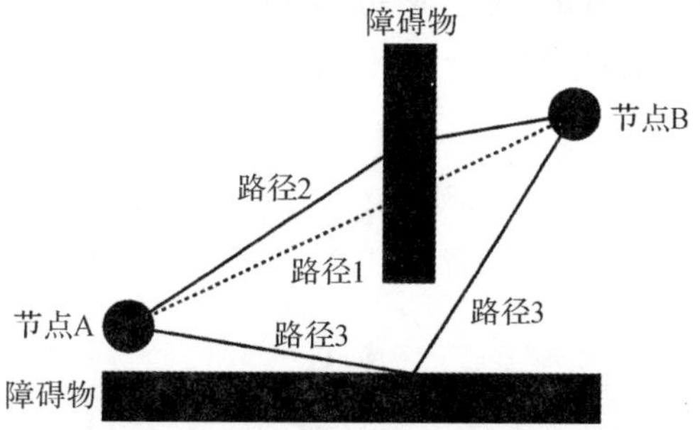


图 3.6　非视距传播对 RSSI 定位影响

### 3.2.2　多径传播

多径效应(multipath effect)：指电磁波经不同路径传播后，各分量场到达接收端时间不同，按各自相位相互叠加而造成干扰，使得原来的信号失真，或者产生错误。比如，电磁波沿不同的两条路径传播，而两条路径的长度正好相差半个波长，那么两路信号到达终点时正好相互抵消了(波峰与波谷重合)。这种现象在以前看模拟信号电视的过程中经常会遇到，在看电视的时候如果信号较差，就会看到屏幕上出现重影，这是因为电视上的电子枪从左向右扫描时，用后到的信号在稍靠右的地方形成了虚像。因此，多径效应是衰落的重要成因。多径效应对于数字通信、雷达最佳检测等都有着十分严重的影响。

在无线通信领域，多径指无线电信号从发射天线经过多个路径抵达接收天线的传播现象。大气层对电波的散射、电离层对电波的反射和折射，以及山峦、建筑等地表物体对电波的反射都会造成多径传播。多径会导致信号的衰落和相移，产生符号间干扰进而影响到信号传输的质量。如图 3.7 所示，移动端接收基站所发信号，信号在不同的传播路径时，所接收的信号强度也是有差异的，且信号之间会产生串扰，造成信号测距误差，进而影响定位精度。

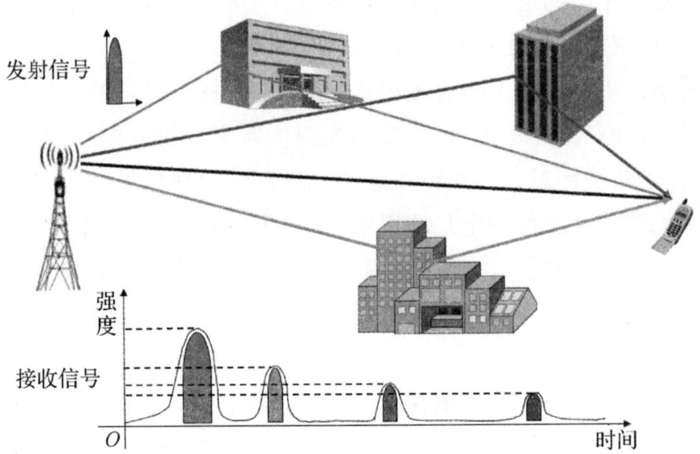


图 3.7　多径衰落影响信号接收强度

下面以一个具体的定位示例来说明多径对定位精度的影响。为了消除因时钟不同步产生的时延差误差，在基本的 TDOA 定位模型中增加一个锚节点，作为时间基准，形成无时钟同步的测距模型。其模型如图 3.8 所示，其中，User 节点是待定位节点，Beacon 节点作为时间基准点(位置已知)，AP1 和 AP2 节点为两个已知位置的锚节点。

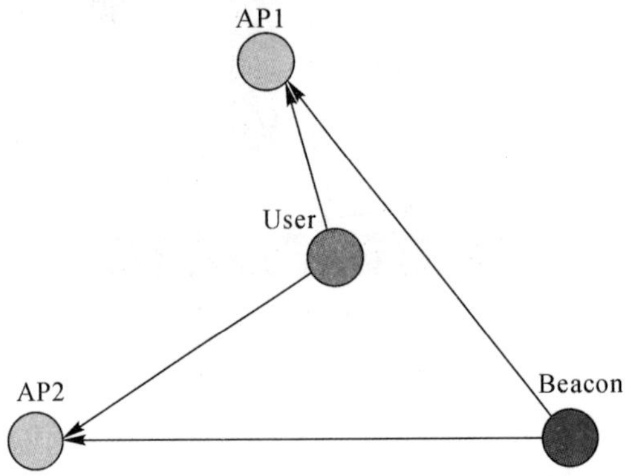


图 3.8　TDOA 定位模型

如图 3.9 所示，Beacon 节点在时刻 $T_{SB}$发送信号 SignalB，User 节点在时刻 $T_{SU}$发送信号 SignalU，AP1 和 AP2 节点分别在时刻 $T_{R1B}$，$T_{R1U}$，$T_{R2B}$，$T_{R2U}$接收到来自 Beacon 节点和 User 节点的信号。User 节点到达目的节点 AP1，AP2 节点的距离差就是所要求的 TDOA 时延差。由图 3.9 可得

$$\begin{aligned}\Delta T_U &= T_{U2} - T_{U1} = (T_{B2} + \Delta T_{R2} - \Delta T_S) - (T_{B1} + \Delta T_{R1} - \Delta T_S) \\ &= \Delta T_{R2} - \Delta T_{R1} + T_{B2} - T_{B1} \end{aligned} \tag{3-6}$$

Beacon 节点的位置是已知的，那么 Beacon 节点到 AP1 和 AP2 节点之间的距离也是已知的，因此 $T_{B2} - T_{B1}$ 的值也是已知的，为了减小算法的计算复杂度，将 Beacon 节点放置在与 AP1 节点和 AP2 节点距离相等的位置，那么 $T_{B2} - T_{B1} = 0$，则有

$$\Delta T_U = \Delta T_{R2} - \Delta T_{R1} = t_{R2U} - t_{R2B} - t_{R1U} + t_{R1B} \tag{3-7}$$

多径的影响，会使测得的 TDOA 时延差的值比真实值大，从而影响待定位节点的定位

精度。

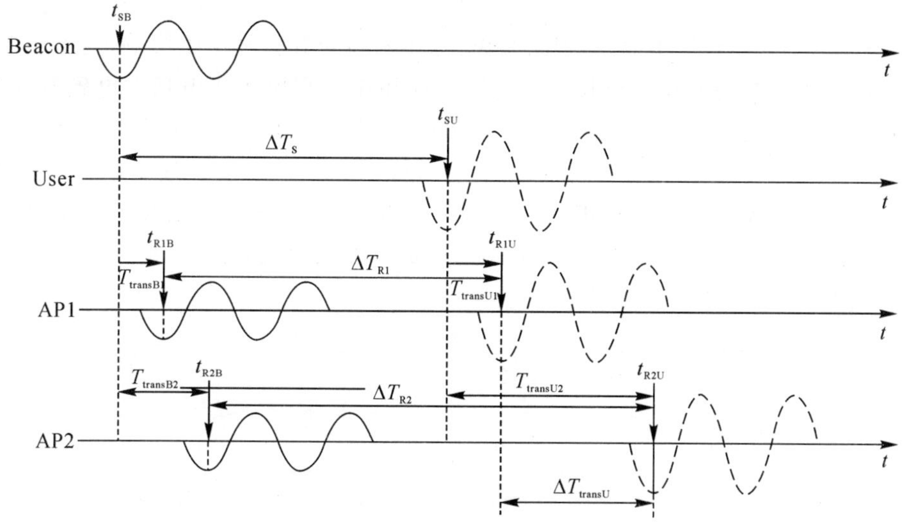


图 3.9　TDOA 测距原理

### 3.2.3　阴影效应

在无线通信系统中，移动台在运动的情况下，由于大型建筑物和其他物体对电波的传输路径的阻挡而在传播接收区域上形成半盲区，从而形成电磁场阴影，这种随移动台位置的不断变化而引起的接收点场强中值的起伏变化叫作阴影效应。阴影效应是产生慢衰落的主要原因。在无线电波的传播路径上，遇到地形不平、高低不等的建筑物、高大的树木等障碍物的阻挡时，在阻挡物的背面，会形成电波信号场强较弱的阴影区，和可见光的阴影效应类似，只不过我们肉眼看不到。终端从无线电波直射的区域移动到某地物的阴影区时，接收到的无线信号场强中值就会有较大幅度的降低。如图 3.10 所示，手机受到阴影效应的影响，有时会努力地增加更多发射功率，耗费更多的电能，正像小树生活在大树的阴影下，往往在向阳的一面增加很多茂盛的枝叶，以便吸收尽量多的阳光。

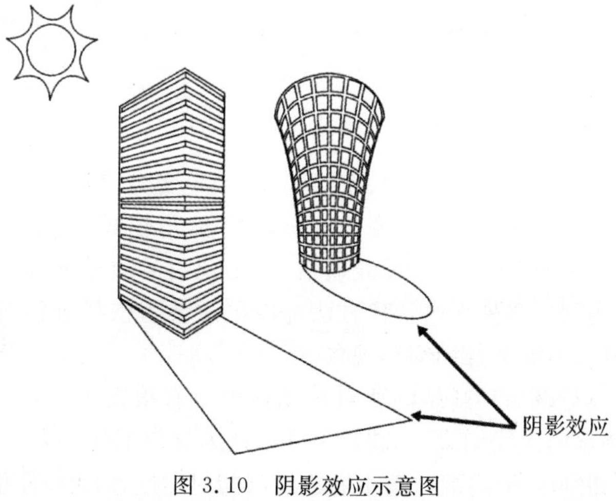


图 3.10　阴影效应示意图

### 3.2.4 磁场分布

对于室内的多种定位技术而言，严格地讲，磁场不会对其自身产生影响，也不会对电磁波产生影响，因为光子之间无相互作用。但实际的应用中发现磁场或电场对电磁波存在影响，磁场或电场对电磁波传输介质的带电粒子(有磁矩)的轨道产生影响，从而使介质对不同偏振方向的电磁波的折射率发生改变。另外，磁场会对仪器产生影响，主要还是在于磁场对仪器本身的干扰，如感应电流，磁应力等，进而影响到电磁波传输，造成相应的导航定位误差。如图3.11所示，电磁波在传播过程中受到电场和磁场的影响，当磁场强度剧烈变化时，电磁波的频率、波长等，均会受到一定程度的影响。

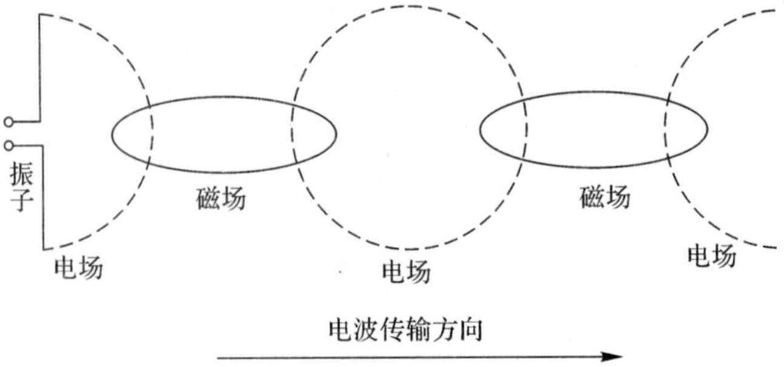


图 3.11　电磁波传播示意简图

### 3.2.5 多普勒频移

多普勒频移(doppler shift)是指当移动台以恒定的速率沿某一方向移动时，传播路程差的原因，会造成相位和频率的变化，通常将这种变化称为多普勒频移。它揭示了波的属性在运动中发生变化的规律，如图3.12所示。

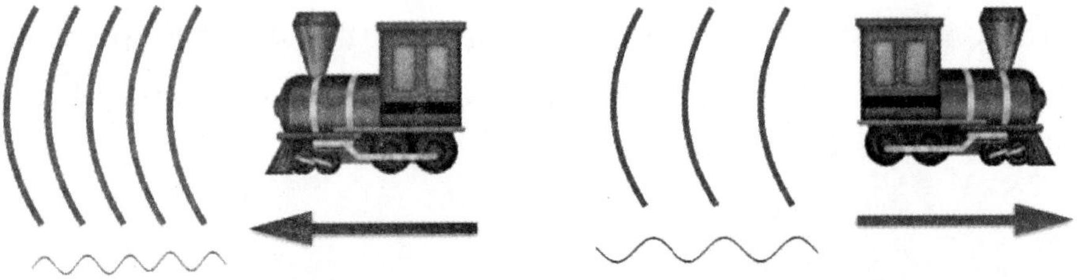


图 3.12　多普勒效应示意图

当运动在波源前面时，波被压缩，波长变得较短，频率变得较高(蓝移，blue shift)；当运动在波源后面时，会产生相反的效应，波长变得较长，频率变得较低(红移，red shift)。对于电磁波，高速运动的物体上(例如高铁)进行无线通信，会出现信号质量下降等现象，就是电磁波存在多普勒频移现象的实例。多种室内定位方法都以电磁波为依托进行实际上的定位实现，当物体高速运动时，很容易出现多普勒频移现象。

多普勒频偏的大小与终端和基站的相对移动速度 $v$ 有很大关系，也和无线电波的波长 $\lambda$ 有关。当然，在一定频点的无线制式下，波长 $\lambda$ 可以认为近似不变。多普勒频偏的大小还和入射角 $\theta$ 有很大关系，入射角 $\theta$ 是终端与基站的连线与相对运动速度 $v$ 的方向的夹角，则有

$$\Delta f = \frac{v}{\lambda}\cos\theta \tag{3-8}$$

式中：$\Delta f$ 为多普勒频偏，Hz；$v$ 为相对移动速度，m/s；$\lambda$ 为波长，m(2 000 MHz 时为 0.15 m)；$\theta$ 为相对移动速度方向与信号到达方向的夹角。

由式(3-8)可以得出，终端和基站的相对移动速度越大，频偏越严重，这就要求在高速移动的通信中，必须考虑频偏问题。波长越小，频偏越严重，5G 的无线制式使用的频率比 4G 时代要高很多，波长也小很多，因此在 5G 时代更需要考虑多普勒效应的影响。终端和基站相互靠近的时候，$0°<\theta<90°$，频偏为正，接收频率变大；终端和基站相互远离的时候，$90°<\theta<180°$，频偏为负，接收频率变小；入射角 $\theta$ 越接近 90°，频偏越小，入射角 $\theta$ 越接近 0°和 180°，频偏越大。

这就要求覆盖高速公路或高速铁路等移动场景的基站不能离公路或铁路太近，太近的话，夹角在某些时候会很小，频偏就会很大；也不能太远，太远的话，覆盖就会较弱。

## 3.3　定位的评价标准

### 3.3.1　定位精度

定位技术首要的评价指标就是定位精确度，其又分为绝对精度和相对精度。绝对精度是测量的坐标与真实坐标的偏差，一般用长度计量单位表示。相对误差一般用误差值与节点无线射程的比例表示，误差越小定位精确度越高，则有

$$\Delta S = \hat{S} - S \tag{3-9}$$

$$\Delta S_e = \frac{\Delta S}{S} \cdot 100\% \tag{3-10}$$

式中：$\hat{S}$ 为节点测量后定位位置；$S$ 为节点真实位置；$\Delta S$ 为定位绝对精度；$\Delta S_e$ 为定位相对精度。

就目前主流的室内定位技术而言，基于超宽带的定位技术定位精度是相对最高的，达到了厘米级，在室内完全可以满足大部分定位需求，而基于蓝牙和 WiFi 的定位技术定位精度相对较差，定位误差一般在 3 m 左右，属于米级定位精度，在大范围的室内定位场景下可以满足定位需求。另外，基于红外线和超声波的室内定位技术在满足其应用环境的条件下，定位精度也可达到厘米级。

### 3.3.2　定位规模及范围

定位技术所实现的定位规模以及所能覆盖到的定位范围也是衡量定位技术优劣的一项重要指标，不同的定位系统或算法也许可以在一栋楼房、一层建筑物或仅仅是一个房间内实现定位，可用定位覆盖面积 $S_\kappa$ 来表示。就主流的室内定位技术而言，基于蜂窝基站网络的定位技术定位范围可达到几千米甚至几十千米，基于 WiFi 的定位技术的定位范围也可达到千米级别，但大部分的定位技术所能覆盖的定位范围一般只有几百米，如基于超宽带的定位技术、基于 RFID 的定位技术等。

给定一定数量的基础设施或一段时间，一种技术可以定位多少目标也是一个重要的评价指标。这就给各种定位技术自身提出了很高要求，要求定位技术计算复杂度低，所占用的存储

资源和通信开销较小，同时定位效果也要满足需求。

### 3.3.3 锚节点密度

在介绍锚节点密度之前，先介绍一下节点密度的概念。

节点密度是描述节点分布疏密的量，为在支撑域内选用足够多的节点，其半径的选取与节点密度有着直接的联系，现有的节点密度是这样定义的：单位面积上的节点数目。这个定义不便于确定定位区域的支撑半径，所以这里给出节点密度的另一种概念。首先给出点的 $h$ 领域的概念，点 $M$ 关于节点集合 $S$ 的 $h$ 领域定义为

$$U_{(}M;h_{)}=_{\{}y\in S,\ ||M-y||_1<h/2_{\}} \tag{3-11}$$

这里选用了1—范数，优点在于节约计算时间，则点 $M$ 关于节点集合 $S$ 的 $\alpha$ 阶节点密度定义为

$$\rho_{M,\alpha}=\frac{1}{h(S;M,\alpha)} \tag{3-12}$$

式中，$h(S;M,\alpha)=\min\{h:U(M,h)$ 中节点数至少为 $\alpha\}$。

在室内定位场景下，锚节点定位通常依赖人工部署实现。人工部署锚节点的方式受网络部署环境的限制，还严重制约了网络和应用的可扩展性。另外，定位精度随锚节点密度的增加而提高的范围有限，在达一定程度后不会再提高。因此，锚节点密度也是评价定位系统和算法性能的重要指标之一。在本书中锚节点数量可用 $N_a$ 表示，典型室内定位场景中的锚节点数量参考见表 3-1。

**表 3-1 典型应用场景下的锚节点参考规模**

| 应用场景 | 锚节点数量 | 锚节点密度 |
|---|---|---|
| 教室、厂房等 | 4 | 低 |
| 楼栋、楼层等 | 8 | 低 |
| 停车场、操场等 | 16 | 低 |
| 学校、工厂等 | 32 | 低 |
| 物流园、矿场等 | 64 | 中 |
| 智能交通道路等 | 100～1 000 | 高 |
| 智慧城市等 | 500 以上 | 高 |

### 3.3.4 节点密度

节点密度通常也可以用网络的平均连通度来表示，许多定位算法的精度受节点密度的影响。例如：一个网络拓扑图 $G$，其平均连通度可用 $\bar{\kappa}_{(}G_{)}$ 表示，由于不同的节点网络具有不同的拓扑图结构，而不同的拓扑图的平均连通度有着不同的计算方法，所以此处不再详述平均连通度的求解。在无线传感器网络中，节点密度增大不仅意味着网络部署费用的增加，而且会因为

节点间的通信冲突问题带来有限带宽的阻塞。另外，随着节点数目的增加，定位系统的计算复杂度也会随之上升，定位的即时性会受到较大影响。典型室内定位场景中的待定位节点数量参考见表 3-2。

**表 3-2　典型应用场景下的待定位节点参考规模**

| 应用场景 | 锚节点数量 | 锚节点密度 |
| --- | --- | --- |
| 教室、厂房等 | 4 | 低 |
| 楼栋、楼层等 | 8 | 低 |
| 停车场、操场等 | 16 | 低 |
| 学校、工厂等 | 32 | 低 |
| 物流园、矿场等 | 64 | 中 |
| 智能交通道路等 | 100～1 000 | 高 |
| 智慧城市等 | 500 以上 | 高 |

### 3.3.5　容错性和自适应性

定位系统和算法都需要比较理想的无线通信环境和可靠的网络节点设备。而真实环境往往比较复杂，且会出现节点失效或节点硬件受精度限制而造成距离或角度测量误差过大等问题，此时，物理地维护或替换节点或使用其他高精度的测量手段常常是困难或不可行的。因此，定位系统和算法必须有很强的容错性和自适应性，能够通过自动调整或重构纠正错误，对无线传感器网络进行故障管理，减小各种误差的影响。

从信号的角度来分析，通常可以建立编码容错模型来进行纠错检错，以提高测量阶段的容错性和自适应性，例如设置校验位、校验和、特定码长等等，不同的校验码的算法常常不同，常见的校验码算法有码距、奇偶检验、海明校验、循环冗余校验等。另外，算法自身也需要考虑自身的容错率和自适应性问题。

常用的奇偶校验码的这种监督关系可以用公式进行说明。设码组长度为 $n$，表示为 $(a_{n-1}, a_{n-2}, a_{n-3}, \cdots, a_0)$，其中前 $n-1$ 位为信息码元，第 $n$ 位为监督位。

在偶校验时，有

$$a_0 \oplus a_1 \oplus \cdots \oplus a_{n-1} = 0 \tag{3-13}$$

式中$\oplus$表示模 2 和，监督位 $a_0$ 可由下式产生：

$$a_0 = a_1 \oplus a_2 \oplus \cdots \oplus a_{n-1} \tag{3-14}$$

在奇校验时，有

$$a_0 \oplus a_1 \oplus \cdots \oplus a_{n-1} = 1 \tag{3-15}$$

式中$\oplus$表示模 2 和，监督位 $a_0$ 可由下式产生：

$$a_0 = a_1 \oplus a_2 \oplus \cdots \oplus a_{n-1} \oplus 1 \tag{3-16}$$

这种奇偶校验只能发现单个或者奇数个错误，而不能检测出偶数个错误，故仍需要进一步的改进。

### 3.3.6 功耗

功耗是对无线传感器网络的设计和实现影响最大的因素之一。由于传感器节点的电池能量有限，因此在保证定位精确度的前提下，与功耗密切相关的定位所需的计算量、通信开销、存储开销、时间复杂性是一组关键性指标。

设网络中传感器节点的有用功率为 $P_t$，传感器节点的总功率为 $P$，则传感器节点的功耗可以表示为

$$P_w = \frac{P_t}{P} \tag{3-17}$$

惯性导航定位中的关键器件——惯性测量单元，是一种对功耗要求很高的器件。西安精准测控有限公司自主研发的 IMU PA－IMU－01D 是小型化、高性价比的测量元件，用于动态测量、定位和导航中，可给出所需的角速率和加速度参数，它具有宽的工作温度范围、宽的带宽、小体积、快速启动等特点，同时功耗最高不超过 3 W。对于蓝牙定位技术而言，关键器件就是蓝牙模块，其功耗现已可达到毫瓦级别，其功耗往往与蓝牙信号覆盖范围有着密切关联。利用 WiFi 实现室内定位的重要器件是无线路由器，现在的 WiFi 技术的功耗也达到了毫瓦级别，更有学者研究出了更低功耗的 WiFi 方案，其功耗是现有应用技术的 1/1 000。相对于以上技术，超声波定位与红外线定位等功耗都相对较高，这是由超声波和红外线自身性质所决定的。另外，现逐步扩大应用的超宽带技术，不同的超宽带模块，功耗有所区别，但也基本在 3 W 和 5 W 左右。

### 3.3.7 计算时长

定位系统或算法的代价可从不同的方面来评价。时间代价包括一个系统的安装时间、配置时间、定位所需时间，空间代价包括一个定位系统或算法所需的基础设施和网络节点的数量、硬件尺寸等，资金代价则包括实现一种定位系统或算法的基础设施、节点设备的总费用。例如指纹匹配方法，根据定位的规模大小，前期采集指纹数据库的工作量就不同，对于超宽带方法，单个节点模型的造价也较高，使得其应用成本提高。

设定位网络中节点开始收发信号时刻为 $t_{start}$，网络内所有待定位目标完成定位时刻为 $t_{end}$，则整个网络定位所用的计算时长 $T$ 可表示为

$$T = t_{end} - t_{start} \tag{3-18}$$

就一个定位算法而言，计算时长也可以用算法求解的收敛时间 $t_\varepsilon$ 来衡量，收敛时间定义为自定位开始时至一定迭代次数后的定位结果不再发生明显波动所需要的时间之和。$t_\varepsilon$ 小，说明该算法时间复杂度低，计算所需时长小，算法性能也就好；反之 $t_\varepsilon$ 大，则时间复杂度高，计算开销大，定位性能不佳。

### 3.3.8 定位稳定性

定位稳定性体现在一些特殊场合，要求定位系统在持续实时定位时能够表现出较好的性能，定位结果稳定，不易出现突变或者跳变。在一些特殊情况下，如锚节点基站故障，要求定位

网络能够稳定定位结果，识别基站故障。

具体定量分析时，可用结果的波动方差 $\sigma^2$ 来衡量，则有

$$\sigma^2 = \frac{\sum (X-\mu)^2}{N} \tag{3-19}$$

式中：$\sigma^2$ 为总体方差；$X$ 为变量；$\mu$ 为总体均值；$N$ 为总体例数。$\sigma^2$ 较大时，说明算法结果稳定性较好，反之则结果稳定性较差。

上述性能指标不仅是评价无线传感器网络自身定位系统和算法的标准，也是其设计和实现的优化目标。为了实现这些目标的优化，有大量的研究工作需要完成。同时，这些性能指标相互关联，必须根据应用的具体需求做出权衡以设计合适的定位技术。

## 3.4　室内协同导航问题

前文叙述了多种室内定位技术，相关理论和应用已经逐渐成熟，但面对复杂多变的室内定位场景，上述定位方法都不具有普适性。就单类型定位技术而言，有其独特优势，但也存在明显短板。

基于红外线的定位技术在室内定位精度较高，但红外线要求在视距条件下传播，且红外线易受光线干扰，传播衰减快，应用成本较高，无法实现大规模集群定位；超声波定位技术可采用多边定位方法实现厘米级的准确定位，其结构相对简单，实现难度不大，但在温度变化较大的场景下，其定位稳定性和精度变化也较大，同时，受多径效应影响较大，在传播过程中信号衰弱比较明显；单一的室内 WiFi 定位技术定位的覆盖范围较广，定位精度相对较高，且搭建定位网络所需的成本低，但在实际应用过程中容易受到场景内其他的网络信号干扰；当采用指纹匹配定位方法时，在建立指纹数据库阶段工作量巨大，所要付出的人力物力巨大，另外，此类定位技术可迁移性较差，对不同的场景需要采集不同的指纹库，短期内的定位成本较高；RFID 定位技术具有定位精度高、仪器体积小、成本低等优点，但射频信号传输距离较短，使得定位覆盖范围较小。定位节点中的无源标签无通信能力，使其在移动节点定位时有一定的局限性；利用地磁实现定位具有较低的定位成本，因为它不需要额外的电子设备，但在定位开始前需要采集大量的地理磁场数据，工作量巨大，在不同的定位场景中，地理磁场也有所不同，且存在磁场干扰，也易于被人造磁场干扰，这就使得地磁定位结果稳定性较差；基于 ZigBee 的定位技术的主要优势是功耗低和成本低，但是依然容易受环境干扰，定位结果的稳定性较差；利用蜂窝基站网络实现定位的技术，其范围较广，可以实现千米级别范围的定位服务，也不需要额外的定位设备，但是其定位效果比较依赖于网络内的基站数目，要想获得较高定位精度，必然需要增加基站数目，这样也提高了总体成本；基于超宽带 UWB 的定位技术具有较高的定位精度和较大的定位范围，同时在非视距的条件下也有着比较好的表现，但其价格昂贵，使得定位成本提高，制约了它的普及发展。

对于室内定位场景，受制于上述的各种定位方法的局限性，现阶段还没有一个系统的定位解决方案。但随着室内定位技术的不断发展，为避免单一定位的劣势，越来越多的场景下开始采用融合定位，根据场景需求及各类室内定位技术的特点，选择两种及以上的定位技术进行融合以获得当前位置的最优估计，这也是本书后续章节中讨论的一个重点。

## 3.5 本章小结及思考题

### 3.5.1 本章小结

本章介绍了室内定位领域主要应用的几种定位技术,简要分析了各自的特点、应用环境和存在的不足,介绍了普遍环境下影响定位结果的一些重要因素。事实上,对于各种定位技术的改进与发展都是建立在这些限制因素之上的,对这些因素处理妥当,精度自然会变得可观。本章也分析了衡量导航定位技术性能优劣的一些客观评价指标,用以表征各种定位技术的数学表现,这也是室内外导航定位技术发展的重要评价指标。最后,针对于室内定位环境,本章提出了室内定位服务的具体需求以及室内定位技术发展的现状,各种定位技术有着自己的优势场景,但也有着各自的局限之处,为应对复杂的室内定位场景,引出了融合定位的概念,以提高定位性能和更好地提供室内定位服务。

### 3.5.2 思考题

1. 思考蓝牙定位技术、WiFi 定位技术、蜂窝定位技术、红外线定位技术、超声波定位技术、射频识别定位技术、超宽带定位技术各自的优、缺点,定位精度范围以及主要应用场景,通过列表形式进行总结对比。

2. 对定位精度的主要影响因素有哪些?

3. 分析多径效应对 TDOA 定位方法的具体定位误差影响。

4. 什么是多普勒效应? 多普勒效应影响了定位过程中的哪些参数?

5. 除了本书中提到的影响定位结果的基本因素外,还有哪些通信中的典型现象会对定位过程产生影响呢? 查阅资料进行讨论。

6. 依据衡量导航定位技术性能优劣的评价指标的内容,思考题 1 中定位技术的各种指标情况。

7. 总结常见定位场景下的锚节点规模和待定位节点规模。

8. 查阅资料,找到两种编码容错模型,与书中所提到的校验模型进行对比,分析原理并提出可改进的方案,与其他同学讨论。

9. 目前阶段室内定位技术发展的限制因素有哪些? 已有的定位技术在实际应用时存在什么问题? 未来室内定位技术的要求是什么?

10. 查阅资料,说明锚节点网络拓扑结构对算法定位性能的影响。

## 参考文献

[1] 张紫璇,黄劲安,蔡子华. 5G 通信定位一体化网络发展趋势探析[J]. 广东通信技术,2019,39(2):41-45, 70.

[2] 谢良波, 李升, 周牧,等. 基于散射体信息的室内 NLOS 多站协作定位算法[J]. 通信学报, 2021,42(5):63-74.

[3] HE C L,YU B G. Simulation of Cooperative Positioning Flight Ad - hoc Network[J]. Journal of Physics: Conference Series,2021,18(1):1 - 13.

[4] RIDOLFI M, KAYA A, BERKVENS R, et al. Self - calibration and Collaborative Localization for UWB Positioning Systems[J]. ACM Computing Surveys (CSUR), 2021,20(1): 21 - 27.

[5] MAOSAS - CABALLU M, SWINDLEHURST A L, SECO - GRANADOS G. Power - based Capon Beamforming: Avoiding The Cancellation Effects of GNSS Multipath[J]. Signal Processing, 2021, 180(3):107891 - 107905.

[6] 常玉如，王建平. 光的多普勒效应探析[J]. 物理通报，2021,17(11):9 - 11.

[7] LOGESHWARAN R, SAKTHIVEL M S. Optimum Frequency Selection for Localization of Underwater AUV using Dynamic Positioning Parameters[J]. Microsystem Technologies,2021,27(12):23 - 34.

[8] YANG B, ZHAO H, CHI H, et al. Wideband Doppler Frequency Shift Measurement and Direction Discrimination Based on Optical Single Sideband Modulation with a Fixed Low - Frequency Reference signal[J]. Optics Communications, 2021,17(12):127306 - 127315.

[9] 宋泽齐. 无线网络室内定位问题研究[D]. 哈尔滨:哈尔滨工业大学，2015.

[10] 裴凌,刘东辉,钱久超. 室内定位技术与应用综述[J]. 导航定位与授时,2017,4(3): 1 - 10.

[11] 曾龙基. 室内无线定位技术的研究[D]. 北京:北京交通大学，2013.

[12] ZHANG Y H. Research on WiFi Indoor Location Technology based on Kalman Filter and K - nearest Neighbor Algorithm[J]. World Scientific Research Journal,2020,6(9):1 - 8.

[13] SHI X W, ZHANG H Q. Research on Indoor Location technology Based on Back Propagation Neural Network and Taylor Series[J]. IEEE,Control & Decision Conference, 2012,16(1):11 - 15.

[14] MIAO K, CHEN Y D, XIAO M. An Indoor Positioning Technology based on GA - BP Neural Network[J]. IEEE Network, 2011,12(1):23 - 30.

# 第 4 章　基于 UWB 的室内导航定位技术

如今，室内外导航定位技术发展如火如荼，各种方法和手段层出不穷。有了前几章节的学习，对室外主流定位技术和一些室内主要定位技术有了一个普遍性的认识，也熟悉了导航定位的主要影响因素和评价指标。而作为一门新兴的同时也在逐渐扩大应用的技术——超宽带通信技术，基于该技术的定位方法也十分丰富。那么，超宽带技术具体是指什么呢？超宽带技术具有什么样的特点？它为何在定位测距领域如此受人青睐？超宽带技术可以通过哪些数学物理理论来实现定位计算？又有哪些十分成熟的超宽带定位算法已经得到了广泛应用？未来超宽带定位技术发展的下一个风口在哪里？等等。这些疑问都会在这一章的学习中找到答案。

## 4.1　UWB 概述

### 4.1.1　UWB 的定义

超宽带通信技术(Ultra Wide-Band, UWB)，即无线电载波通信技术，该技术通过使用非常窄的脉冲信号让信号获得较宽的频谱范围。UWB 凭借对信号衰落不敏感、穿透力强、安全系数高、数据传输速率高和对系统硬件复杂度要求低的优点，在短距离无线通信中展现出巨大的发展潜力，成为当前国内外学者的研究热门。

在超宽带通信系统中，传输的数据信号为非正弦波窄带脉冲，数据传输速率可达微秒级甚至纳秒级。超宽带技术在不同机构的定义略有区别，美国联邦通信委员会(federal communication commission, FCC)对超宽带信号的定义为：在传输过程中信号带宽大于 500 MHz 或者相对带宽大于 20%的信号为超宽带信号。超宽带原理图如图 4.1 所示，图中 $f_H$，$f_L$ 分别表示信号的功率谱衰弱为 10 dB 时的最高频率与最低频率，$f_c$ 为信号中心频率，参数满足下式：

$$2f_c = f_H + f_L \tag{4-1}$$

$$\frac{f_H - f_L}{f_c} \geqslant 20\% \tag{4-2}$$

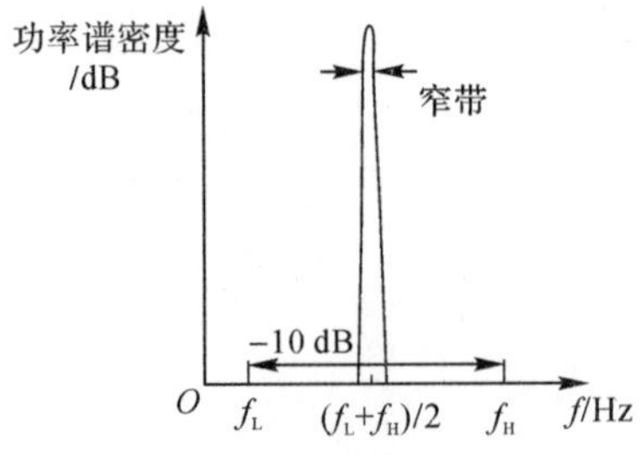


图 4.1　超宽带原理图

超宽带测距定位原理本质上与 GNSS 卫星定位一致，区别仅在于超宽带测距定位使用自组网中预设的参考节点即锚节点替代卫星，通过模块间发送的 UWB 信号实现节点间的距离解算，最后利用数据融合算法对采集的测距信息进行处理，进而获取待定位节点的位置信息。UWB 测距方法主要采用双向测距（Two-way-Ranging），分别为单边双向测距（sigle-sided two-way ranging, SS-TWR）和双边双向测距（double-sided two-way ranging, DS-TWR）。

### 4.1.2　UWB 的优势

超宽带信号在定位过程中，相比于其他室内定位技术，信号的极大带宽增加了抗干扰能力。面对多径效应严重的室内环境，坐标位置的解算十分依赖于初始目标之间的测距结果，而超宽带信号可以将测距结果的误差限制在数十厘米以内，为使用者提供的高精度测距结果有利于后续整个定位系统的坐标位置求解。

除此之外，超宽带技术还具有以下五方面的优势。

1. 信道容量大、传输速率高

根据香农定理可证明超宽带技术能够实现高速率、低功耗的数据传输，香农定理公式为

$$C = B\ln\left(1+\frac{P}{BN}\right) \tag{4-3}$$

式中：$C$ 表示信道容量；$B$ 为信号带宽；$P$ 为信号功率；$N$ 为噪声功率谱密度。由式(4－3)可知，增加信号的发射功率、增大信号带宽都可提升信道容量，但考虑到 UWB 的信号功率受限，因而只能通过增大信号带宽的方式提高信道容量。

2. 时间分辨率高、多径分辨率高

室内传播环境下，定位目标之间的各类遮挡物会给信号传播造成大量的散射现象，这就要求所使用的室内定位信号具备易分辨、易识别的特点。超宽带信号在发射过程中所使用的窄脉冲信号占空比极低，在室内环境下，接收机可以轻易捕获和识别此信号所携带的信息，所以具备很强的多径分辨能力。

3. 抗干扰能力强

超宽带信号利用的窄脉冲信号占空比极低，比传统信号的抗干扰能力更强。同样超宽带信号具备极广的频谱范围和很大的处理增益，在定位过程中，超宽带信号可以减少多径干扰信号的影响，增加系统的可靠性。

4. 隐蔽性好、安全性高

超宽带信号不同于传统室内定位信号，发射机在发射信号时功率极低，可以有效避免被功率检测器检测到。超宽带信号在传播过程中信号的频谱范围极大，可以有效避免信息被利用频谱搜索的侦察设备检测到，所以使用超宽带信号的定位系统安全性较高。

5. 穿透能力强、定位精度高

超宽带技术所使用的脉冲信号在室内存在遮挡物的情况下，拥有良好的穿透能力。利用宽带窄脉冲通信技术时，超宽带信号极大的带宽能够提供极高的传输速率，在测距过程中引入的误差量较小。基于超宽带的室内定位系统从定位开始就能够获得目标之间的高精度测距结果，这为下一步定位算法设计提供了可靠的初始值，利于实现高精度的定位要求。

### 4.1.3 UWB的应用

超宽带是一种独特的无线通信技术，具备功耗低、系统容量大、带宽大和抗干扰性好等特点，且对信道衰弱不敏感，穿透能力强。因此超宽带技术在很多领域都有着实际的应用。常见的应用领域如下。

1. 通信

作为新兴的无线通信技术，超宽带技术在处于室内环境或者复杂地形时，脉冲信号的传输稳定性表现都比其他传统技术好。建设保密通信系统时，超宽带可以发挥扩频通信的优势，极大降低信号被破解的风险。在建立室内通信系统时，超宽带也可以凭借其优良的穿透能力减少障碍物对通信过程的影响。

2. 雷达

超宽带技术在民用、商用普及前，就主要应用于军事方面。近年来，伴随技术的逐渐成熟，其在雷达领域的发展也愈加广泛。利用超宽带信号的穿透能力，可以实现目标成像、地表探测等功能；利用超宽带信号照射目标，也可以通过反射信息进行建模实现目标识别。

3. 定位

超宽带技术凭借其自身特点，可以很好地满足室内工业、商业和安全领域的不同定位需求。在工业领域，超宽带技术可以实现工厂内员工的位置监测以及重要货品的实时追踪；在商业领域，超宽带技术可以结合目前许多智能手机上的超宽带芯片实现顾客商场内部导航；在安全领域，发生火灾时，超宽带技术可以迅速得到受困人员位置并且广播其信息给救援人员。随着室内定位需求的逐渐增加，超宽带应用的潜力也被逐渐挖掘，在未来还有更广阔的应用空间。

## 4.2 基于UWB的室内定位方法

根据超宽带定位系统中，节点之间距离获得方式的不同，可以将定位方案分为以下四种：

(1)基于接收信号强度(received signal strength indication，RSSI)定位方案：利用信号从发射机发射到接收机接收的传播过程中的衰减程度进行测距。

(2)基于到达角度(angle of arrival，AOA)定位方案：利用设备上安装的天线阵列进行角度测距，再根据角度信息建立数学模型求得目标节点位置。

(3)基于到达时间(time of arrival，TOA)定位方案：超宽带信号在节点之间传输时会有一定的传输时间，设备可以记录信号发送和到达的时间戳，再建立数学模型得到其位置信息。

(4)基于到达时间差(time difference of arrival，TDOA)定位方案：某一设备发出的超宽带信号到达不同设备的时间不同，利用其时间差值可以建立双曲线模型求解目标的位置。

### 4.2.1 强度信号检测

无线信号在空气中传播时，信号强度会随着距离增加而减弱。可以通过建立模型来确定信号强度和传输距离的函数关系，进一步估算基站和标签之间的距离，这种关系可以采用公式表示：

$$P_r(d) = P_t G_t G_r \lambda^{\tau} / (4\pi d)^{\tau} \tag{4-4}$$

式中：$P_r$ 为目标节点的接收功率；$P_t$ 为参考节点的发送功率；$G_r$ 和 $G_t$ 分别为接收功率和发射功率的增益；$\lambda$ 为信号的波长；$\tau$ 为特定环境中的路径损耗系数。理想情况下，假定发射功率 $P_t$ 保持不变，则接收功率 $P_r$ 只和距离 $d$ 相关，由此可以根据该公式对距离进行计算。

基于信号强度的系统只和信号强度相关，无须关注信号的传播时间，因此不需要对基站和标签进行时钟同步。但是该定位方法容易受非视距和多径效应干扰，对环境的要求较高，一旦实验环境出现变化，测距信息可能出现较大误差，进而影响系统整体的定位效果，因此该方法在实际应用中受到限制较多。

### 4.2.2　到达角度

不同于其他定位方法，基于到达角度法属于测向技术。在平面空间中，标签发送信号，在一定时间内区域中距离该标签最近的两个基站接收该信号，根据对应的方向角做出轨迹线，轨迹线的交点处即为标签的位置。定位原理可用图 4.2 说明。

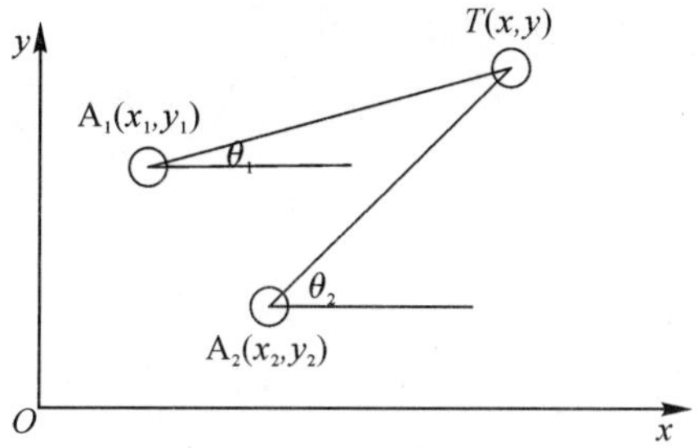


图 4.2　TOA 定位原理

图 4.2 中，$(x_1, y_1)$ 和 $(x_2, y_2)$ 分别为两个基站 $A_1$，$A_2$ 的坐标，$(x, y)$ 为标签的坐标，标签到达基站 1,2 的信号角度分别为 $\theta_1$ 和 $\theta_2$，由此可以构造如下方程组：

$$\left.\begin{aligned} \tan\theta_1 &= \frac{y - y_1}{x - x_1} \\ \tan\theta_2 &= \frac{y - y_2}{x - x_2} \end{aligned}\right\} \tag{4-5}$$

对式(4－5)进行求解，即可获得标签的坐标，该方法可以很大程度上降低不确定性。但如果标签和两个基站在同一直线上，则无法求解标签坐标。

基于到达角度法实现较为简单且不需要时间同步，但该方法同样容易受外界环境干扰，非视距环境和多径效应会造成定位精度下降。另外，该方法需要架设天线阵列，硬件成本增加，一般作为辅助手段和其他方法一同使用。

### 4.2.3　到达时间

基于到达时间法根据信号在空气中传播时间获取标签和基站的距离，进而求解标签位置。当获取到 3 个测量值时，将基站的位置视为圆心，基站与标签的距离视为半径做圆，得到 3 个轨迹圆的交点。理想情况下，这个交点就是标签的位置。假定 $A_1$ 基站的坐标为 $(x_1, y_1)$，$A_2$ 基站的坐标为 $(x_2, y_2)$，$A_3$ 基站的坐标为 $(x_3, y_3)$，标签信号到基站的时间分别为 $t_1$、$t_2$、$t_3$，则距离值分别为 $R_1 = c \times t_1$，$R_2 = c \times t_2$，$R_3 = c \times t_3$，其中 $c = 3 \times 10^8$ m/s。当距离值足够准确时，

TOA 定位原理图如图 4.3 所示。

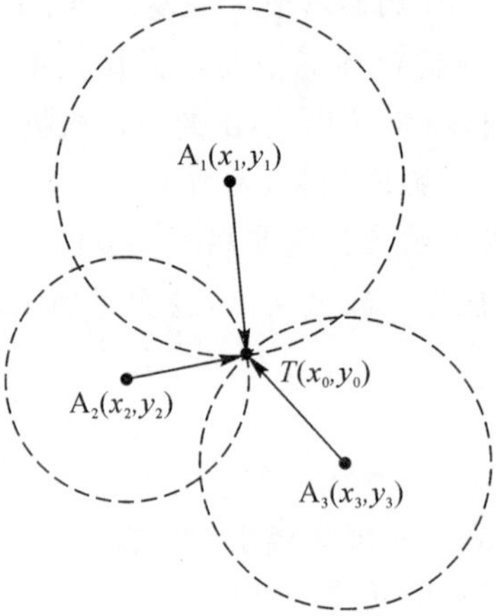


图 4.3　TOA 定位原理

根据以上信息可以联立 3 个二次方程组：

$$\left.\begin{aligned}(x_1-x)^2+(y_1-y)^2&=R_1^2\\(x_2-x)^2+(y_2-y)^2&=R_2^2\\(x_3-x)^2+(y_3-y)^2&=R_3^2\end{aligned}\right\}\tag{4-6}$$

将上述方程组两两作差，得

$$\left.\begin{aligned}R_2^2-R_1^2&=(x_2^2+y_2^2)-(x_1^2+y_1^2)-2(x_2-x_1)x-2(y_2-y_1)y\\R_3^2-R_1^2&=(x_3^2+y_3^2)-(x_1^2+y_1^2)-2(x_3-x_1)x-2(y_3-y_1)y\end{aligned}\right\}\tag{4-7}$$

解得目标节点的坐标为

$$\begin{bmatrix}x\\y\end{bmatrix}=-\frac{1}{2}\begin{bmatrix}x_2-x_1&y_2-y_1\\x_3-x_1&y_3-y_1\end{bmatrix}^{-1}\begin{bmatrix}R_2^2-R_1^2-(x_2^2+y_2^2)+(x_1^2+y_1^2)\\R_3^2-R_1^2-(x_3^2+y_3^2)+(x_1^2+y_1^2)\end{bmatrix}\tag{4-8}$$

基于到达时间法需要确保时钟同步。选用 UWB 作为定位解决方案，如果未设置时钟同步，基站和标签之间的信号时间就会出现误差，影响系统的定位精度。因此，想要实现高精度定位，必须确保基站和标签之间的时钟同步。

### 4.2.4　到达时间差

基于到达时间差法和基于到达时间法都采用无线信号在空气中的飞行时间进行测距，但前者不需要基站和标签进行时钟同步，只需要保证基站之间的时间一致。目标节点发射信号后，各参考节点获取信号的传播时间，可以得到两个参考节点的时间差，通过计算可以获取距离差值，从而完成坐标解算。TDOA 定位原理图如图 4.4 所示。

假定 $A_1$ 基站的坐标为 $(x_1, y_1)$，$A_2$ 基站的坐标为 $(x_2, y_2)$，$A_3$ 基站的坐标为 $(x_3, y_3)$，标签信号到基站的时间分别为 $t_1, t_2, t_3$，则标签到 $A_1$ 基站和 $A_2$ 基站的时间差为 $t_{21}=t_2-t_1$，则到达 $A_1$ 基站和 $A_2$ 基站的距离差为 $d_{21}=c\times t_{21}$，$c$ 为光速。根据双曲线定义，以 $A_1$ 基站和 $A_2$ 基站为焦点可得一组双曲线方程。

同理，以 $A_1$ 基站和 $A_3$ 基站为焦点，可以求得另一组双曲线方程，联立两条双曲线方程，即可求解标签位置。下式即为联立方程组：

$$\left.\begin{aligned}\sqrt{(x_2-x)^2+(y_2-y)^2}-\sqrt{(x_1-x)^2+(y_1-y)^2}=d_{21}\\ \sqrt{(x_3-x)^2+(y_3-y)^2}-\sqrt{(x_1-x)^2+(y_1-y)^2}=d_{31}\end{aligned}\right\}\tag{4-9}$$

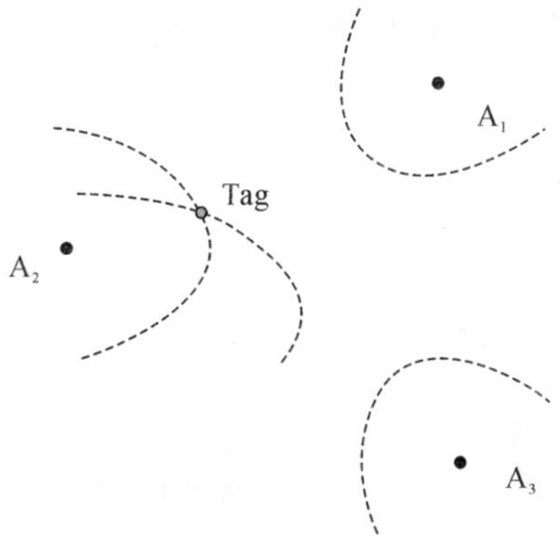


图 4.4　TDOA 定位原理

理想情况下，到达时间差定位法可以获得较为精确的定位结果，其实现方式也较为简单。但在复杂环境下，存在两组双曲线有两个焦点的情况，这就需要通过加入其他基站或辅助方法来解算真实位置。

## 4.3　基于 UWB 的卡尔曼室内定位方法

针对非线性高斯场景中待定位节点协同定位问题，结合无迹卡尔曼滤波理论，提出了一种基于置信度传递的分布式无迹卡尔曼滤波协同定位算法(belief propagation-unscented Kalman filter，BP-DUKF)。该方法结合实际场景构建了待定位节点协同定位模型，根据模型中所有变量节点的联合后验概率密度函数，建立节点因子图模型，从而将待定位节点协同定位问题转化为因子图中多变量节点的边缘后验估计问题。4.3.1 节介绍无迹变换基础知识；4.3.2 节引入系统模型；4.3.3 节详细描述基于无迹卡尔曼滤波的置信度传递方法，即采用高维重构策略，重新推导得到置信度传递计算公式，从而得到因子图中变量节点得近似边缘后验分布；4.3.4 节给出基于置信度传递分布式的无迹卡尔曼滤波协同定位算法流程图与具体实现步骤。

### 4.3.1　无迹变换

1. 无迹变换点

无迹卡尔曼滤波(unscented Kalman filter, UKF)是 S. Julier 等学者提出的非线性滤波方法，该方法没有采用待定位节点状态方程中非线性函数进行线性化处理，而是通过无迹变换(unscented transform, UT)在待定位节点附近采样确定样本点，利用这些样本点近似表示待定位节点的状态分布函数。

UT 变换实现方法可概括为：在待定位节点原状态分布附近获得一组采样测试点，也称为 sigma 点，这些测试点的均值、协方差等于原状态分布的均值和协方差；将这些采样点代入非线性函数中，相应得到非线性函数样本点集，利用这些样本点集解算非线性变换后的均值与协方差。具体非线性变换过程，如图 4.5 所示。图 4.5 所示随机向量 $\boldsymbol{x}\in\mathbf{R}^J$，均值为 $\boldsymbol{\mu}_x$，协方差

为 $\boldsymbol{C}_x$，变换后随机向量 $\boldsymbol{y}=H(\boldsymbol{x})$，这里 $H(\cdot)$表示非线性函数。

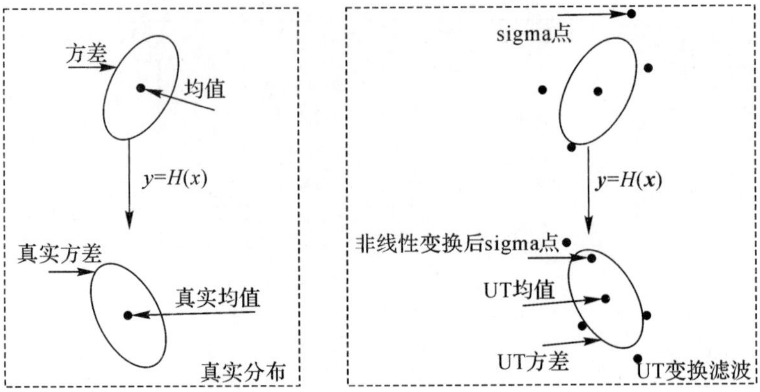


图 4.5　非线性变换示意图

2. 无迹变换原理

以 $J$ 维状态向量 $\boldsymbol{x}$ 为例，介绍 UT 变换原理。对于 $J$ 维向量来说，通过 UT 变换可得到 $2J+1$ 个 sigma 点和相应的权重因子 $\{w_{\mathrm{m}}^{(j)}\}_{j=0}^{2J}$，$\{w_{\mathrm{c}}^{(j)}\}_{j=0}^{2J}$，利用这些加权样本均值 $\widetilde{\boldsymbol{\mu}}_{\mathrm{x}}=\sum_{j=0}^{2J}w_{\mathrm{m}}^{(j)}\boldsymbol{x}^{(j)}$ 与加权样本协方差 $\widetilde{\boldsymbol{C}}_{\mathrm{x}}=\sum_{j=0}^{2J}w_{\mathrm{c}}^{(j)}(\boldsymbol{x}^{(j)}-\widetilde{\boldsymbol{\mu}})(\boldsymbol{x}^{(j)}-\widetilde{\boldsymbol{\mu}})^{\mathrm{T}}$ 可得到非线性变换后 $\boldsymbol{y}$ 的统计特征。

(1)无迹测试点(即计算 $2J+1$ 个 sigma 点)。

$$\left.\begin{aligned}\boldsymbol{x}^{(0)}&=\boldsymbol{\mu}_x\\ \boldsymbol{x}^{(j)}&=\boldsymbol{\mu}_x+\left[\sqrt{(J+\lambda)\boldsymbol{P}}\right]_j,j=1,2,\cdots,J\\ \boldsymbol{x}^{(j+J)}&=\boldsymbol{\mu}_x-\left[\sqrt{(J+\lambda)\boldsymbol{P}}\right]_j\end{aligned}\right\}\tag{4-10}$$

$$\lambda=\alpha^2(J+\kappa)-J\tag{4-11}$$

式(4-10)中，$(\sqrt{\boldsymbol{P}})^{\mathrm{T}}(\sqrt{\boldsymbol{P}})=\boldsymbol{C}_{\mathrm{x}}$ 表示矩阵方根的第 $j$ 列，$2J+1$ 个测试点组成 $2J+1$ 维测试点集。式(4-11)中 $\lambda$ 表示尺度参量，参数 $\alpha$ 表示测试点偏离期望值的程度，通常为一个非常小的整数，例如 $0<\alpha<10^{-4}$。将式(4-11)代入式(4-10)，可得

$$\left.\begin{aligned}\boldsymbol{x}^{(0)}&=\boldsymbol{\mu}_x\\ \boldsymbol{x}^{(j)}&=\boldsymbol{\mu}_x+\alpha\left[\sqrt{(J+\kappa)\boldsymbol{P}}\right]_j,j=1,2,,\cdots,J\\ \boldsymbol{x}^{(j+J)}&=\boldsymbol{\mu}_x-\alpha\left[\sqrt{(J+\kappa)\boldsymbol{P}}\right]_j\end{aligned}\right\}\tag{4-12}$$

(2)无迹权重系数。

$$\left.\begin{aligned}w_{\mathrm{m}}^{(0)}&=\frac{\lambda}{J+\lambda}\\ w_{\mathrm{c}}^{(0)}&=\frac{\lambda}{J+\lambda}+1-\alpha^2+\beta\\ w_{\mathrm{m}}^{(j)}&=w_{\mathrm{c}}^{(j)}=\frac{\lambda}{2(J+\lambda)},j=1,2,\cdots,2J\end{aligned}\right\}\tag{4-13}$$

式(4-13)中 $\beta$ 参数为一个非负权系数，一般用来调节高阶项估计，合并方程中高阶项的动差，从而将高阶项的影响考虑在内。

在完成无迹测试点和相应的权值因子的计算后，加权样本均值和加权协方差矩阵可表示为

$$\bar{\boldsymbol{\mu}} = [x^{(0)} \quad x^{(1)} \quad x^{(2)} \cdots x^{(2J)}] \begin{bmatrix} w_{\mathrm{m}}^{(0)} \\ w_{\mathrm{m}}^{(1)} \\ \cdots \\ w_{\mathrm{m}}^{(2J)} \end{bmatrix} = \sum_{j=0}^{2J} w_{\mathrm{m}}^{(j)} \boldsymbol{x}^{(j)} \tag{4-14}$$

$$\begin{aligned} \widetilde{\boldsymbol{C}}_x &= [\boldsymbol{x}^{(0)} - \boldsymbol{\mu}_x \quad \boldsymbol{x}^{(1)} - \boldsymbol{\mu}_x \quad \cdots \quad \boldsymbol{x}^{(2J)} - \boldsymbol{\mu}_x] \cdot \begin{bmatrix} w_{\mathrm{c}}^{(0)} & & & \\ & w_{\mathrm{c}}^{(1)} & & \\ & & \cdots & \\ & & & w_{\mathrm{c}}^{(2J)} \end{bmatrix} \cdot \begin{bmatrix} \boldsymbol{x}^{(0)} - \boldsymbol{\mu}_x \\ \boldsymbol{x}^{(1)} - \boldsymbol{\mu}_x \\ \cdots \\ \boldsymbol{x}^{(2J)} - \boldsymbol{\mu}_x \end{bmatrix} \\ &= \sum_{j=0}^{2J} w_{\mathrm{c}}^{(j)} (\boldsymbol{x}^{(j)} - \widetilde{\boldsymbol{\mu}}_x)(\boldsymbol{x}^{(j)} - \widetilde{\boldsymbol{\mu}}_x)^{\mathrm{T}} \end{aligned} \tag{4-15}$$

(3)测试点的无迹变换。每个 sigma 点利用 $H(\cdot)$进行非线性变换，得到后验测试点集 $\boldsymbol{y}^{(j)}, j=\{0,1,\cdots,2J\}$，见式(4－16)。之后以近似方式表示联合二阶统计量 $\boldsymbol{\mu}_y$，$\boldsymbol{C}_y$ 和 $\boldsymbol{C}_{xy}$，近似公式见式(4－17)、式(4－19)：

$$\left.\begin{aligned} \boldsymbol{y}^{(0)} &= \boldsymbol{H}(\boldsymbol{x}^{(0)}) = \boldsymbol{H}(\boldsymbol{\mu}_{\mathrm{x}}) \\ \boldsymbol{y}^{(j)} &= \boldsymbol{H}(\boldsymbol{x}^{(j)}) = H[\boldsymbol{\mu}_x + \alpha(\sqrt{(J+\kappa)\boldsymbol{P}})_j], j = 1,2,\cdots,J \\ \boldsymbol{y}^{(j+J)} &= \boldsymbol{H}(\boldsymbol{x}^{(j+J)}) = \boldsymbol{H}[\boldsymbol{\mu}_x - \alpha(\sqrt{(J+\kappa)\boldsymbol{P}}]_{j+J}) \end{aligned}\right\} \tag{4-16}$$

$$\widetilde{\boldsymbol{\mu}}_y = \sum_{j=0}^{2J} w_{\mathrm{m}}^{(j)} y^{(j)} \tag{4-17}$$

$$\widetilde{\boldsymbol{C}}_y = \sum_{j=0}^{2J} w_{\mathrm{c}}^{(j)} (\boldsymbol{y}^{(j)} - \widetilde{\boldsymbol{\mu}}_y)(y^{(j)} - \widetilde{\boldsymbol{\mu}}_y)^{\mathrm{T}} \tag{4-18}$$

$$\widetilde{\boldsymbol{C}}_{xy} = \sum_{j=0}^{2J} w_{\mathrm{c}}^{(j)} (\boldsymbol{y}^{(j)} - \widetilde{\boldsymbol{\mu}}_x)(\boldsymbol{y}^{(j)} - \widetilde{\boldsymbol{\mu}}_y)^{\mathrm{T}} \tag{4-19}$$

在了解上述内容后，使用 sigma 点对随机向量 $\boldsymbol{x}$ 进行贝叶斯估计，即 $\boldsymbol{z}=\boldsymbol{y}+\boldsymbol{n}$，其中 $\boldsymbol{y}=H(\boldsymbol{x})$，$n$ 表示非高斯噪声，通常统计独立于 $\boldsymbol{x}$，其均值为 0，协方差矩阵为 $\boldsymbol{C}_n$。计算后验概率密度函数 $f(\boldsymbol{x}|\boldsymbol{z})$：

$$f(\boldsymbol{x} \mid \boldsymbol{z}) \propto f(\boldsymbol{z} \mid \boldsymbol{x}) f(\boldsymbol{x}) \tag{4-20}$$

式(4－20)中 $f(\boldsymbol{z}|\boldsymbol{x})$表示似然函数，$f(\boldsymbol{x})$为先验信息，一般来说式(4－20)没有办法直接解算得到结果，除非当 $\boldsymbol{x}$ 和 $\boldsymbol{n}$ 都是高斯随机向量，且 $H(\boldsymbol{x})=\boldsymbol{Hx}$，$\boldsymbol{H}$ 为已知矩阵时，$f(\boldsymbol{x}|\boldsymbol{z})$也服从高斯分布，这时后验均值 $\mu_{x|z}$与后验协方差矩阵 $\boldsymbol{C}_{x|z}$可表示为

$$\boldsymbol{\mu}_{x|z} = \boldsymbol{\mu}_x + \boldsymbol{K}(\boldsymbol{z} - \boldsymbol{\mu}_y) \tag{4-21}$$

$$\boldsymbol{C}_{x|z} = \boldsymbol{C}_x - \boldsymbol{K}(\boldsymbol{C}_y + \boldsymbol{C}_n)\boldsymbol{K}^{\mathrm{T}} \tag{4-22}$$

式中，$\boldsymbol{\mu}_y$，$\boldsymbol{C}_y$ 与 $\boldsymbol{K}$ 可表达为

$$\boldsymbol{\mu}_y = \boldsymbol{H}\boldsymbol{\mu}_x \tag{4-23}$$

$$\boldsymbol{C}_y = \boldsymbol{H}\boldsymbol{C}_x\boldsymbol{H}^{\mathrm{T}} \tag{4-24}$$

$$\boldsymbol{K} = \boldsymbol{C}_{xy}(\boldsymbol{C}_y + \boldsymbol{C}_n)^{-1} \tag{4-25}$$

$$\boldsymbol{C}_{xy} = \boldsymbol{C}_x\boldsymbol{H}^{\mathrm{T}} \tag{4-26}$$

式(4－21)～式(4－26)用于卡尔曼滤波中测量更新环节，向量 $\boldsymbol{x}$ 的最小均方根误差由 $\boldsymbol{\mu}_{x|z}$给出，估计的准确性特性由 $\boldsymbol{C}_{x|z}$给出。

对于一般的非线性变换 $H(\cdot)$，扩展卡尔曼滤波器(extended Kalman filter, EKF)利用

式(4－21)～式(4－26)获得近似值，$\boldsymbol{H}$ 是由 $H(\cdot)$ 线性化得到的雅可比矩阵，但是在一般情况下计算系统状态方程和观测方程的雅可比矩阵不易实现，导致系统的计算复杂度变大。相较于此，无迹卡尔曼滤波方法使用UT变换来处理均值和协方差的非线性传递问题，利用sigma点来逼近状态的后验概率分布 $\boldsymbol{\mu}_{x|z}$，$\boldsymbol{C}_{x|z}$。将式(4－23)、式(4－24)和式(4－26)中 $\boldsymbol{\mu}_y$，$\boldsymbol{C}_y$ 和 $\boldsymbol{C}_{xy}$ 用式(4－17)、式(4－18)和式(4－19)中近似值 $\tilde{\boldsymbol{\mu}}_y$，$\tilde{\boldsymbol{C}}_y$ 和 $\tilde{\boldsymbol{C}}_{xy}$ 替代，则有

$$\tilde{\boldsymbol{\mu}}_{x|z0} = \boldsymbol{\mu}_x + \tilde{\boldsymbol{K}}(\boldsymbol{z} - \tilde{\boldsymbol{\mu}}_y) \tag{4-27}$$

$$\tilde{\boldsymbol{C}}_{x|z} = \boldsymbol{C}_x - \boldsymbol{K}(\tilde{\boldsymbol{C}}_y + \boldsymbol{C}_n)\tilde{\boldsymbol{K}}^{\mathrm{T}} \tag{4-28}$$

$$\tilde{\boldsymbol{K}} = \tilde{\boldsymbol{C}}_{xy}(\tilde{\boldsymbol{C}}_y + \boldsymbol{C}_n)^{-1} \tag{4-29}$$

因此，近似实现方法的步骤可以总结为以下几点：

(1)由随机变量 $\boldsymbol{x}$ 的 $\boldsymbol{\mu}_x$，$\boldsymbol{C}_x$ 计算sigma点及其相应的权重因子 $\{\boldsymbol{x}^{(j)}, w_{\mathrm{m}}^{(j)}, w_{\mathrm{c}}^{(j)}\}_{j=0}^{2J}$；

(2)利用随机变量 $\boldsymbol{x}$ 的采样点，计算非线性变换 $H(\cdot)$ 后的后验测试点集 $\boldsymbol{y}^{(j)} = H(\boldsymbol{x}^{(j)})$，$j=\{0,1,2,\cdots,2J\}$；

(3)由测试点集与权重因子 $\{\boldsymbol{x}^{(j)}, \boldsymbol{y}^{(j)}, w_m^{(j)}, w_c^{(j)}\}_{j=0}^{2J}$，获得式(4－17)～式(4－19)中的后验期望与后验协方差 $\tilde{\boldsymbol{\mu}}_y$，$\tilde{\boldsymbol{C}}_y$ 和 $\tilde{\boldsymbol{C}}_{xy}$，并结合式(4－24)和式(4－25)更新卡尔曼增益 $\boldsymbol{K}$；

(4)利用 $\tilde{\boldsymbol{\mu}}_y$，$\tilde{\boldsymbol{C}}_y$，$\tilde{\boldsymbol{C}}_{xy}$ 和 $\boldsymbol{K}$ 计算式(4－23)和式(4－24)的后验均值与后验协方差矩阵 $\boldsymbol{\mu}_{x|z}$，$\tilde{\boldsymbol{C}}_{x|z}$。

### 4.3.2 系统模型

分布式移动目标协同定位系统模型如图4.6所示，图中“小人”作为移动目标，实线表示移动目标与锚节点通信，点线表示移动目标与相邻待定位移动目标通信，虚线表示基站与待定位移动目标间非视距通信。同时，虚线还表示待定位移动目标的运动轨迹。

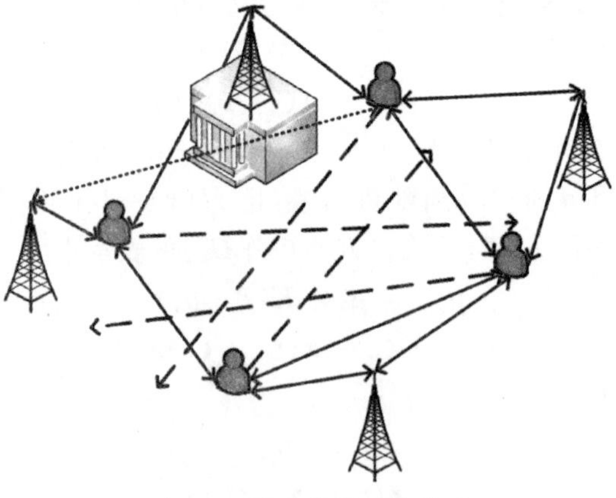

图4.6 移动节点系统模型

假设待定位节点向量为 $\boldsymbol{x}_k$，$k\in\{1,2,\cdots,L\}$，观察量 $\boldsymbol{z}_{k,l}$ 涉及成对的状态量 $\boldsymbol{x}_k$ 和 $\boldsymbol{x}_l$：

$$\boldsymbol{z}_{k,l} = G(\boldsymbol{x}_k, \boldsymbol{x}_l) + \boldsymbol{n}_{k,l}, (k,l) \in \varepsilon \tag{4-30}$$

式中，$\varepsilon\subseteq\{1,2,\cdots,L\}^2$，$G(\cdot,\cdot)$ 是非线性对称函数，$G(\boldsymbol{x}_k,\boldsymbol{x}_l)=G(\boldsymbol{x}_l,\boldsymbol{x}_k)$，$\boldsymbol{n}_{k,l}$ 表示观测噪声，$\boldsymbol{n}_{k,l}=\boldsymbol{n}_{l,k}$，服从均值为0，协方差矩阵为已知 $\boldsymbol{C}_{n_{k,l}}$ 的分布。假设 $\boldsymbol{n}_{k,l}$ 统计独立于 $\boldsymbol{x}_k$，并且先

验独立。$\boldsymbol{x}=(\boldsymbol{x}_1^{\mathrm{T}},\cdots,\boldsymbol{x}_L^{\mathrm{T}})^{\mathrm{T}}$ 为网络中所有待定位节点的状态，类似的量测向量 $\boldsymbol{z}$ 为所有移动目标 $k\in\{1,2,\cdots,L\}$ 的量测信息 $\boldsymbol{z}=\{\boldsymbol{z}_1^{\mathrm{T}},\boldsymbol{z}_2^{\mathrm{T}},\cdots,\boldsymbol{z}_K^{\mathrm{T}}\}$。结合无迹变换内容与式(4－20)，将联合后验概率密度函数 $f(\boldsymbol{x}|\boldsymbol{z})$ 分解为

$$f(\boldsymbol{x}\mid\boldsymbol{z})\propto\prod_{k=1}^{L}f(\boldsymbol{x}_k)\prod_{(k',l)\in\varepsilon,k'>l}f(z_{k',l}\mid x_{k',x_l})\tag{4-31}$$

求解的核心在于求解边缘后验概率密度函数 $f(\boldsymbol{x}|\boldsymbol{z})$，然而直接求解式(4－29)中的 $f(\boldsymbol{x}|\boldsymbol{z})$ 是不可能的，因此可以通过因子图传递的置信度信息来获取近似边缘后验概率密度函数 $b(\boldsymbol{x})\approx f(\boldsymbol{x}|\boldsymbol{z})$。变量节点 $k\in\{1,2,\cdots,L\}$ 的邻居节点集合为 $N_l=\{l_1,l_2,\cdots,l_{|N_k|}\}$，其中 $l\in\{1,\cdots,L\}\backslash\{k\}$。当迭代次数 $p\geqslant1$ 时，变量节点 $k$ 的置信度信息可表示为

$$b^{(p)}(\boldsymbol{x}_k)\propto f(\boldsymbol{x}_k)\prod_{l\in N_k}m_{l\to k}^{(p)}(\boldsymbol{x}_k)\tag{4-32}$$

式中，$m_{l\to k}^{(p)}(\boldsymbol{x}_k)$ 表示节点 $l$ 传递给节点 $k$ 的信息，表示为

$$m_{l\to k}^{(p)}(\boldsymbol{x}_k)=\int f(\boldsymbol{z}_{k,l}\mid\boldsymbol{x}_k,\boldsymbol{x}_l)n_{l\to k}^{(p)}(\boldsymbol{x}_l)\mathrm{d}\boldsymbol{x}_l,l\in N_k\tag{4-33}$$

$$n_{l\to k}^{(p)}(\boldsymbol{x}_l)=f(\boldsymbol{x}_l)\prod_{k'\in N_i\backslash\{k\}}m_{k'\to l}^{(p-1)}(\boldsymbol{x}_l),l\in N_k\tag{4-34}$$

通过设置 $\boldsymbol{n}_{l\to k}^{(0)}(\boldsymbol{x}_l)$ 等于变量 $\boldsymbol{x}_l$ 的先验概率密度函数实现递归。

### 4.3.3　基于无迹变换的置信度传递方法

学习了无迹变换原理，掌握了置信度信息的传递方法，那么就需要利用无迹变换实现置信度信息，以此简化中间计算。可设向量 $\bar{\boldsymbol{x}}_k=(\boldsymbol{x}_k^{\mathrm{T}},\boldsymbol{x}_{l_1}^{\mathrm{T}},\boldsymbol{x}_{l_2}^{\mathrm{T}},\cdots,\boldsymbol{x}_{l_{|N_k|}}^{\mathrm{T}})^{\mathrm{T}}$ 表示 $\boldsymbol{x}_k$ 与通信范围内邻居节点的组合向量，向量 $\bar{\boldsymbol{z}}_k=(\boldsymbol{z}_k^{\mathrm{T}},\boldsymbol{z}_{l_1}^{\mathrm{T}},\boldsymbol{z}_{l_2}^{\mathrm{T}},\cdots,\boldsymbol{z}_{l_{|N_k|}}^{\mathrm{T}})^{\mathrm{T}}$ 表示 $\boldsymbol{x}_k$ 与邻居节点的所有观测量。组合向量 $\bar{\boldsymbol{x}}_k$ 的维度是 $\boldsymbol{J}_k=\boldsymbol{J}_k+\sum_{l=1}^{|N_k|}\boldsymbol{J}_l$，其中 $\boldsymbol{J}_k$ 为向量 $\boldsymbol{x}_k$ 的维度，$\boldsymbol{J}_l$ 为邻居节点 $\boldsymbol{x}_l$ 的维度。定义向量 $\bar{\boldsymbol{x}}_k^{\sim k}$，含义为组合向量 $\bar{\boldsymbol{x}}_k$ 中除了向量 $\boldsymbol{x}_k$ 之外的邻居向量，同理，用 $\bar{\boldsymbol{z}}_k^{\sim l}$ 表示组合向量 $\bar{\boldsymbol{z}}_k$ 中除了 $\boldsymbol{z}_{k,l}$ 之外的观测量。

将式(4－33)代入式(4－34)中，可得

$$b^{(p)}(\boldsymbol{x}_k)\propto\int f(\bar{\boldsymbol{z}}_k\mid\bar{\boldsymbol{x}}_k)f^{(p-1)}(\bar{\boldsymbol{x}}_k)\mathrm{d}\,\bar{\boldsymbol{x}}_k^{\sim k}\tag{4-35}$$

$$n_{l\to k}^{(p)}(\boldsymbol{x}_l)=\int f(\bar{\boldsymbol{z}}_l^{\sim k}\mid\bar{\boldsymbol{x}}_l^{\sim k})f^{(p-1)}(\bar{\boldsymbol{x}}_l^{\sim k})\mathrm{d}\,\bar{\boldsymbol{x}}_l^{\sim l,k},l\in N_k\tag{4-36}$$

式(4－35)中 $f(\bar{\boldsymbol{z}}_k|\bar{\boldsymbol{x}}_k)$ 为似然函数，$f^{(p-1)}(\bar{\boldsymbol{x}}_k)$ 为迭代过程中的独立先验概率分布函数，可进一步表示为

$$f(\bar{\boldsymbol{z}}_k\mid\bar{\boldsymbol{x}}_k)=\prod_{l\in N_k}f(\boldsymbol{z}_{k,l}\mid\boldsymbol{x}_k,\boldsymbol{x}_l)\tag{4-37}$$

$$f^{(p-1)}(\bar{\boldsymbol{x}}_k)\propto f(\boldsymbol{x}_k)\prod_{l\in N_k}n_{l\to k}^{(p-1)}(\boldsymbol{x}_l)\tag{4-38}$$

$$f(\bar{\boldsymbol{z}}_l^{\sim k}\mid\bar{\boldsymbol{x}}_l^{\sim k})=\prod_{k\in N_i\backslash\{k\}}f(\boldsymbol{z}_{l,k'}\mid\boldsymbol{x}_l,\boldsymbol{x}_{k'})\tag{4-39}$$

$$f^{(p-1)}(\bar{\boldsymbol{x}}_l^{\sim k})\propto f(\boldsymbol{x}_l)\prod_{k'\in N_i\backslash\{k\}}n_{k'\to l}^{(p-1)}(\boldsymbol{x}_{k'})\tag{4-40}$$

此外,组合向量观测方程可表示为

$$\bar{\boldsymbol{z}}_k = \bar{\boldsymbol{y}}_k + \bar{\boldsymbol{n}}_k, \bar{\boldsymbol{y}}_k = H(\bar{\boldsymbol{x}}_k) \tag{4-41}$$

式中,$H(\bar{\boldsymbol{x}}_k)=\{[G(\boldsymbol{x}_k,\boldsymbol{x}_{l_1})]^{\mathrm{T}},\cdots,[G(\boldsymbol{x}_k,\boldsymbol{x}_{l_{|N_k|}})]^{\mathrm{T}}\}^{\mathrm{T}}, \bar{\boldsymbol{n}}_k=(\boldsymbol{n}_{k,l_1}^{\mathrm{T}},\cdots,\boldsymbol{n}_{k,l_{|N_k|}}^{\mathrm{T}})^{\mathrm{T}}$。为解算基于 sigma 点的置信度信息 $b^{(p)}(\boldsymbol{x}_k)$,首先将 $b^{(p)}(\boldsymbol{x}_k)$转化为边缘分布形式,则有

$$b^{(p)}(\boldsymbol{x}_k) = \int b^{(p)}(\bar{\boldsymbol{x}}_k)\mathrm{d}\,\bar{\boldsymbol{x}}_k^{\sim k} \tag{4-42}$$

$$b^{(p)}(\bar{\boldsymbol{x}}_k) \propto f(\bar{\boldsymbol{z}}_k \mid \bar{\boldsymbol{x}}_k) f^{(p-1)}(\bar{\boldsymbol{x}}_k) \tag{4-43}$$

由于式(4-43)中组合置信度信息 $b^{(p)}(\bar{\boldsymbol{x}}_k)$的表达式与式(4-13)相似,所以以 sigma 点近似 $f(\boldsymbol{x}|\boldsymbol{z})$为基础,采用类似的方式获取 $b^{(p)}(\bar{\boldsymbol{x}}_k)$的近似 sigma 点分布。定义 $f^{(p-1)}(\bar{\boldsymbol{x}}_k)\propto f(\boldsymbol{x}_k)\prod\limits_{l\in N_k} n_{l\to k}^{(p-1)}(\boldsymbol{x}_l)$的组合均值向量 $\boldsymbol{\mu}_{\bar{\boldsymbol{x}}}^{(p-1)}{}_k$与协方差矩阵 $\boldsymbol{C}_{\bar{\boldsymbol{x}}_k}^{(p-1)}$:

$$\boldsymbol{\mu}_{\bar{\boldsymbol{x}}_k}^{(p-1)} = (\boldsymbol{\mu}_{x_k}^{\mathrm{T}}, \boldsymbol{\mu}_{l_1\to k}^{(p-1)\mathrm{T}}, \boldsymbol{\mu}_{l_2\to k}^{(p-1)\mathrm{T}}, \cdots, \boldsymbol{\mu}_{l_{|N_k|}\to k}^{(p-1)\mathrm{T}})^{\mathrm{T}} \tag{4-44}$$

$$\boldsymbol{C}_{\bar{\boldsymbol{x}}_k}^{(p-1)} = \mathrm{diag}\{\boldsymbol{C}_{x_k}, \boldsymbol{C}_{l_1\to k}^{(p-1)}, \boldsymbol{C}_{l_2\to k}^{(p-1)}, \cdots, \boldsymbol{C}_{l_{|N_k|}\to k}^{(p-1)}\} \tag{4-45}$$

式中,组合均值 $\boldsymbol{\mu}_{\bar{\boldsymbol{x}}_k}^{(p-1)}$的向量为 $J_k\times 1$ 矩阵,组合协方差 $\boldsymbol{C}_{\bar{\boldsymbol{x}}_k}^{(p-1)}$为 $J_k\times J_k$ 矩阵,$\boldsymbol{\mu}_{x_k}^{\mathrm{T}}$与 $\boldsymbol{C}_{x_k}$为待定位节点的先验概率分布 $f(\boldsymbol{x}_k)$的均值与协方差矩阵,均值 $\boldsymbol{\mu}_{l_{|N_k|}\to k}^{(p-1)\mathrm{T}}$与协方差矩阵 $\boldsymbol{C}_{l_{|N_k|}\to k}^{(p-1)}$为邻居节点置信度信息 $b(\boldsymbol{x}_{l_{|N_k|}})^{(p-1)}$的近似表示。式(4-45)中 diag(·)为对角矩阵。网络中所有待定位节点都利用置信度传递的 UKF 算法近似计算边缘后验概率密度分布。

### 4.3.4 基于置信度传递的分布式无迹卡尔曼滤波协同定位方法

本节提出了基于置信度传递的分布式无迹卡尔曼滤波协同定位算法,即 BP-DUKF 算法,该算法将无线传感器网络中移动目标跟踪定位问题转换为边缘后验估计问题,通过引入高维重构策略,重构置信度计算方法,结合无迹卡尔曼滤波原理得到每个待定位节点位置变量的边缘后验分布。在整个定位过程中,邻居节点仅传播均值信息与协方差矩阵,很大程度上改善了一般卡尔曼滤波算法(如 EKF)计算复杂度高、稳定性差的问题,提升了系统的定位性能。

当网络中移动目标最大时间步数为 $T_1$,最大消息传递迭代次数为 Niter 时,节点 $k$ 在时刻 $i$,$i\in T_1$ 的运动状态向量可表示为 $\boldsymbol{x}_k=(x_{1,k,i},y_{2,k,i},z_{3,k,i},v_{x,k,i},v_{y,k,i},v_{z,k,i})^{\mathrm{T}}$,其中 $\boldsymbol{Y}_{k,i}=(x_{1,k,i},y_{2,k,i},z_{3,k,i})^{\mathrm{T}}$ 表示节点 $k$ 在坐标轴上的位置信息,$(v_{x,k,i},v_{y,k,i},v_{z,k,i})^{\mathrm{T}}$ 表示节点 $k$ 在各个坐标轴上的速度分量。节点 $k$ 的运动方程为

$$\boldsymbol{x}_{k,i} = \boldsymbol{F}\boldsymbol{x}_{k,i-1} + \boldsymbol{R}\boldsymbol{u}_{k,i}, k\in M, i=1,\cdots,T_1 \tag{4-46}$$

节点 $k$ 与邻居节点的测量测距可表示为

$$\boldsymbol{z}_{k,l,i} = \|\boldsymbol{Y}_{k,i} - \boldsymbol{Y}_{l,i}\| + \boldsymbol{n}_{k,l,i}, l\in\{1,\cdots,L\}\backslash\{k\} \tag{4-47}$$

式(4-46)中 $\boldsymbol{F}$ 为 6×6 的矩阵,表示状态转移矩阵;$R$ 为 6×3 的矩阵,表示噪声转移矩阵。$\boldsymbol{u}_{k,i}\sim N(0,\sigma_{\boldsymbol{u}}^2)$表示运动过程中的噪声,服从均值为 0、方差为 $\boldsymbol{\sigma}_{\boldsymbol{u}}^2$ 的正态分布。式(4-47)中‖·‖为 2-范数,$\|\boldsymbol{Y}_{k,i}-\boldsymbol{Y}_{l,i}\|$表示节点 $k$ 与邻居节点 $l$ 间的欧式距离,$\boldsymbol{n}_{k,l,i}\sim N(0,\boldsymbol{\sigma}_{\boldsymbol{n}}^2)$表示测量误差,服从均值为 0、方差为 $\boldsymbol{\sigma}_{\boldsymbol{n}}^2$ 的正态分布。

结合 4.3.3 节介绍的基于无迹变换的置信度传递方法,基于置信度传递无迹卡尔曼滤波

协同定位算法基本步骤如下：

1. 初始化网络参数

初始化 $i=0$ 时刻所有待定位目标节点的先验信息 $f(\boldsymbol{x}_{k,0})$，包含先验均值 $\boldsymbol{\mu}_{\boldsymbol{x}_{k,0}}$ 与先验协方差阵 $\boldsymbol{C}_{\boldsymbol{x}_{k,0}}$。

2. 时间更新(预测过程)

(1)在 $i-1$ 时刻，网络中所有待定位节点并行获取状态后验均值向量 $\boldsymbol{\mu}^{(p)}_{\boldsymbol{x}_{k,i-1}}$ 与后验协方差矩阵 $\boldsymbol{C}^{(p)}_{\boldsymbol{x}_{k,i-1}}$，结合无迹变换内容，获得一组 sigma 点集 $\{\boldsymbol{x}^{(j)}_{k,i\mid i-1}\}_{j=0}^{2J}$ 及其相应的权重因子 $\{w_{\mathrm{c}}^{(j)}\}_{j=0}^{2J}$，$\{w_{\mathrm{m}}^{(j)}\}_{j=0}^{2J}$。

(2)所有待定位节点依据状态方程函数预测 $i$ 时刻 sigma 点的状态，则有

$$\boldsymbol{x}^{(j)}_{k,i\mid i-1}=\boldsymbol{F}\boldsymbol{x}^{(j)}_{k,i-1}+\boldsymbol{R}\boldsymbol{u}_{k,i},j=0,1,2,\cdots,2J \tag{4-48}$$

(3)利用 sigma 点集的预测值，加权求和得到 时刻状态量的一步预测均值 $\boldsymbol{\mu}_{\boldsymbol{x}_{k,i\mid i-1}}$ 与协方差矩阵 $\boldsymbol{C}_{\boldsymbol{x}_{k,i\mid i-1}}$，则有

$$\boldsymbol{\mu}_{\boldsymbol{x}_{k,i\mid i-1}}=\sum_{j=0}^{2J}w_m^{(j)}\boldsymbol{x}_{k,i\mid i-1} \tag{4-49}$$

$$\boldsymbol{C}_{\boldsymbol{x}_{k,i\mid i-1}}=\sum_{j=0}^{2J}w_{\mathrm{c}}^{(j)}\left[\boldsymbol{x}^{(j)}_{k,i\mid i-1}-\boldsymbol{\mu}_{\boldsymbol{x}_{k,i\mid i-1}}\right]\left[\boldsymbol{x}^{(j)}_{k,i\mid i-1}-\boldsymbol{\mu}_{\boldsymbol{x}_{k,i\mid i-1}}\right]^{\mathrm{T}} \tag{4-50}$$

3. 完成置信度信息传递与测量迭代更新，解算网络中待定位节点的置信度信息

第一步：邻居待定位节点广播自身置信度信息 $b^{(p-1)}_{l\to k}(\boldsymbol{x}_{l,i})$，置信度信息包含均值向量 $\boldsymbol{\mu}^{(p-1)}_{l\to k,i}$ 与协方差矩阵 $\boldsymbol{C}^{(p-1)}_{l\to k,i}$，$l\in N_k$；利用置信度信息重构策略得到组合向量的均值向量 $\boldsymbol{\mu}^{(p-1)}_{\bar{\boldsymbol{x}}_{k,i}}$ 与组合协方差矩阵 $\boldsymbol{C}^{(p-1)}_{\bar{\boldsymbol{x}}_{k,i}}$，并用来表征预测组合向量先验分布 $f^{(p-1)}(\bar{\boldsymbol{x}}_{k,i})$，则有

$$\boldsymbol{\mu}^{(p-1)}_{\bar{\boldsymbol{x}}_{k,i}}=(\boldsymbol{\mu}^{\mathrm{T}}_{\boldsymbol{x}_{k,i}},\boldsymbol{\mu}^{(p-1)\mathrm{T}}_{l_1\to k,i},\boldsymbol{\mu}^{(p-1)\mathrm{T}}_{l_2\to k,i},\cdots,\boldsymbol{\mu}^{(p-1)\mathrm{T}}_{l_{\mid N_k\mid}\to k,i})^{\mathrm{T}} \tag{4-51}$$

$$\boldsymbol{C}^{(p-1)}_{\bar{\boldsymbol{x}}_{k,i}}=\mathrm{diag}\{\boldsymbol{C}_{\boldsymbol{x}_{k,i}},\boldsymbol{C}^{(p-1)}_{l_1\to k,i},\boldsymbol{C}^{(p-1)}_{l_2\to k,i},\cdots,\boldsymbol{C}^{(p-1)}_{l_{\mid N_k\mid}\to k,i}\} \tag{4-52}$$

第二步：根据 $\boldsymbol{\mu}^{(p-1)}_{\bar{\boldsymbol{x}}_{k,i}}$ 和 $\boldsymbol{C}^{(p-1)}_{\bar{\boldsymbol{x}}_{k,i}}$，计算 $f^{(p-1)}(\bar{\boldsymbol{x}}_{k,i})$ 的 sigma 点和相应的权重因子 $\{\bar{\boldsymbol{x}}^{(j)}_{k,i},w_{\mathrm{m}}^{(j)},w_{\mathrm{c}}^{(j)}\}_{j=0}^{2J_k}$(sigma 点的维度与数量取决于待定位目标节点的邻居节点数，组合向量 $\bar{\boldsymbol{x}}_{k,i}$ 的维度为$\bar{J}_{k,i}$)，则有

$$\bar{\boldsymbol{x}}^{(j)}_{k,i}=\begin{cases}\bar{\boldsymbol{x}}^{(0)}_{k,i}=\boldsymbol{\mu}^{(p-1)}_{\bar{\boldsymbol{x}}_{k,i}}\\ \bar{\boldsymbol{x}}^{(j)}_{k,i}=\boldsymbol{\mu}^{(p-1)}_{\bar{\boldsymbol{x}}_{k,i}}+\alpha\left(\sqrt{(J+\kappa)\boldsymbol{C}^{(p-1)}_{\bar{\boldsymbol{x}}_{k,i}}}\right)_j,j=1,2,\cdots,\bar{J}_{k,i}\\ \bar{\boldsymbol{x}}^{(j+\bar{J}_{k,i})}_{k,i}=\mu^{(p-1)}_{\bar{\boldsymbol{x}}_{k,i}}-\alpha\left(\sqrt{(J+\kappa)\boldsymbol{C}^{(p-1)}_{\bar{\boldsymbol{x}}_{k,i}}}\right)_{j+\bar{J}_{k,i}}\end{cases} \tag{4-53}$$

$$\left.\begin{aligned}w_{\mathrm{m}}^{(0)}&=\frac{\lambda}{\bar{J}_{k,i}+\lambda}\\ w_{\mathrm{c}}^{(0)}&=\frac{\lambda}{\bar{J}_{k,i}+\lambda}+1-\alpha^2+\beta\\ w_{\mathrm{m}}^{(j)}&=w_{\mathrm{c}}^{(j)}=\frac{\lambda}{2(\bar{J}_{k,i}+\lambda)},j=1,2,\cdots,2\bar{J}_{k,i}\end{aligned}\right\} \tag{4-54}$$

第三步：将无迹变换后的 sigma 点代入非线性观测方程中计算 $\bar{\boldsymbol{y}}^{(j)}_{k,i}=H(\bar{\boldsymbol{x}}^{(j)}_{k,i})$，$j\in\{0,\cdots,2\bar{J}_{k,i}\}$。

第四步：由 $\{(\bar{\boldsymbol{x}}^{(j)}_{k,i},\bar{\boldsymbol{y}}^{(j)}_{k,i},w_{\mathrm{m}}^{(j)},w_{\mathrm{c}}^{(j)})\}_{j=0}^{2\bar{J}_{k,i}}$ 计算$\tilde{\boldsymbol{\mu}}^{(p)}_{\bar{\boldsymbol{y}}_{k,i}}$、$\tilde{\boldsymbol{C}}^{(p)}_{\bar{\boldsymbol{y}}_{k,i}}$ 和$\tilde{\boldsymbol{C}}^{(p)}_{\bar{\boldsymbol{x}}_{k,i}\bar{\boldsymbol{y}}_{k,i}}$。之后结合后验均值与后

验协方差公式得到$\tilde{\boldsymbol{\mu}}^{(p)}_{b(\bar{\boldsymbol{x}}_{k,i})}$和$\tilde{\boldsymbol{C}}^{(p)}_{b(\bar{\boldsymbol{x}}_{k,i})}$，即$b(\bar{\boldsymbol{x}}_{k,i})$的 sigma 点近似均值与近似协方差矩阵，则有

$$\tilde{\boldsymbol{\mu}}^{(p)}_{\bar{\boldsymbol{y}}_{k,i}} = \sum_{j=0}^{2\bar{J}_{k,i}} w_{\mathrm{m}}^{(j)}\ \bar{\boldsymbol{y}}^{(j)}_{k,i} \tag{4-55}$$

$$\tilde{\boldsymbol{C}}^{(p)}_{\bar{\boldsymbol{y}}_{k,i}} = \sum_{j=0}^{2\bar{J}_{k,i}} w_{\mathrm{c}}^{(j)} (\boldsymbol{y}_{k,i} - \tilde{\boldsymbol{\mu}}^{(p)}_{\bar{\boldsymbol{y}}_{k,i}})(\boldsymbol{y}_{k,i} - \tilde{\boldsymbol{\mu}}^{(p)}_{\bar{\boldsymbol{y}}_{k,i}})^{\mathrm{T}} \tag{4-56}$$

$$\tilde{\boldsymbol{C}}^{(p)}_{\bar{\boldsymbol{x}}_{k,i}\bar{\boldsymbol{y}}_{k,i}} = \sum_{j=0}^{2\bar{J}_{k,i}} w_{\mathrm{c}}^{(j)} (\bar{\boldsymbol{x}}_{k,i} - \tilde{\boldsymbol{\mu}}^{(p)}_{\bar{\boldsymbol{x}}_{k,i}})(\bar{\boldsymbol{y}}_{k,i} - \tilde{\boldsymbol{\mu}}^{(p)}_{\bar{\boldsymbol{y}}_{k,i}}) \tag{4-57}$$

$$\boldsymbol{K}^{(p)}_{k,i} = \tilde{\boldsymbol{C}}^{(p)}_{\bar{\boldsymbol{x}}_{k,i}\bar{\boldsymbol{y}}_{k,i}} (\tilde{\boldsymbol{C}}^{(p)}_{\bar{\boldsymbol{y}}\ k,i} + \boldsymbol{\sigma}_{\boldsymbol{n}}^2)^{-1} \tag{4-58}$$

$$\tilde{\boldsymbol{\mu}}^{(p)}_{b(\bar{\boldsymbol{x}}_{k,i})} = \boldsymbol{\mu}^{(p-1)}_{\bar{\boldsymbol{x}}_{k,i}} + \boldsymbol{K}^{(p)}_{k,i}(\boldsymbol{z}_{k,i} - \boldsymbol{\mu}^{(p)}_{\bar{\boldsymbol{y}}_{k,i}}) \tag{4-59}$$

$$\tilde{\boldsymbol{C}}^{(p)}_{b(\bar{\boldsymbol{x}}_{k,i})} = \boldsymbol{C}^{(p-1)}_{\bar{\boldsymbol{x}}_{k,i}} - \boldsymbol{K}^{(p)}_{k,i}(\tilde{\boldsymbol{C}}^{(p)}_{\bar{\boldsymbol{x}}_{k,i}\bar{\boldsymbol{y}}_{k,i}} + \boldsymbol{\sigma}_{\boldsymbol{n}}^2)\boldsymbol{K}^{(p)\mathrm{T}}_{k,i} \tag{4-60}$$

第五步：从$\tilde{\boldsymbol{\mu}}^{(p)}_{b(\bar{\boldsymbol{x}}_{k,i})}$，$\tilde{\boldsymbol{C}}^{(p)}_{b(\bar{\boldsymbol{x}}_{k,i})}$中提取与$\boldsymbol{x}_{k,i}$相关的元素。其中，“边缘信度信息”$b^{(p)}(\bar{\boldsymbol{x}}_{k,i})$的近似均值$\tilde{\boldsymbol{\mu}}^{(p)}_{b(\bar{\boldsymbol{x}}_{k,i})}$与近似协方差$\tilde{\boldsymbol{C}}^{(p)}_{b(\bar{\boldsymbol{x}}_{k,i})}$分别由$\tilde{\boldsymbol{\mu}}^{(p)}_{b(\bar{\boldsymbol{x}}_{k,i})}$的第 $J_k$ 元素与$\tilde{\boldsymbol{C}}^{(p)}_{b(\bar{\boldsymbol{x}}_{k,i})}$的左上角 $J_k \times J_k$ 子矩阵得到。

当待定位节点获取置信度 $b^{(p)}(\bar{\boldsymbol{x}}_{k,i})$后，返回第三步，进行下一次参数化置信度迭代更新，在达到最大迭代次数 Niter 后返回第二步进行下一时刻的递归运算，算法流程图如图 4.7 所示。

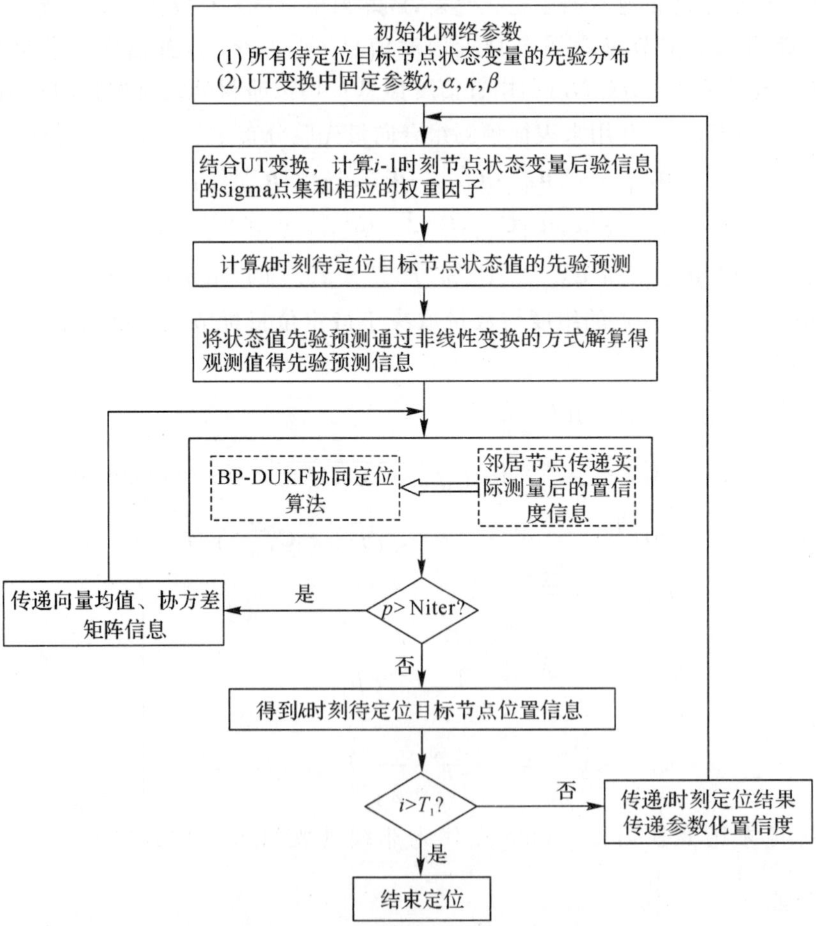


图 4.7　BP-DUKF 算法流程图

# 4.4　基于 UWB 的因子图室内定位方法

## 4.4.1　因子图定位模型

基于 UWB 的因子图三维系统定位方法利用因子图图论知识与积算法构建待定位节点置信度传递模型。每个待定位节点通过接收通信范围内邻居节点的信度信息解算自身的位置坐标与位置模糊度方差，网络拓扑示意图如图 4.8 所示。图 4.8 中包含 $m_n$ 个待定位节点，$a_p$ 个锚节点，①链路表示锚节点与待定位目标间存在障碍物，属于非视距，②链路表示锚节点与待定位节点间视距连接，③链路表示待定位节点间通信。在本章所提出的方法中，每个待定位节点的置信度信息更新方法都是相同的，因此，本章以网络中任意待定位节点 $m_q$ 为例进行说明。节点 $m_q$ 通信范围内邻居节点的集合为 $C_q=\{A_q, M_q\}$，其中 $A_q=\{a_{q1}, \cdots, a_{qm}\}$，$M_q=\{m_{q1}, \cdots, m_{qN}\}$，$A_q$ 表示通信范围内与节点 $m_q$ 相连的 $M$ 个锚节点的集合，$M_q$ 表示通信范围内与 $m_q$ 相连的 $N$ 个待定位节点集合（$M+N\geqslant 4$）。$m_q$ 节点因子图如图 4.9 所示。

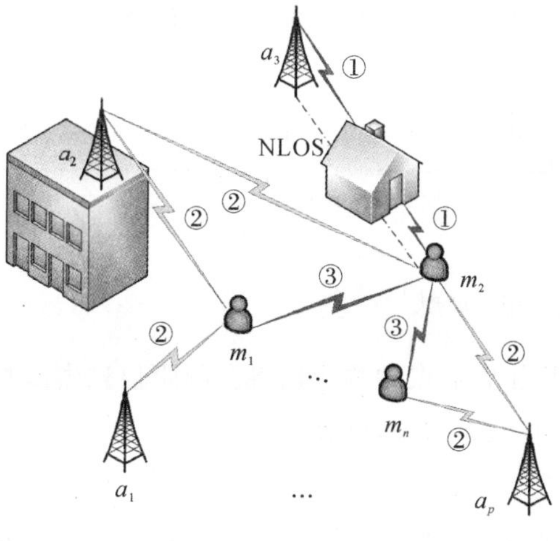


图 4.8　协同定位网络拓扑示意图

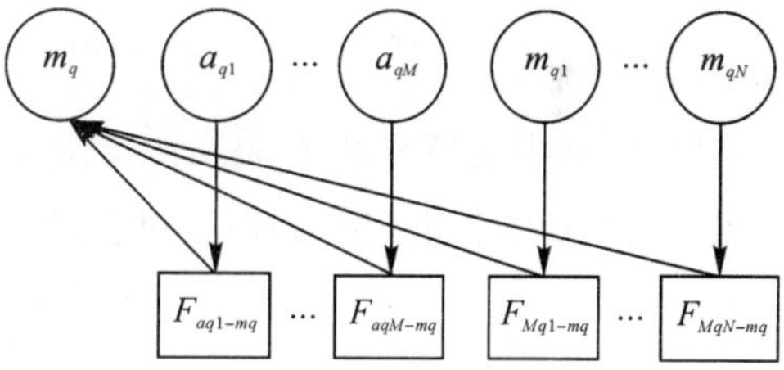


图 4.9　$m_q$ 节点因子图

图 4.9 中将所有的节点作为变量节点，$F_{u_i-t_j}$ 表示第 $u_i$ 个邻居节点到 $t_j$ 个待定位目标的函数节点，该函数节点用于定位信息的数据处理。以待定位节点 $m_q$ 为例，$u_i=C_q t_j=m_q$。图中实线表示变量节点向函数节点提供的信度信息，虚线表示邻居节点对目标节点提供的位置估计信息。本章结合和积算法的计算准则，通过信度信息(belief information，BI)在因子图中进行信息的迭代传递求解，进而实现目标节点的定位。这里信度信息主要为均值与方差信息。

在基于因子图的协同定位方法中，首先，收集相邻定位目标对待定位节点 $m_q$ 的坐标估计信息；其次，各个定位目标向函数节点提供待定位节点 $m_q$ 所需要的信度信息，包含距离信息与相邻节点的位置模糊度方差；最后，将信度信息在因子图上进行迭代更新，直至收敛。由于在待定位节点坐标解算过程中，各个坐标轴相互独立，因此本书将三维定位问题转化为 3 个支路上一维问题，分为 $x$ 坐标、$y$ 坐标和 $z$ 坐标，通过欧拉公式将三部分联系起来。建立网络中待定位目标节点 $m_q$ 的内部因子图如图 4.10 所示。

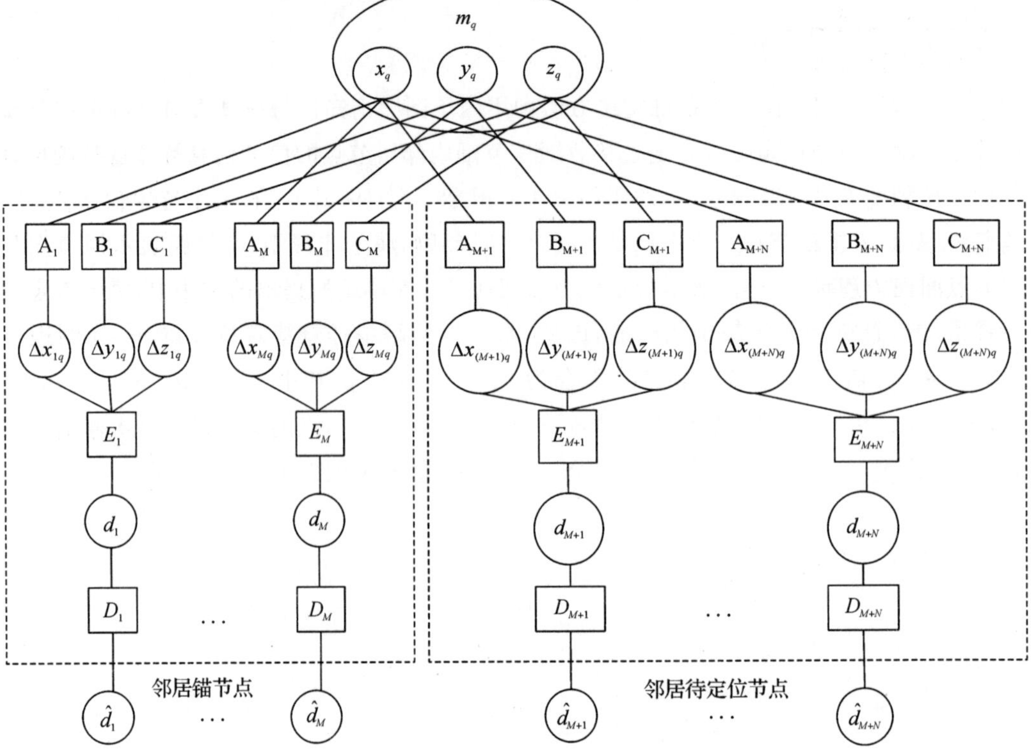


图 4.10　$m_q$ 内部节点因子图模型

图 4.10 中变量节点 $\hat{d}_i$ 表示待定位节点 $m_q$ 与其邻居节点的测距信息。测距信息由函数节点 $D_i$ 进入内部因子图，利用欧拉公式将 $x,y,z$ 坐标联系起来，可表示为

$$\Delta x_{iq}^2 + \Delta y_{iq}^2 + \Delta z_{iq}^2 = d_{iq}^2 \tag{4-61}$$

式中，$\Delta x_{iq}$，$\Delta y_{iq}$ 和 $\Delta z_{iq}$ 分别表示待定位节点 $q$ 与邻居节点 $i$ 在坐标轴上的相对距离。$d_{iq}$ 表示节点间的相对距离。引入相对距离约束关系公式为

$$\left.\begin{aligned} \Delta x_{iq} &= X_i - x_q \\ \Delta y_{iq} &= Y_i - y_q \\ \Delta z_{iq} &= Z_i - z_q \end{aligned}\right\} \tag{4-62}$$

式中：$(X_i, Y_i, Z_i)$ 表示邻居节点 $i$ 的坐标值；$(x_q, y_q, z_q)$ 表示节点 $m_q$ 的坐标。在本章提出的因子图协同定位中，“信度信息”在变量节点和函数节点间迭代传递，这里信度信息主要表示为均值与方差信息。

### 4.4.2　基于 UWB 的因子图室内定位算法

基于和积算法的信息传递准则计算内部因子图上节点间的信息，在完成变量节点到函数节点信息传递的上行迭代和函数节点到变量节点信息传递的下行迭代后，得到待定位节点的

位置估计。其节点的信息更新准则如下。

对网络中所有待定位节点进行初始化操作，初始位置信息由最小二乘方法解算得到。

在初始化结束后，进行节点间置信度信息传递，以迭代过程中第 $k$ 次为例，变量节点、函数节点间的信息传递如下所示。

测距信息由函数节点 $D_i$ 进入内部因子图，表示为由节点 $D_i$ 产生的变量 $d_i$，服从均值为 $\hat{d}_i$、方差为 $\sigma_{d_i}^2$ 的高斯分布，即

$$BI(D_i^k, d_i^k) = N(d_i, \hat{d}_i, \sigma_{d_i}^2) \tag{4-63}$$

在测距信息进入因子图后，由函数节点 $E_i$ 转换 $x_q$ 坐标、$y_q$ 坐标与 $z_q$ 坐标之间的置信度信息。函数节点 $E_i$ 到变量节点 $\Delta x_{iq}$ 的置信度信息推导见式(4-64)～式(4-67)。

假设曲面方程为 $F(\Delta x, \Delta y, \Delta z, d) = \Delta x^2 + \Delta y^2 + \Delta z^2 - d^2$，其中变量的偏导为 $F_{\Delta x} = 2\Delta x$，$F_{\Delta y} = 2\Delta y$，$F_{\Delta z} = 2\Delta z$，$F_d = -2d$。在点$(\Delta x_{iq}, \Delta y_{iq}, \Delta z_{iq}, d_{iq})$处，曲面的切平面方程为

$$2\Delta x_{iq}(\Delta x - \Delta x_{iq}) + 2\Delta y_{iq}(\Delta y - \Delta y_{iq}) + 2\Delta z_{iq}(\Delta z - \Delta z_{iq}) - 2d_{iq}(d - d_{iq}) = 0 \tag{4-64}$$

式中：$\Delta x_{iq}$，$\Delta y_{iq}$ 和 $\Delta z_{iq}$ 分别表示待定位节点 $q$ 与邻居节点 $i$ 在坐标轴上的相对距离；$d_{iq}$ 表示节点间的相对距离。

因为 $\Delta x^2 + \Delta y^2 + \Delta z^2 = d^2$，所以可化简为

$$\Delta x_{iq}\Delta x + \Delta y_{iq}\Delta y + \Delta z_{iq}\Delta z - d_{iq}d = 0 \tag{4-65}$$

由式(4-65)可得 $\Delta x$，$\Delta y$，$\Delta z$ 和 $d$ 之间的线性约束关系，则有

$$\left.\begin{aligned} \Delta x &= \frac{d_{iq}d - \Delta y_{iq}\Delta y - \Delta z_{iq}\Delta z}{\Delta x_{iq}} \\ \Delta y &= \frac{d_{iq}d - \Delta x_{iq}\Delta x - \Delta z_{iq}\Delta z}{\Delta y_{iq}} \\ \Delta z &= \frac{d_{iq}d - \Delta x_{iq}\Delta x - \Delta y_{iq}\Delta y}{\Delta z_{iq}} \end{aligned}\right\} \tag{4-66}$$

以 $\Delta x$ 为例，变量节点 $\Delta x$ 服从高斯分布，均值为 $m_{\Delta x}$，由式(4-66)推导 $\Delta x$ 的方差 $\sigma_{\Delta x}^2$，则有

$$\begin{aligned} \sigma_{\Delta x}^2 &= \mathrm{Cov}\left(\frac{d_{iq}d - \Delta y_{iq}\Delta y - \Delta z_{iq}\Delta z}{\Delta x_{iq}}\right) \\ &= \frac{1}{\Delta x_{iq}^2}(d_{iq}^2\sigma_d^2 + \Delta y_{iq}^2\sigma_{\Delta y}^2 + \Delta z_{iq}^2\sigma_{\Delta z}^2) \\ &= \frac{1}{d_{iq}^2 - \Delta y_{iq}^2 - \Delta z_{iq}^2}(d_{iq}^2\sigma_d^2 + \Delta y_{iq}^2\sigma_{\Delta y}^2 + \Delta z_{iq}^2\sigma_{\Delta z}^2) \end{aligned} \tag{4-67}$$

同理 $\Delta y$ 和 $\Delta z$ 也服从高斯分布，方差 $\sigma_{\Delta y}^2$，$\sigma_{\Delta z}^2$ 可表示为

$$\sigma_{\Delta y}^2 = \frac{1}{d_{iq}^2 - \Delta x_{iq}^2 - \Delta z_{iq}^2}(d_{iq}^2\sigma_d^2 + \Delta x_{iq}^2\sigma_{\Delta x}^2 + \Delta z_{iq}^2\sigma_{\Delta z}^2) \tag{4-68}$$

$$\sigma_{\Delta z}^2 = \frac{1}{d_{iq}^2 - \Delta x_{iq}^2 - \Delta y_{iq}^2}(d_{iq}^2\sigma_d^2 + \Delta x_{iq}^2\sigma_{\Delta x}^2 + \Delta y_{iq}^2\sigma_{\Delta y}^2) \tag{4-69}$$

因为置信度信息 $\mathrm{BI}(\Delta x_{iq}^k, E_i^k)$，$\mathrm{BI}(d_i^k, E_i^k)$ 均是高斯场景下的正态分布，所以函数节点 $E_i$ 到变量节点 $\Delta x_{iq}^k$ 的置信度信息可表示为

$\mathrm{BI}(E_i^k, \Delta x_{iq}^{k+1})$

$$= N\left(\Delta x_{iq}^{k+1}, \pm\sqrt{(\hat{d}_{iq}^{k})^2 - m_{\Delta y_{iq}^{k}}^2 - m_{\Delta z_{iq}^{k}}^2}, \frac{m_{\Delta y_{iq}^{k}}^2 \cdot \sigma_{\Delta y_{iq}^{k}}^2 + m_{\Delta z_{iq}^{k}}^2 \cdot \sigma_{\Delta z_{iq}^{k}}^2 + (\hat{d}_{iq}^{k})^2 \cdot \sigma_{d_{iq}^{k}}^2}{(\hat{d}_{iq}^{k})^2 - m_{\Delta y_{iq}^{k}}^2 - m_{\Delta z_{iq}^{k}}^2}\right) \quad (4-70)$$

同理可得函数节点 $E_i$ 到变量节点 $\Delta y_{iq}^k$ 和 $\Delta z_{iq}^k$ 的置信度信息，表示为

$$\mathrm{BI}_{(E_i^k, \Delta y_{iq}^{k+1})} = N\left(\Delta y_{iq}^{k+1}, \pm\sqrt{(\hat{d}_{iq}^{k})^2 - m_{\Delta x_{iq}^{k}}^2 - m_{\Delta z_{iq}^{k}}^2}, \frac{m_{\Delta x_{iq}^{k}}^2 \cdot \sigma_{\Delta x_{iq}^{k}}^2 + m_{\Delta z_{iq}^{k}}^2 \cdot \sigma_{\Delta z_{iq}^{k}}^2 + (\hat{d}_{iq}^{k})^2 \cdot \sigma_{d_{iq}^{k}}^2}{(\hat{d}_{iq}^{k})^2 - m_{\Delta x_{iq}^{k}}^2 - m_{\Delta z_{iq}^{k}}^2}\right) \quad (4-71)$$

$$\mathrm{BI}_{(E_i^k, \Delta z_{iq}^{k+1})} = N\left(\Delta z_{iq}^{k+1}, \pm\sqrt{(\hat{d}_{iq}^{k})^2 - m_{\Delta x_{iq}^{k}}^2 - m_{\Delta y_{iq}^{k}}^2}, \frac{m_{\Delta x_{iq}^{k}}^2 \cdot \sigma_{\Delta x_{iq}^{k}}^2 + m_{\Delta y_{iq}^{k}}^2 \cdot \sigma_{\Delta y_{iq}^{k}}^2 + (\hat{d}_{iq}^{k})^2 \cdot \sigma_{d_{iq}^{k}}^2}{(\hat{d}_{iq}^{k})^2 - m_{\Delta x_{iq}^{k}}^2 - m_{\Delta y_{iq}^{k}}^2}\right) \quad (4-72)$$

在获得 $\Delta x_{iq}$，$\Delta y_{iq}$ 和 $\Delta z_{iq}$ 的信度信息后，利用函数节点 $A_i$，$B_i$ 和 $C_i$ 实现相对位置与绝对位置信息的转换。根据邻居节点类型可分为两种类型，一种是邻居节点是锚节点，见式(4-73)；另一种是邻居节点是存在位置模糊度的协同节点，见式(4-74)。

$$\left.\begin{aligned} \Delta x_{iq} &= X_i - x_q \\ \Delta y_{iq} &= Y_i - y_q \\ \Delta z_{iq} &= Z_i - z_q \end{aligned}\right\} \quad (4-73)$$

$$\left.\begin{aligned} \Delta x_{iq} &= \hat{X}_i - x_q \\ \Delta y_{iq} &= \hat{Y}_i - y_q \\ \Delta z_{iq} &= \hat{Z}_i - z_q \end{aligned}\right\} \quad (4-74)$$

式中：$(X_i, Y_i, Z_i)$ 表示邻居节点 $i$ 的坐标值；$(x_q, y_q, z_q)$ 表示节点 $m_q$ 的坐标。

当邻居节点是具有精确位置信息的锚节点时，函数节点 $A_i$，$B_i$ 和 $C_i$ 的置信度信息可以表示为

$$\mathrm{BI}_{(A_i^k, \Delta x_{iq}^k)} = N_{(\Delta x_{iq}^k, X_i - m_{x_q^k}, \sigma_{x_q^k}^2)} \quad (4-75)$$

$$\mathrm{BI}_{(A_i^k, x_q^k)} = N_{(x_q^k, X_i - m_{\Delta x_{iq}^k}, \sigma_{\Delta x_{iq}^k}^2)} \quad (4-76)$$

$$\mathrm{BI}_{(B_i^k, \Delta y_{iq}^k)} = N_{(\Delta y_{iq}^k, Y_i - m_{y_q^k}, \sigma_{y_q^k}^2)} \quad (4-77)$$

$$\mathrm{BI}_{(B_i^k, y_q^k)} = N_{(y_q^k, Y_i - m_{\Delta y_{iq}^k}, \sigma_{\Delta y_{iq}^k}^2)} \quad (4-78)$$

$$\mathrm{BI}_{(C_i^k, \Delta z_{iq}^k)} = N_{(\Delta z_{iq}^k, Z_i - m_{z_q^k}, \sigma_{z_q^k}^2)} \quad (4-79)$$

$$\mathrm{BI}_{(C_i^k, z_q^k)} = N_{(z_q^k, Z_i - m_{\Delta z_{iq}^k}, \sigma_{\Delta z_{iq}^k}^2)} \quad (4-80)$$

当邻居节点是存在位置模糊度的协同节点时，置信度信息与邻居节点是锚节点时公式类似，可表示为

$$\mathrm{BI}_{(A_i^k, \Delta x_{iq}^k)} = N_{(\Delta x_{iq}^k, \hat{X}_i - m_{x_q^k}, \sigma_{x_q^k}^2)} \quad (4-81)$$

$$\mathrm{BI}_{(A_i^k, x_q^k)} = N_{(x_q^k, \hat{X}_i - m_{\Delta x_{iq}^k}, \sigma_{\Delta x_{iq}^k}^2)} \quad (4-82)$$

$$\mathrm{BI}_{(B_i^k, \Delta y_{iq}^k)} = N_{(\Delta y_{iq}^k, \hat{Y}_i - m_{y_q^k}, \sigma_{y_q^k}^2)} \quad (4-83)$$

$$\mathrm{BI}_{(B_i^k, y_q^k)} = N_{(y_q^k, \hat{Y}_i - m_{\Delta y_{iq}^k}, \sigma_{\Delta y_{iq}^k}^2)} \quad (4-84)$$

$$\mathrm{BI}_{(C_i^k, \Delta z_{iq}^k)} = N_{(\Delta z_{iq}^k, \hat{Z}_i - m_{z_q^k}, \sigma_{z_q^k}^2)} \quad (4-85)$$

$$\mathrm{BI}_{(C_i^k, z_q^k)} = N_{(z_q^k, \hat{Z}_i - m_{\Delta z_{iq}^k}, \sigma_{\Delta z_{iq}^k}^2)} \quad (4-86)$$

式(4-75)～式(4-80)中 $\sigma_{x_q^k}^2$，$\sigma_{y_q^k}^2$ 和 $\sigma_{z_q^k}^2$ 是分别来自变量节点 $x_q^k$，$y_q^k$ 和 $z_q^k$ 的高斯置信度信

息的方差，$\sigma^2_{\Delta x^k_{iq}}$，$\sigma^2_{\Delta y^k_{iq}}$ 和 $\sigma^2_{\Delta z^k_{iq}}$ 是分别来自变量节点 $\Delta x^k_{iq}$，$\Delta y^k_{iq}$ 和 $\Delta z^k_{iq}$ 的高斯置信度信息的方差。

在上行迭代结束后，利用下行迭代为下一次更新做准备，变量节点 $x_q$，$y_q$，$z_q$ 基于和积算法计算准则，更新函数节点 $A_i$，$B_i$ 和 $C_i$ 的信度信息，即

$$\mathrm{BI}(x^k_q, A^k_i) = \prod_{j \neq i} \mathrm{BI}(A^k_j, x^k_q) \tag{4-87}$$

$$\mathrm{BI}(y^k_q, B^k_i) = \prod_{j \neq i} \mathrm{BI}(B^k_j, y^k_q) \tag{4-88}$$

$$\mathrm{BI}(z^k_q, C^k_i) = \prod_{j \neq i} \mathrm{BI}(C^k_j, z^k_q) \tag{4-89}$$

结合多个高斯分布的变量相乘后仍然服从高斯分布的特性，实现协同网络中待定位目标节点定位，以变量节点 $x^k_q$ 到函数节点 $A^k_i$ 置信度更新为例，更新过程可表示如下：

$$\prod_{j=1}^{J} N(x_q, m_j, \sigma^2_j) \propto N(x_q, m_\Lambda, \sigma^2_\Lambda) \tag{4-90}$$

$$\frac{1}{\sigma^2_\Lambda} = \sum_{j=1}^{J} \frac{1}{\sigma^2_j} \tag{4-91}$$

$$m_\Lambda = \sigma^2_\Lambda \sum_{j=1}^{J} \frac{m_j}{\sigma^2_j} \tag{4-92}$$

根据式(4-90)～式(4-92)可以计算出式(4-87)。类似过程适用于变量节点 $y^k_q$ 到函数节点 $B_i$，变量节点 $z^k_q$ 到函数节点 $C_i$ 置信度的计算。当变量节点 $x_q$，$y_q$ 和 $z_q$ 的信息收敛或达到最大迭代次数后，待定位节点 $m_q$ 完成位置更新。

基于因子图的三维协同定位算法(FG-3DCP)流程图如图 4.11 所示，具体算法调度流程见表 4-1。

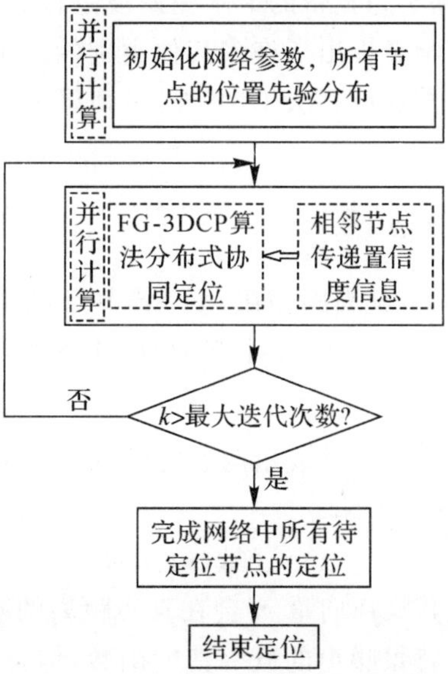


图 4.11　FG-3DCP 算法设计流程图

**表 4-1 FG-3DCP 算法调度流程**

| | 基于因子图的三维协同定位算法(FG-3DCP) |
|---|---|
| 1. | 初始化网络参数:锚节点位置信息、待定位节点初始位置估计值、位置模糊度方差 $\sigma_p^2$、所有待定位节点 $q \in N \cup M$ 与邻居节点的距离信息 $\hat{d}_q$、测距方差 $\sigma_d^2$ |
| 2. | for k=1:Niter(消息迭代次数) |
| 3. | nodes q =1:N in parallel(待定位节点) |
| 4. | 函数节点 $E_i$ 更新变量节点 $\Delta x_{iq}$、$\Delta y_{iq}$、$\Delta z_{iq}$ |
| 5. | 函数节点 $A_i$、$B_i$、$C_i$ 更新变量节点 $x_q$、$y_q$、$z_q$ 的信息 |
| 6. | 变量节点 $x_q$、$y_q$、$z_q$ 更新函数节点 $A_i$、$B_i$、$C_i$ |
| 7. | 在下行迭代中函数节点 $A_i$、$B_i$、$C_i$ 更新变量节点 $\Delta x_{iq}$、$\Delta y_{iq}$、$\Delta z_{iq}$ |
| 8. | 在完成迭代后获取待定位节点的位置分布估计信息 |
| 9. | end parallel(结束并行) |
| 10. | end for |

## 4.5 基于 UWB 的各类室内定位方法

超宽带技术应用越来越广泛,在定位方面也取得了长足的发展。除了最基础的三大定位方法外,本节之前已经介绍了基于超宽带的卡尔曼滤波定位算法和基于超宽带的三维因子图定位算法。其实在此之前就有学者提出了许多其他类别的产宽带定位算法,最常用的就属最大似然估计定位算法和最小二乘定位算法了,另外,泰勒算法等后续改良定位算法也在不断地丰富和发展过程中。

### 4.5.1 最大似然估计算法

假设目标节点坐标为$(x,y)$,其周围存在 $M$ 个锚节点,坐标设为$(x_i,y_i)(i \in M)$。在定位过程中,会产生 $M$ 个观测值,则 $z_i$ 表示第 $i$ 个观测值,其公式为

$$z_i = f(x_i,y_i) + m_i \tag{4-93}$$

式中:$f(x_i,y_i)=\sqrt{(x_i-x)^2+(y_i-y)^2}$表示两点之间真实距离;$m_i$ 为第 $i$ 径上的噪声值。可以写成矩阵形式为

$$\boldsymbol{z} = \boldsymbol{f}(\boldsymbol{x},\boldsymbol{y}) + \boldsymbol{m} \tag{4-94}$$

从式(4-94)中可以看出,其噪声向量 $\boldsymbol{m}$ 会在真实距离的基础上增加误差,影响了测距结果。假设环境中已知的参数有背景噪声的概率密度函数,但是并不知晓其方差与均值。利用统计学中的最大似然函数法,可以先构造向量 $\boldsymbol{\theta}=(\boldsymbol{x},\boldsymbol{y},\boldsymbol{\lambda})^{\mathrm{T}}$,其中包括节点坐标$(x,y)$和噪声参数 $\lambda$,然后再根据已知信息构造最大似然函数,当此函数达到最大值时得到的变量解就是最大似然估计结果。

假设最大似然函数为 $p(\boldsymbol{z}|\boldsymbol{\theta})$，其中 $\boldsymbol{z}=f(x,y)+\boldsymbol{m}$，由于 $f(x,y)$ 为两节点之间的真实距离，所以是确定函数，可得

$$p(\boldsymbol{z} \mid \boldsymbol{\theta}) = p_m(\boldsymbol{z} - f(x,y) \mid \boldsymbol{\theta}) \tag{4-95}$$

式(4-95)为在噪声为 $\boldsymbol{m}$ 时 $p(\boldsymbol{z}|\boldsymbol{\theta})$ 的条件概率密度。假设噪声矩阵 $\boldsymbol{m}$ 中的各元素相互独立，那么可以将所有独立函数求乘积，则噪声 $\boldsymbol{m}$ 的联合分布函数为

$$p_m(\boldsymbol{z} - f(x,y) \mid \boldsymbol{\theta}) = \prod_{i=1}^{M} p_{m_i}(z_i - f_i(x,y) \mid \boldsymbol{\theta}) \tag{4-96}$$

如果是均值为 0，方差为 $\sigma^2$ 的加性高斯白噪声，可得

$$p_m = \frac{1}{\sqrt{2\pi}\sigma_i} \mathrm{e}^{-\frac{m^2}{2\sigma_i^2}} \tag{4-97}$$

代入式(4-96)，可得

$$p_m(\boldsymbol{z} - f(x,y) \mid \boldsymbol{\theta}) = \prod_{i=1}^{M} \frac{1}{2\pi^{\frac{M}{2}}} \mathrm{e}^{-\sum_{i=1}^{M} \frac{[z_i - f_i(x,y)]^2}{2\sigma_i^2}} \tag{4-98}$$

用 $\hat{\theta}_{ML}$ 表示 $\theta$ 的最大似然估计值，则得到最终结果为

$$s = \hat{\theta}_{ML} = \arg\max_{\theta} p(\theta \mid z) = \arg\min_{(x,y)^{\mathrm{T}}} \sum_{i=1}^{M} \frac{(z_i - f_i(x,y))^2}{\sigma_i^2} \tag{4-99}$$

式(4-99)中，左侧的值 $\hat{\theta}_{ML}$ 最后与右侧估计的距离 $(x,y)$ 间呈现正比关系。因此在求解过程中，只要保证坐标解 $(x,y)$ 能够满足 $\hat{\theta}_{ML}$ 得到最小值，则此解就是使用最大似然估计得到的最终坐标结果。

最大似然估计作为统计学的一种常用方法，应用在定位坐标求解时也可以解决一定误差的影响。但是使用最大似然估计法前提是需要知晓信道噪声的分布函数，这在实际应用中实现较为困难。在构造联合分布函数时，要求噪声矩阵 $\boldsymbol{m}$ 中的各元素相互独立，这在现实室内环境中，由于非视距误差、空间遮挡物、多径信道影响等，无法保证噪声的独立要求。所以综上来看，虽然最大似然估计法可以应用在定位求解过程中，但是复杂的室内环境以及无法预测的噪声分布会对函数的构造和最终的结果造成较大影响。

### 4.5.2　最小二乘算法

最小二乘算法也被称为最小二次方法，是定位系统中用于解决定位问题使用最为广泛的确定性技术之一。在已知定位模型的基础上，每个节点都有真实值和估计值，最小二乘算法的原理就是计算真实值与估计值之间的偏差，并且保证最终此偏差的二次方和最小。假设目标节点待求解的坐标为 $(x,y)$，其周边存在 $K$ 个锚节点，坐标为 $(x_i,y_i)$，$i=1,2,3,\cdots,K$，目标节点与锚节点之间的距离为 $d_i$，$i=1,2,3,\cdots,K$。根据几何关系建立距离方程，联立后可得

$$\left.\begin{aligned} (x_1 - x)^2 + (y_1 - y)^2 &= d_1^2 \\ (x_2 - x)^2 + (y_2 - y)^2 &= d_2^2 \\ &\cdots\cdots\cdots \\ (x_K - x)^2 + (y_K - y)^2 &= d_K^2 \end{aligned}\right\} \tag{4-100}$$

在实际环境中，实际所测距离 $d_i(i=1,2,3,\cdots,K)$ 会受到设备时钟不同步、信号传播误差等影响，所以此方程组中各式可能不存在线性关系，因此也无法通过消除二次方项后得到唯一解。为了方便后续最小二乘算法的使用，先对方程组进行矩阵变换操作。

首先对上式进行展开移项，可得

$$\left.\begin{aligned}-2x_1x-2y_1y-x^2-y^2&=d_1^2-x_1^2-y_1^2\\-2x_2x-2y_2y-x^2-y^2&=d_2^2-x_2^2-y_2^2\\&\cdots\cdots\\-2x_Kx-2y_Ky-x^2-y^2&=d_K^2-x_K^2-y_K^2\end{aligned}\right\}\tag{4-101}$$

其矩阵形式为：

$$\begin{bmatrix}-2x_1 & -2y_1 & 1\\-2x_1 & -2y_1 & 1\\\vdots & \vdots & \vdots\\-2x_1 & -2y_1 & 1\end{bmatrix}\begin{bmatrix}x\\y\\x^2+y^2\end{bmatrix}=\begin{bmatrix}d_1^2-x_1^2-y_1^2\\d_2^2-x_2^2-y_2^2\\\vdots\\d_K^2-x_K^2-y_K^2\end{bmatrix}\tag{4-102}$$

令 $r_i{}^2=x_i{}^2+y_i^2$，则上式可写成矩阵表达式为

$$\boldsymbol{AX}=\boldsymbol{B}\tag{4-103}$$

式中，$\boldsymbol{A}=\begin{bmatrix}-2x_1 & -2y_1 & 1\\-2x_2 & -2y_2 & 1\\\vdots & \vdots & \vdots\\-2x_K & -2y_K & 1\end{bmatrix}$，$\boldsymbol{X}=\begin{bmatrix}x\\y\\r\end{bmatrix}$，$\boldsymbol{B}=\begin{bmatrix}d_1^2-r_1\\d_2^2-r_2\\\vdots\\d_K^2-r_K\end{bmatrix}$

当使用 UWB 进行测距时，不可避免的会引入测距误差，则实际情况下的线性模型为

$$\boldsymbol{A\hat{X}}+\boldsymbol{\varepsilon}=\boldsymbol{B}\tag{4-104}$$

式(4-104)中，$\boldsymbol{\hat{X}}$ 为 $\boldsymbol{X}$ 的的估计值，$\boldsymbol{\varepsilon}$ 为误差向量，即 $\boldsymbol{\varepsilon}=\boldsymbol{B}-\boldsymbol{A\hat{X}}$。最小二乘算法的思想就是使误差的最小二次方和最小，可得

$$F(\boldsymbol{\hat{X}})=\|\boldsymbol{B}-\boldsymbol{A\hat{X}}\|^2\tag{4-105}$$

令 $F(\boldsymbol{\hat{X}})$ 对 $\boldsymbol{\hat{X}}$ 求偏导并使偏导为 0，可得

$$(\boldsymbol{A\hat{X}}-\boldsymbol{B})^{\mathrm{T}}\boldsymbol{A}=\boldsymbol{0}\tag{4-106}$$

此时 $\boldsymbol{\hat{X}}$ 就是 $\boldsymbol{X}$ 的最小二乘估计解，则有

$$\boldsymbol{X}=(\boldsymbol{A}^{\mathrm{T}}\boldsymbol{A})^{-1}\boldsymbol{A}^{\mathrm{T}}\boldsymbol{B}\tag{4-107}$$

在忽略位置部署误差时，可以观察到在计算过程中，周边节点$(x_i,y_i)(i=1,2,3,\cdots,K)$对于最终的最小二乘解 $\boldsymbol{X}$ 来说具备着同样的重要性。但是在实际环境中，不同的节点在部署时可能存在不同的误差。并且由于各锚节点到目标节点的距离不同，其由信号传播估计的距离也会存在不同误差。所以在计算时需要考虑到不同节点在定位过程中对结果的影响，将误差小的节点赋予更大的权重并减小误差大的节点的权重，此种方法就是加权最小二乘算法(weighted least squares，WLS)。其 WLS 估计解为

$$\boldsymbol{X}=(\boldsymbol{A}^{\mathrm{T}}\boldsymbol{W}^{-1}\boldsymbol{A})^{-1}\boldsymbol{A}^{\mathrm{T}}\boldsymbol{W}^{-1}\boldsymbol{B}\tag{4-108}$$

式中：$\boldsymbol{W}$ 为对角矩阵，对角的 $w_i(i=1,2,3,\cdots,K)$用于存放根据实际网络情况以及误差分布设定的不同权值，其矩阵形式为

$$\boldsymbol{W}=\begin{bmatrix}w_1 & & & \\ & w_2 & & \\ & & \ddots & \\ & & & w_K\end{bmatrix}\tag{4-109}$$

当 $\boldsymbol{W}=\boldsymbol{I}$ 时，则此方法即为无权重设计的标准最小二乘法。在现实环境下，如何根据定位网络中节点的情况确定 $\boldsymbol{W}$ 的值也是当前的一个研究重点。

### 4.5.3　泰勒算法

泰勒(Taylor)算法也被称作泰勒级数展开法。此算法在定位过程中首先要利用定位方案获取到数学模型，例如到达时间方案建立的圆方程模型、到达时间差方案建立的双曲线模型等。在得到模型后，对建立的方程组中各式进行一阶泰勒展开获得其非齐次形式。接着使用上一节提到的 WLS 方法求得一个大概的坐标解然后进行坐标修正。修正过程采取迭代的方式，在迭代获得的估计坐标与真实坐标之间的误差降低到预设的门限值后，停止迭代。此时得到的收敛结果即为泰勒算法求得的估计坐标解。

在定位系统中，设目标节点坐标为 $(x,y)$，其周边存在 $N$ 个锚节点，且对应坐标为 $(x_i,y_i)$，$i=1,2,3,\cdots,N$。目标节点和锚节点之间的关系由函数 $f(x,y,x_i,y_i)$ 表示。假设 $M_i$ 为函数 $f(x,y,x_i,y_i)$ 的估计值，$\hat{M}_i$ 为其真实值。当测量误差为 $\varepsilon_i$ 时，可得估计值与真实值间的关系为 $M_i=\hat{M}_i+\varepsilon_i$。设 $\eta$ 为门限值，有 $|\Delta x|+|\Delta y|<\eta$。假设初始值为 $(x_0,y_0)$，有 $x=x_0+\Delta x$，$y=y_0+\Delta y$，那么 $f(x,y,x_i,y_i)$ 在 $(x_0,y_0)$ 处利用泰勒级数展开后的结果为

$$f_i(x,y,x_i,y_i)=f_i(x_0,y_0,x_i,y_i)+\left(\Delta x\frac{\partial}{\partial x}+\Delta y\frac{\partial}{\partial y}\right)f_i(x_0,y_0,x_i,y_i)+\cdots+$$

$$\frac{1}{(n+1)!}\left(\Delta x\frac{\partial}{\partial x}+\Delta y\frac{\partial}{\partial y}\right)^{n+1}f_i(x_0+\eta\Delta x,y_0+\eta\Delta y,x_i,y_i)(0<\eta<1) \quad (4-110)$$

忽略次数大于二的项，可得到简化的泰勒展开式，其结果为

$$f_i(x,y,x_i,y_i)=f_i(x_0,y_0,x_i,y_i)+\left(\Delta x\frac{\partial}{\partial x}+\Delta y\frac{\partial}{\partial y}\right)f_i(x_0,y_0,x_i,y_i) \quad (4-111)$$

其误差向量为

$$\boldsymbol{\psi}=\boldsymbol{h}-\boldsymbol{G\varphi} \quad (4-112)$$

式中，$\boldsymbol{h}=\begin{bmatrix} d_{21}-(d_2-d_1) \\ d_{31}-(d_3-d_1) \\ \cdots \\ d_{N1}-(d_N-d_1) \end{bmatrix}$，$\boldsymbol{\varphi}=\begin{bmatrix}\Delta x \\ \Delta y\end{bmatrix}$，$\boldsymbol{G}=\begin{bmatrix} \frac{x_1-x}{d_1}-\frac{x_2-x}{d_2} & \frac{y_1-y}{d_1}-\frac{y_2-y}{d_2} \\ \frac{x_1-x}{d_1}-\frac{x_3-x}{d_3} & \frac{y_1-y}{d_1}-\frac{y_3-y}{d_3} \\ \vdots & \vdots \\ \frac{x_1-x}{d_1}-\frac{x_N-x}{d_N} & \frac{y_1-y}{d_1}-\frac{y_N-y}{d_N} \end{bmatrix}$

可得加权最小二乘解为

$$\boldsymbol{\varphi}\begin{bmatrix}\Delta x \\ \Delta y\end{bmatrix}=(\boldsymbol{G}^{\mathrm{T}}\boldsymbol{Q}^{-1}\boldsymbol{G})^{-1}\boldsymbol{G}^{\mathrm{T}}\boldsymbol{Q}^{-1}\boldsymbol{h} \quad (4-113)$$

式中：$\boldsymbol{Q}$ 表示采取到达时间差方案构建的函数计算后得到的协方差矩阵。泰勒算法预设了判定算法迭代过程是否终止的门限值 $\eta$，当多次迭代后误差 $\boldsymbol{\varphi}$ 在 $\eta$ 内时，则停止迭代，输出此时的定位结果。

通过上述原理介绍可知，Taylor 定位算法首先对方程组采用 Taylor 展开式完成从非线性方程到线性方程的转化，然后利用 WLS 方法进行坐标的迭代求解，最后通过判断迭代结果是否达到设定的门限值来停止迭代，输出定位坐标结果。泰勒算法在定位领域应用时凭借其不

断的坐标修正能够最终输出一个较高精度的定位结果，但是计算量相对于其他算法较大。对于超宽带设备来说，其仅使用单片机芯片，计算能力难以承受如此高的算力要求。并且泰勒算法在计算过程中，初始坐标的选取也十分关键。如果出现初始坐标选取不当的情况，会导致大量的迭代运算，增加系统额外的计算消耗。所以泰勒算法常作为一种修正算法，在超宽带定位已经获取了初始位置后，在上位机对定位结果进行修正以减小误差。

## 4.6 本章小结及思考题

### 4.6.1 本章小结

本章首先介绍了利用超宽带技术实现定位的主要算法，介绍了超宽带技术的定义、特点以及应用领域，列举了常用的超宽带测距定位方法，分析了定位原理以及主要误差来源，重点给出了无迹变换卡尔曼滤波定位算法，详细介绍了无迹变换的定义、过程和求解，推导了无迹变换卡尔曼滤波的过程，给出了通过无迹变换卡尔曼滤波实现室内协同定位的算法流程；其次，重点介绍了三维因子图室内协同定位算法，引入了因子图理论与置信度传递算法理论，推导了置信度信息在因子图网络中的迭代传递过程，给出了通过因子图实现室内协同定位的流程和步骤；最后，介绍了其他的一些主流的基于超宽带技术的定位算法——最小二乘法定位、最大似然函数法定位、泰勒级数展开定位等等。

### 4.6.2 思考题

1. 什么是超宽带技术？超宽带技术有什么特点？

2. 简述超宽带技术测距的原理，分析测距过程中可能存在的误差来源，并针对具体的测距方案给出减小误差的方法。

3. 应用超宽带技术实现测距定位的方法有哪些？简述各自测距原理并进行对比分析。在给定的条件下，哪种方法的定位结果是相对较优的？

4. 超宽带技术的主要用途有哪些方面？它又有什么样的局限性呢？

5. 简述卡尔曼滤波的基本原理并推导滤波的数学过程。

6. 卡尔曼滤波的主要特点是什么？卡尔曼滤波技术主要用途有哪些？它的局限性体现在什么地方？

7. 卡尔曼滤波有哪些种类？不同的种类分别适用于什么样的场景？不同种类之间又有什么样的区别呢？

8. 简述无迹变换的基本过程，并推导如何求解无迹变换点。

9. 简述因子图理论与和积算法理论，总结其主要特点和用途。

10. 应用因子图理论求解大规模节点的定位问题的好处在哪里？

11. 对比卡尔曼滤波定位算法、三维因子图定位算法、最小二乘定位算法、最大似然定位算法的异同。

12. 除了本章介绍的定位算法外，还有哪些基于超宽带技术的定位算法？查阅资料进行学习和对比。

# 参考文献


[1] 何永平,刘冉,付文鹏,等.非视距环境下基于 UWB 的室内动态目标定位[J].传感器与微系统,2020,39(8):46 - 49, 54.

[2] 杨紫阳,吴才章,张弛.基于 Chan 和改进 UKF 的 UWB 室内混合定位算法[J].组合机床与自动化加工技术, 2020,8(12):65 - 69.

[3] WANGC Y, YU H, WANG J, et al. Bias Analysis of Parameter Estimator Based on Gauss - Newton Method Applied to Ultra - Wideband Positioning[J]. Applied Sciences - Basel,2019, 10(1):12 - 24.

[4] 魏佳琛. NLOS 环境下基于最优化理论的 TDOA 定位算法研究[D]. 北京:北京邮电大学,2021.

[5] 朱颖. 基于 UWB 的室内定位系统设计与实现[D]. 南京:南京邮电大学,2019.

[6] 严嘉祺. 基于 UWB 的室内定位系统的算法与误差分析[D]. 哈尔滨:哈尔滨工业大学,2020.

[7] 张洪婷. 无线传感器网络节点定位技术研究[D]. 北京:北京交通大学, 2017.

[8] LIU C, SHAN H, WANG B. Wireless Sensor Network Localization via Matrix Completion Based on Bregman Divergence[J]. Sensors, 2018, 18(9):23 - 34.

[9] DENG Z, TANG S,JIA B, et al. Cooperative Localization and Time Synchronization Based on M - VMP Method[J]. Sensors, 2020, 20(21):45 - 57.

[10] LI Z, CHUNG P J,Mulgrew B. Distributed Target Localization Using Quantized Received Signal Strength[J]. Signal Processing, 2017(134): 214 - 223.

[11] LIU J,CAI B G, WANG J. Cooperative Localization of Connected Vehicles: Integrating GNSS with DSRC Using a Robust Cubature Kalman Filter[J]. IEEE Transactions on Intelligent Transportation Systems, 2017, 18(8): 2111 - 2125.

[12] 崔建华,王忠勇,张传宗,等.基于因子图和联合消息传递的无线网络协作定位算法[J].计算机应用,2017,37(5):1306 - 1310.

[13] DENG Z L,TANG S H,JIA B Y,et al. Cooperative Location and Time Synchronization Based on M - VMP Method[J]. Sensors,2020,20(21):301 - 315.

[14] PIRES ANDERSON G,REZECK PAULO A F, CHAVES R A,et al. Cooperative Localization and Mapping with Robotic Swarms[J]. Journal of Intelligent & Robotic Systems,2021,102(2):167 - 179.

[15] KIA S S, ROUNDS S, MARTINEZ S. Cooperative Localization for Mobile Agents: A Recursive Decentralized Algorithm Based on Kalman - Filter Decoupling[J]. IEEE Control Systems, 2016, 36(2):86 - 101.

[16] PEDERSEN C,PEDERSON T,Flenury B H . A Variational Massage Passing Algorithm for Sebor Self - Localization in Wiress Networks[J]. IEEE Network, 2011,12(11):65 - 71.

[17] GARCíA - FERNáNDEZ F, SVENSSON L, SRKK S. Cooperative Localization Using Posterior Linearization Belief Propagation[J]. IEEE Transactions on Vehicular Technology, 2018,12(67): 832 - 836.
[18] 崔建华. 基于消息传递算法的无线传感器网络定位算法研究[D]. 北京:解放军信息工程大学, 2017.
[19] VAGHEFI R M, BUEHRER R M. Cooperative Localization in NLOS Environments Using Semidefinite Programming[J]. IEEE Communications Letters, 2015, 19(8): 1382 - 1385.
[20] LIU Y,LIAN B, ZHOU T. Gaussian Message Passing - based Cooperative Localization with Node Selection Scheme in Wireless Networks[J]. Signal Processing, 2019,15(6): 166 - 176.
[21] 贺军义,吴梦翔,宋成,等.基于 UWB 的密集行人三维协同定位算法[J].计算机应用研究,2020,13(1):1 - 7.
[22] LIANG C,WEN F. Received Signal Strength - Based Robust Cooperative Localization With Dynamic Path Loss Model[J]. IEEE Sensors Journal, 2016, 16(5):1265 - 1270.
[23] 李晓鹏. 无线网络中的协作定位技术研究[D]. 北京:北京邮电大学,2016.
[24] FERNANDES G C G, DIAS S S, MAXIMO M R O A, et al. Cooperative Localization for Multiple Soccer Agents Using Factor Graphs and Sequential Monte Carlo[J]. IEEE Access, 2020:213168 - 213184.
[25] 范世伟, 张亚, 郝强,等. 基于因子图的协同定位与误差估计算法[J]. 系统工程与电子技术, 2021, 43(2):9 - 17.

# 第 5 章　WiFi＋RFID 数据融合室内导航技术

前面章节介绍了 UWB 室内定位，UWB 室内定位方法定位精度高、抗干扰能力强，适用于室内环境下的精确定位，但是该技术对硬件同步水平要求高，并且通信距离比较短，很难满足大范围定位的需求，同时其系统平台实现的复杂度较高，投资成本高。我们可以在室内搭建一套完整的基础设施用来定位，但是这样需要很大的代价，包括定位信号占用的频谱资源、用于感知定位信号的嵌入在移动设备中的额外硬件、安装在固定位置的用来发送定位信号的锚节点。因此，大家倾向于使用那些已有的被广泛部署的无线设备去实现室内定位。

基于无线信号的定位方法首先考虑的是使用 WiFi(基于 IEEE802.11 标准的 WLAN)作为基础定位设施。现在，包括智能手机、笔记本电脑在内的大部分移动通信设备都内嵌了 WiFi 模块。实际上，WiFi 已经被广泛地在室外定位与导航中使用(通过智能手机以及被维护的 WiFi 热点位置与其对应的 MAC 地址的数据库进行查找，很多公司有维护这样的数据库，包括 Google，Apple，Microsoft，以及 Skyhook 这样的定位服务提供商，等等)。WiFi 在人们的日常生活中应用得比较广泛，使用在家庭、旅馆、咖啡馆、机场、商场等各类大型或小型建筑物内，这样使得 WiFi 成为定位领域中一个最引人注目的无线技术。本章主要介绍另外一种低成本的室内定位系统——RFID，并在此基础上，介绍基于 WiFi＋RFID 的数据融合室内定位技术。

## 5.1　WiFi 定位原理

在介绍 WiFi 定位原理之前，先介绍一下为什么利用 WiFi 可以进行室内定位。首先，每一个无线固定接入点设备都有一个全球唯一的 MAC 地址，并且一般来说无线固定接入点在一段时间内是不会移动的，比如商场天花板上的 WiFi 路由器。其次，无论周围的无线固定接入点设备是否加密、是否已和定位设备连接等，定位设备在开启 WiFi 的情况下都可扫描并收集不同固定接入点设备(甚至包括信号强度不足以显示在无线信号列表中的设备)的信号，并获取到无线固定接入点广播出来的 MAC 地址。最后，定位设备根据每个固定接入点信号的强弱程度以及其在室内环境中的位置，通过相应算法实现对自己的定位解算。

需要注意的是，室内定位中所得到的位置坐标通常是指在当前室内环境中的一个局部坐标系中的坐标，而常用的 CGCS2000 等地心坐标系。如果需要进行室内外无缝导航时，还牵扯到坐标转换的问题。同时，WiFi 信号并不是为定位而设计的，通常是单天线、带宽小，室内复杂的信号传播环境使得传统的基于到达时间/到达时间差(TOA/TDOA)的测距方法难以实现，基于到达信号角度的方法也同样难以实现，如果在 WiFi 网络中安装能定向的天线又需要额外的花费。因此，WiFi 定位技术通常可以分为传播模型法和位置指纹法两大类。

### 5.1.1 传播模型法

无线信号本质属于电磁波，在空间传播时存在明显的有规律的衰减现象，若建立起一个接收信号强度和空间距离的关系模型，一旦获知未知节点的信号强度，即可求出该节点的位置坐标。

自由空间是指在理想的、均匀的、各向同性的介质中，电波传播不发生反射、折射、绕射、散射以及吸收现象，只存在由于电磁波能量在传输过程中扩散而引起的传播损耗。在自由空间中，设发射功率为 $P_T$，接收功率为 $P_R$，那么：

$$P_R = \left(\frac{\lambda}{4\pi d}\right)^2 P_T G_T G_R \tag{5-1}$$

式中：$P_T$ 为天线的辐射功率；$G_T$ 为发射天线的增益；$G_R$ 为接收天线的增益；$\lambda$ 为波长，单位为米。由上式可知，在距离天线 $d$ 处的接收功率是 $T-R$ 距离(发射机到接收机之间的距离)的函数，接收机接收到的功率随 $T-R$ 距离的二次方衰减，接收功率与距离的关系为 20 dB/10 倍程。同时，还可以得到，在自由空间传播环境中，电磁波的衰减只与工作频率 $f$ 以及传播距离 $d$ 有关。自由空间传播损耗定义为 $L_S = P_T/P_R$，即

$$L_S = \left(\frac{4\pi d}{\lambda}\right)^2 \frac{1}{G_T G_R} = \left(\frac{4\pi f d}{c}\right)^2 \frac{1}{G_T G_R} \tag{5-2}$$

式中：$c$ 指的是光速；$f$ 指的是信号的频率。

以分贝表示为

$$L_S = 32.45 + 20\lg f + 20\lg d - 10\lg(G_T G_R) \tag{5-3}$$

忽略天线增益的影响，则上式可化简为

$$L_S = 32.45 + 20\lg f + 20\lg d \tag{5-4}$$

可以看出，接收信号强度与待测位置到固定接入点的距离存在反比的关系，总体表现为距离越近，测量得到的接收信号强度就越大；距离越远，测量得到的接收信号强度就越小。

而对于空间布局复杂、传播路径变化大的室内环境，利用自由空间模型是不合适的，并不能很好地反映室内环境特性。因此，在此介绍一种常用在室内中的空间传播模型——对数距离路径损耗模型，其接收天线到发射天线距离为 $d$ 时的路径损耗为

$$P_L(d) = P_L(d_0) + 10n\lg\left(\frac{d}{d_0}\right) + X_\delta \tag{5-5}$$

式中：$d_0$ 为参考点的距离；$n$ 为路径损耗指数，其值一般为 1～6，取决于具体的室内传播环境；$X_\delta$ 是标准偏差为 $\sigma$ 的正态随机变量。

距离信源距离为 $d$ 处的无线信号强度为

$$\mathrm{rss}(d) = P_T - P_L(d) \tag{5-6}$$

式中：$\mathrm{rss}(d)$ 表示接收端距信源 $d$ 处的无线信号强度；$P_T$ 为固定接入点的发射信号功率。取 $d = d_0$，则上式可转化为

$$P_L(d_0) = P_T - \mathrm{rss}(d) \tag{5-7}$$

将上式代入式(5-5),可得

$$P_L(d) = P_T - \text{rss}(d_0) + 10n\lg\left(\frac{d}{d_0}\right) + X_\delta \tag{5-8}$$

从而可得

$$\text{rss}(d) = \text{rss}(d_0) + 10n\lg\left(\frac{d}{d_0}\right) + X_\delta \tag{5-9}$$

上式为均值为 0 的正态随机变量,将其取值为 0,得距离 $d$ 为

$$d = 10^{[\text{rss}(d)-\text{rss}(d_0)]/10n}d_0 \tag{5-10}$$

根据当前环境下假设的某种信道衰落模型,并利用上式的数学关系估计定位设备与已知位置固定接入点间的距离,如果定位设备得到多个固定接入点的信号,就可以通过三边定位算法来获得用户的位置信息。

然而,室内构造多变,干扰源众多,干扰强度不一,无线信号在不同室内环境中受到的影响有较大差别,最终使得参数发生明显变化,所建立的信号模型不具有通用性,成为该模型进行推广的瓶颈。

### 5.1.2　位置指纹法

从传播模型法中可以看出,其实现过程均需提供两个基本前提:一是明确固定接入点的位置信息,二是为目标空间内的特定传播模型。但实现这两个前提较为困难,尤其建立特定空间的特定信号传播模型是一项较为烦琐的工作,最终使得基于 WiFi 传播模型的方法面临着很大的发展局限。而指纹定位方法对上述两个前提的依赖较小,既不用获悉固定接入的位置信息,也不用对特定空间环境构建特定传播模型。它直接使用信号接收强度来进行位置估计。在室内环境中,因为信号接收强度容易受到阴影衰落(shadowing)和多径效应的影响,直接将信号接收强度映射为信号传播距离可能引入较大误差。基于信号指纹的方法直接使用信号接收强度测量值来进行位置估计。该方法的合理性在于无线信号强度在空间中的分布相对稳定,而且信号接收强度的获取很简单,因为它是大多数无线通信设备正常运行中所必需的。很多通信系统需要信号接收强度信息用来感知链路的质量,实现切换,适应传输速率等功能。信号接收强度不受信号带宽的影响,不需要高的带宽(大多数通信方式的信号带宽都比较窄),因此信号接收强度是一个很受欢迎的信号特征,并广泛应用于定位中。

位置指纹把实际环境中的位置和某种"指纹"联系起来,一个位置对应一个独特的指纹。这个指纹可以是单维或多维的,比如待定位设备在接收或者发送信息,那么指纹可以是这个信息或信号的一个特征或多个特征(最常见的是信号强度)。如果待定位设备是在发送信号,由一些固定的接收设备感知待定位设备的信号或信息然后给它定位,这种方式常常叫作远程定位或者网络定位。如果是待定位设备接收一些固定的发送设备的信号或信息,然后根据这些检测到的特征来估计自身的位置,这种方式可称为自身定位。待定位移动设备也许会把它检测到的特征传递给网络中的服务器节点,服务器可以利用它所能获得的所有信息来估计移动设备的位置,这种方式可称为混合定位。在所有的这些方式中,都需要把感知到的信号特征拿去匹配一个数据库中的信号特征,这个过程可以看作一个模

式识别的问题。

位置指纹法进行定位通常有两个阶段:离线阶段和在线阶段,如图 5.1 所示。在离线阶段,为了采集各个位置上的指纹,构建一个数据库,需要在指定的区域进行烦琐的探测,采集好的数据有时也称为训练集。在在线阶段,系统将估计待定位的移动设备的位置。

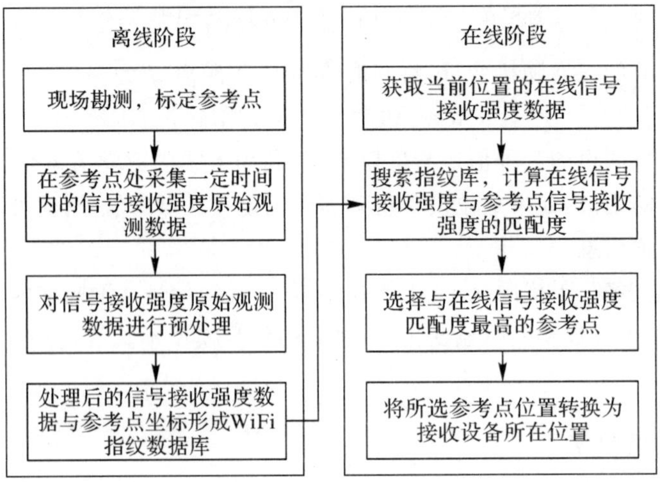


图 5.1　位置指纹法的流程

1. 离线阶段

在离线阶段,现场人员首先根据当前室内环境格局来选择一定数量的位置点作为参考点(reference point,RP),并记录所有参考点的位置坐标。然后在每个参考点处采集来自不同固定接入点的信号接收强度原始观测数据,对信号接收强度原始数据进行预处理后形成离线信号接收强度,将每个参考点的离线信号接收强度数据与其位置坐标一一对应地存储起来,形成 WiFi 指纹数据库。也就是说,离线数据阶段主要是在待定位区域范围内按一定的距离间隔部署若干个参考点,在每个参考点处采集所有可见固定接入点的信号强度、MAC 地址(该地址用于区别不同的 WiFi)以及参考点的物理位置等信息作为一条完整的记录,将所有参考点信息的记录组成位置指纹数据库。

在选定的某个室内空间中,假设有 $N$ 个参考点、$M$ 个固定接入点,则参考点的位置信息 LOC 可表示为

$$\mathrm{LOC}=\begin{bmatrix} x_1 & y_1 \\ x_2 & y_2 \\ \vdots & \vdots \\ x_N & y_N \end{bmatrix} \tag{5-11}$$

式中:$(x_i, y_i)$表示第 $i$ 个参考点的坐标。对于每个参考点均可测得 $M$ 个固定接入点的信号强度,对应的指纹 FP 可表示为

$$\mathrm{FP}=\begin{bmatrix} \mathrm{rss}_1^1 & \mathrm{rss}_1^2 & \cdots & \mathrm{rss}_1^M \\ \mathrm{rss}_2^1 & \mathrm{rss}_2^2 & \cdots & \mathrm{rss}_2^M \\ \vdots & \vdots & & \vdots \\ \mathrm{rss}_N^1 & \mathrm{rss}_N^2 & \cdots & \mathrm{rss}_N^M \end{bmatrix} \tag{5-12}$$

式中：$rss_i^j$ 表示其 $j$ 个固定接入点在第 $i$ 个固定接入点点的信号强度。

位置指纹数据库可写成

$$LFDB = [LOC, FP] \tag{5-13}$$

2. 在线阶段

在线阶段，用户获取到当前位置的在线信号接收强度数据，然后搜索指纹库找出与在线信号接收强度匹配度最高的离线信号接收强度及相对应的参考点，最后将这些参考点位置坐标转换为在线信号接收强度所对应的位置，即用户的位置估计。在转换为用户位置的时候，常用的方法有最近邻算法（nearest neighborhood，NN）、K 最近邻算法（K-nearest neighborhood，KNN）和加权 K 最近邻算法（weight K-nearest neighborhood，WKNN）等。三种算法都是选用欧式几何距离作为指纹匹配的距离度量，认为两点信号接收强度欧氏距离越小代表这两点的空间位置也越近，计算公式为

$$ED_i == \sqrt{\sum_{j=1}^{N_{AP}} (rss_i^j - rss_{online}^j)^2} \tag{5-14}$$

式中：$rss_i^j$ 表示第 $i$ 个参考点处采集到的第 $j$ 个固定接入点的离线信号接收强度值；$rss_{online}^j$ 表示测试点处采集到的第 $j$ 个固定接入点的在线信号接收强度值；$N_{AP}$ 为固定接入点的数目；$ED_i$ 表示测试点和第 $i$ 个参考点之间的信号接收强度欧氏距离，可衡量两点信号接收强度的相似程度。

（1）NN 算法。NN 算法是确定性算法的最简单的一种，该算法采用的思想是：当处于在线阶段时，首先，未知节点搜索该区域固定接入点发出的信号并记录每一个固定接入点的信号接收强度值，假设该区域有 $n$ 个信号接入点，那么未知节点信号接收强度向量表达形式为（$rss_1$，$rss_2$，$rss_3$，…，$rss_n$）。其次，将未知节点的向量与指纹数据库中的指纹点向量逐一比较相似度，方法一般为欧氏距离法。最后，将相似度值大小由小至大排列起来，选取欧式距离最小的指纹点为最终定位点，该指纹点的物理坐标即为未知节点的定位坐标。

NN 算法的优点是计算过程简单，易于实现，但是缺点明显，在室内环境中信号接收强度值没有规律可言，信号接收强度值相似并不代表未知节点实际坐标与最近指纹点的坐标相近，选取单一指纹点作为最终位置估计，误差较大，精度不高。

（2）KNN 算法。NN 算法的一种改进算法。由于 NN 算法只选取一点作为位置估计，使得未知节点被强行定位在指纹点上，定位误差较大，故此学者们提出 KNN 算法。与 NN 算法相同的是，两者都是利用相似度进行指纹点的筛选，不同的是 KNN 算法选择的指纹点并非一点，而是与未知节点相似的 $K(K>2)$个指纹点，减小 NN 算法仅用一点定位带来的偶然性和定位误差。在线匹配节点，首先使用移动终端获取定位区域中信号强度，记作 $\boldsymbol{g}=$（$rss_1$，$rss_2$0，$rss_3$，…，$rss_n$），其中 $n$ 为定位区域固定接入点个数；然后将采集未知节点的矢量与离线阶段存入数据库中的指纹矢量 $\boldsymbol{F}_i=$（$rss_{1i}$，$rss_{2i}$，$rss_{3i}$，…，$rss_{ni}$）进行欧氏距离计算，$\boldsymbol{F}_i$ 表示第 $i$ 个指纹矢量；最后将欧氏距离计算结果由小到大排列出来，选取前 $K$ 个最小值的指纹点，将 $K$ 个指纹点对应的坐标做算术平均，计算结果作为未知节点最终位置估计，其表达式为

$$(x_{tp}, y_{tp}) == \frac{1}{K}\sum_{i=1}^{K}(x_i, y_i) \tag{5-15}$$

式中：$x_{tp}$和 $y_{tp}$分别为得到的测试 $x$ 位置和 $y$ 位置；$x_i$和 $y_i$分别为第 $i$ 个参考点的 $x$ 位置和 $y$ 位置。

如果在线阶段时由于偶然因素测得某个固定接入点信号强度值与真实值相差较大，即使剩余的多个固定接入点信号强度值是相对准确的，也会造成某些参考点的指纹距离偏大，从而导致本该纳入的参考点并未纳入选择范围，造成最终定位的不准确。

(3)WKNN 算法。WKNN 算法是在 KNN 算法基础上改进提出的。通过上文介绍 KNN 算法的计算过程可知，最终坐标采用算术平均数的方法进行定位，降低了定位的偶然性，准确性明显高于 NN 算法，但是同样存在弊端。KNN 算法中每个指纹点对于最终定位的贡献比例是相同的，可是未知节点与指纹点的欧式距离却不相等，因此将坐标取均值必然存在夸大某些指纹点贡献的现象，从而降低定位精度，WKNN 算法较好地解决了指纹贡献值对等的问题。WKNN 算法比 NN 算法和 KNN 算法更科学之处在于，将相似度最高的前 $K$ 个指纹点进行权重分配，相似度高的指纹点坐标给与较大的权重，相似度相对低的指纹点给予较小的权重，权重值通常选择未知节点与每个指纹点欧氏距离的值的倒数。最终定位过程为选取前 $K$ 个欧式距离最小的指纹点对应坐标与相应权重系数相乘并相加，作为未知节点坐标，表达式为

$$\omega_i = \frac{\dfrac{1}{ED_i + \xi}}{\sum_{i=1}^{K} \dfrac{1}{ED_i + \xi}} \tag{5-16}$$

$$(x_{tp}, y_{tp}) == \frac{1}{K}\sum_{i=1}^{K} \omega_i (x_i, y_i) \tag{5-17}$$

式中：$\omega_i$ 为第 $i$ 个参考点的坐标权重；$\xi$ 为一个较小值，以保证分母不为 0。

WKNN 算法考虑了各参考点对目标位置所作贡献的大小，所以在定位匹配计算中其定位精度高于 NN 算法及 KNN 算法，从而在位置指纹法中被广泛应用。

## 5.2 RFID 定位原理

射频识别(radio frequency identification，RFID)属于无线传感器范畴，它通过空间耦合实现信息交换，是一种利射频信号实现特定目标识别和定位的非接触式双向通信技术，被认为是 21 世纪最具发展潜力的信息技术之一。RFID 具有价格低廉、实时更新资料、大存储信息量、长使用寿命、高工作效率、高安全性等优点，从而被广泛地应用于身份识别、安全控制和室内定位等技术中。同时，由于其非接触和非视距等优点，可望成为优选的室内定位技术。

### 5.2.1 RFID 系统的组成

RFID 系统通常由电子标签(Tag)、读写器(Reader)以及数据处理系统(通常为计算机)三部分组成。数据处理系统的功能是发送相应的指令信号给读写器，使其按照指令工作，以及接收读写器发来的信息。读写器可以接收来自于计算机的指令，同时可以通过天线向电子标签发射射频信号并接收从电子标签返回来的信息。电子标签内部被提前写入标签 ID 号用以区分不同的标签，而当标签被读写器天线识别到时，标签 ID 连同其他一些信息将返回给读写器。

RFID 的工作流程如图 5.2 所示。

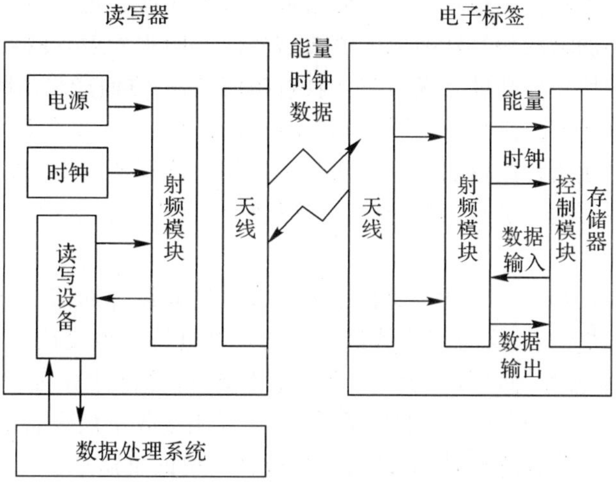


图 5.2　RFID 的工作流程

1. 电子标签

电子标签又叫作应答器，与读写器相对应，它是一种卫星的无线收发装置，主要由芯片和内置天线等组成，依附在物体上用于表示目标对象，每个电子标签具有唯一的电子编码，存储着被识别物体的相关信息。芯片主要用来存储识别物体的数据信息，芯片中的信息可以被读写器读取和修改。内置天线可以用来接收读写器发射的信号，同时还用来将芯片中的数据信息返回给读写器。电子标签的含义和生活中的条形码技术用的条码符号的含义类似，能够用于对识别所必须传输的信息进行储存。而它和条码不同的是，电子标签需要在有外界操作或自身所设定自动操作的作用下将所包含的信息向外进行主动输出。按照供电方式的不同，电子标签通常可以分为无源、有源和混合三种。

(1)无源电子标签。无源电子标签指其内部没有电池供电，通过利用读写器发射的电磁波束来进行供电。因此，无源电子标签耗费的能量比较低，使用寿命比较长，对工作环境要求不高，但是其识别距离较短。

(2)有源电子标签。有源电子标签是指电子标签内部使用电池提供所需的全部电能。有源电子标签工作可靠性高，信号传输距离远，可达几米。同时，它可以主动地向空间发射电磁波信号。但是，由于长距离的传输，且利用电池进行供电，因此其存在使用寿命有限、成本耗费较高以及不适合在恶劣条件环境下工作的缺点。

(3)混合电子标签。混合电子标签也叫作半有源电子标签，其内部有电池，但不足以为电子标签提供全部的电量，它具有无源和有源电子标签的双重模式。在电子标签未进入读写器工作范围时，其一直处于休眠状态，即相当于无源标签。而当电子标签进入读写器工作范围时，接收到读写器发出的射频信号，从而唤醒电子标签，使其电子标签进入工作状态，同时自身携带的电池用来保证电子标签工作所需要的电能。混合电子标签综合了无源和有源电子标签的特点，既可以实现较远的识别距离，又避免了内置电池消耗过快而使得电子标签寿命短的问题。

2. 读写器

读写器主要负责数据的传输和采集，它是一个利用射频识别技术捕捉和处理电子标签数据的设备，可以是单独的个体，当然也可以嵌入其他硬件设备中联合使用。一个读写器通常由天线、射频通信模块、逻辑控制模块三个部分组成。天线能够将电磁波与电信号互相转换，其主要功能是将读写器的无线信号转换成电磁波信号向空间中发射，并接收电子标签发射的无线信号。射频通信模块主要功能是发射和接收射频信号，一方面产生高频能量，对发送给电子标签的电信号采用高频载波进行调制，另一方面对来自电子标签的射频信号进行接收并解调以获得低频电信号。逻辑控制模块的主要任务包括控制读写器与电子标签进行数据通信、对电子标签内存储的数据信息进行读取和修改、连接后计算机后台应用系统执行后台应用系统所发送的指令等。

RFID 系统在工作时，一般由读写器向空间中发送电磁波询问信号，而其读写范围内有电子标签接收到询问信号后，将会返回应答信号给读写器进行数据交换。该应答信号中包含电子标签携带的数据信息等，而同时将该数据信息传输到后台计算机中进行处理。所以，在 RFID 系统中读写器充当了承上启下的桥梁作用，它既能接收下层设备的电子标签，又能将处理后的数据传输给上层的计算机，同时还可以接收计算机的反馈指令。

3. 数据处理系统

数据处理系统主要是和读写器进行通信，获取电子标签存储的相关数据信息并进行分析处理，然后发送指令给读写器，实现对电子标签内数据信息的读写、修改等操作。

### 5.2.2 RFID 系统的工作原理

RFID 系统中读写器与电子标签通过耦合实现数据和能量的交换，根据标签与阅读器之间的通信方式和能量感应方式的不同，RFID 系统可分为电感耦合（电磁耦合）系统和电磁反向散射耦合（电磁场耦合）系统。

对于读写器阅读距离较短的低频 RFID 系统大多数是采用电感耦合的方式，与之相反，读写器阅读距离较长的高频 RFID 系统通常是采用电磁耦合的方式。电感耦合是基于电磁感应原理的变压器模型，读写器和标签通过空间中交变的磁场实现数据交换，如图 5.3 所示。电磁耦合是利用电磁波反射原理，读写器发射出的电磁波在空间传播过程中碰到标签后会被反射，反射的电磁波会携带标签的数据信息返回给读写器，如图 5.4 所示。

这两种耦合方式的区别在于电感耦合中读写器是通过交变闭合的线圈磁场与天线进行通信，没有向空间发射电磁波，而电磁耦合的方式中读写器是通过电磁波的形式向空间发送信号。所以在室内定位中，RFID 一般使用电磁耦合的方式进行定位。

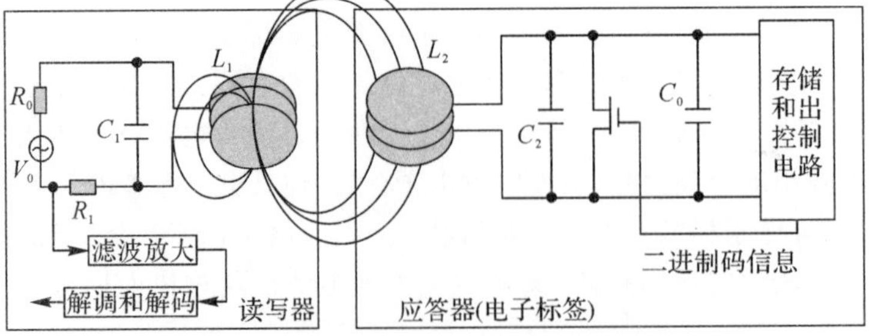


图 5.3 电感耦合 RFID 系统工作原理

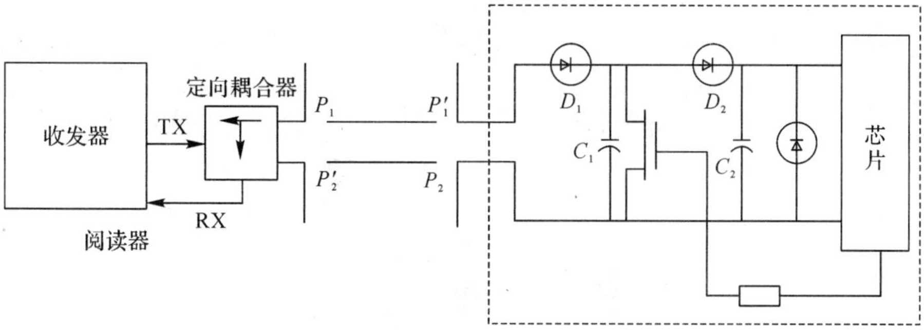


图 5.4 电磁反向散射 RFID 系统工作原理

### 5.2.3 RFID 系统的定位方法

RFID 系统发送的电磁波信号可获得的信息有标签 ID 号、时间戳、接收信号强度指示(received signal strength indication,RSSI)和相位。根据是否测距来说,通常将 RFID 定位方法分为基于测距和非测距的定位方法。

1. 基于测距的定位方法

基于测距的定位方法是指通过测距技术对电子标签与读写器之间的实际距离进行测量,根据测量的距离值和读写器的坐标计算出目标标签所在位置的坐标。目前常用的基于测距的定位方法有基于信号到达角度(angle of arrival,AOA)定位、基于信号到达时间(time of arrival,TOA)定位、基于信号到达时间差(time difference of arrival,TDOA)定位以及基于接收信号强度定位等。

(1)AOA 定位。AOA 通过读写器的天线阵列测量目标标签所发射的信号到达读写器的角度,再利用三角测量法确定目标标签的坐标。AOA 定位原理如图 5.5 所示。

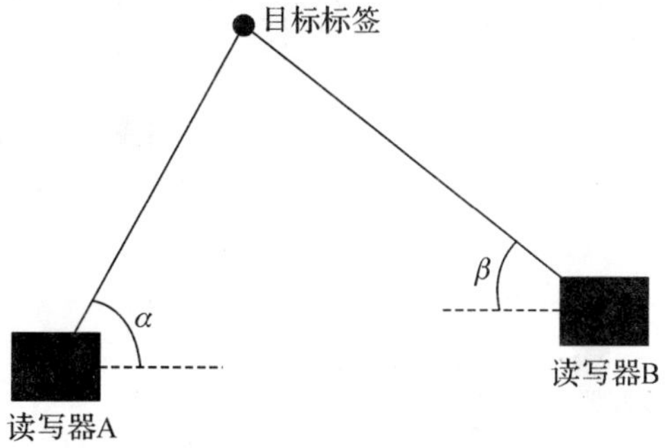


图 5.5 AOA 定位原理

AOA 定位方法原理简单,测量角度即可进行定位,但是在实际场景中信号的多径效应会导致测量角度不准确从而带来较大的定位误差。为了尽可能地得到准确的角度,AOA 对天线要求很高,需要使用高灵敏度的天线阵列,因此 AOA 硬件成本较高,通常需要与其他测距技术同时使用来提高定位精度。

(2)TOA 定位。TOA 定位的基本思想是:已知信号的传播速度,根据信号的传播时间来计算节点间的距离,然后利用三边或极大似然估计法等计算出节点的位置。其定位原理如图 5.6 所示。

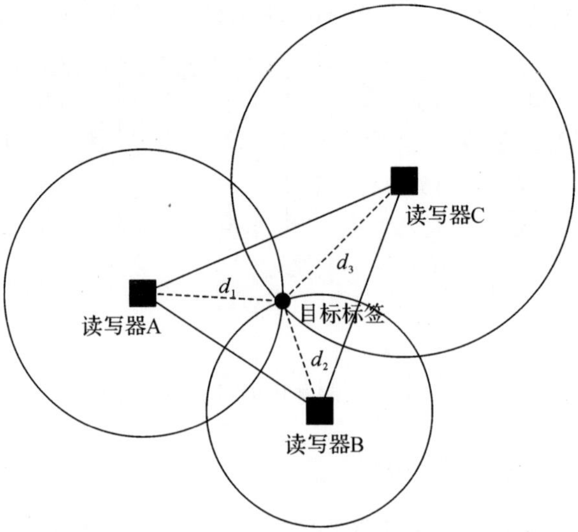


图 5.6　TOA 定位原理

TOA 定位技术虽然能较快得到标签的位置信息，但由于默认的是接收端与发送端的时钟一致，而在实际应用中很难保证时钟一致，所以会产生一定的定位误差，而且信号的传播速度很快，微小的时间检测误差就会对定位结果造成很大的影响。目前基于 TOA 的定位方法由于硬件设备难以满足时间严格同步的要求，定位精度较低，在实际场景中不常使用。

(3)TDOA 定位。TDOA 定位是在 TOA 定位技术的基础上改进而来，与 TOA 定位有很多相似之处。通过测量阅读器接收到信号的时间可以确定天线与信号源之间的距离，根据信号到各个阅读器之间时间计算出时间差，通过距离公式将时间差转换为距离，作出以天线为焦点，距离差为长轴的曲线，曲线的焦点即为信号源的位置。TDOA 定位的原理如图 5.7 所示。

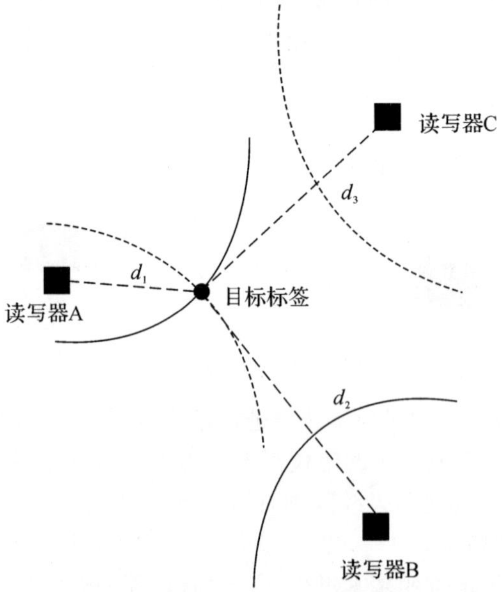


图 5.7　TDOA 定位原理

基于 TDOA 的定位方法不需要标签和读写器的时钟严格同步，但是需要不同读写器的时钟严格同步，利用不同读写器接收信号的时间差进行定位，对读写器的时钟要求很高，硬件设备的成本比较高。

(4)信号接收强度定位。同 WiFi 中的利用信号接收强度测量值进行定位时的原理一样，根据信号在空间传播过程中信号的衰减来测量标签和读写器之间的距离，然后通过三边定位方法确定目标标签的位置坐标，也可以事前建立为位置指纹库来进行定位。

基于信号接收强度的定位方法不需要额外的硬件设备，定位成本较低并且易于实现，在实际应用过程中使用范围比较广，但由于信号强度容易受到室内环境的干扰，导致信号接收强度测量不准确影响距离的估算，因此在实际的应用场景中，通常会选取合适的模型处理信号接收强度和距离之间的关系，提高信号接收强度测距的精度。

2. 基于非测距的定位方法

基于非测距的 RFID 定位方法通常采用事先在待定位区域放置参考标签的方式辅助定位，首先通过读写器与全部标签之间的通信情况估计目标标签与读写器、参考标签之间的位置关系，再根据已知的读写器、参考标签的位置坐标和目标标签与读写器、参考标签之间的位置关系确定目标标签的位置坐标。常用的基于非测距的定位方法有近似法、质心定位法、近似三角形内点(approximate point-In-Triangulation，APIT)测试法等。

(1)近似法。近似法的原理是通过物理接触或其他感知方式，当发现待测目标靠近某一个已知位置或者距离已知位置的特定范围之内，用已知的位置估计待测目标的位置。该方法比较简单，但是一般定位误差较大。

(2)质心定位法。根据移动设备可接收信号范围内所有已知的信标(beacon)位置，计算其质心坐标作为移动设备的坐标。在定位空间布置一些读写器，读写器以一定的周期向周边空间广播信号，位于读写器读写范围内的目标标签会接收到广播信号，在一定的时间内当目标标签接收到某个读写器的广播信号的条数超过预先设定的阈值 $k$ 时，就可以认为该读写器与目标标签是连通的，统计并记录与目标标签连通的读写器，所有连通的读写器所组成的多边形的质心即可认为是目标标签的位置坐标，其定位示意图如图 5.8 所示。

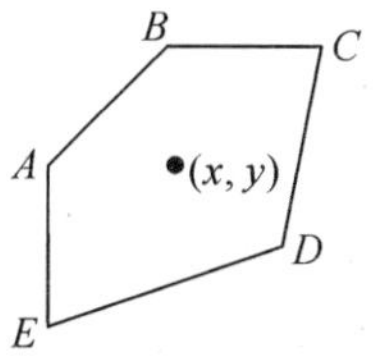


图 5.8　质心定位法

质心定位法基于网络连通性，无信标节点和未知节点协调；假设节点都拥有理想的球型无线信号传播模型，而实际上无线信号的传播模型并非理想模型；位置估计精确度和信标节点的密度和分布有很大关系。

(3)近似三角形内点测试法。近似三角形内点测试法算法就是内点测试最佳三角形。其测试原理是：假如存在一个指向，点在沿该方向运动时与三角形的三个顶点的距离同时增大或减小，则说明该点在三角形内，否则该点在三角形外，如图 5.9 所示。

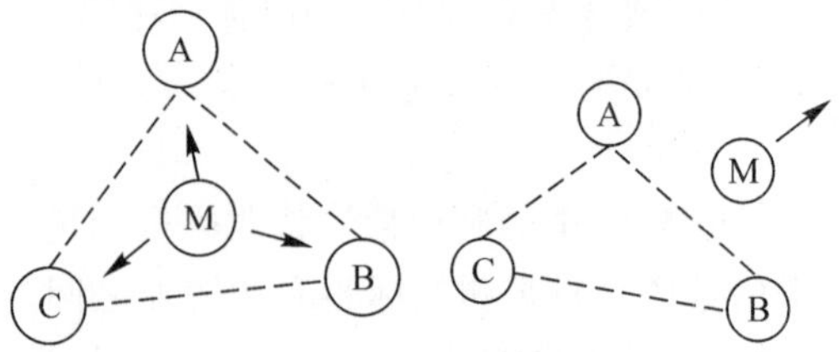


图 5.9　APIT 测试法

近似三角形内点测试法的基本过程：未知节点首先收集其邻近信标节点的位置信息；从这些信标节点组成的集合中任意选取三个节点，假设集合中有 $n$ 个元素，那么共有 $C_n^3$ 种不同选取方法，确定 $C_n^3$ 个不同三角形，逐一测试未知节点是否位于每个三角形内部，直到穷尽所有 $C_n^3$ 种组合或达到定位所需精度；计算包含目标节点所有三角形的重叠区域，并求质心。

近似三角形内点测试法实现方便、成本低廉，但是需要对读写器进行大量的组合并判断目标标签是否在区域内，因此计算量较大。根据近似三角形内点测试法的定位原理可知，近似三角形内点测试法的定位精度与读写器的分布密度相关，分布密度比较大时定位精度会比较高。

## 5.3　WiFi /RFID 数据融合定位方法

WiFi 已经成为现代生活中不可或缺的一部分，不用对其进行大面积铺设即可使用，但是，WiFi 信号容易受到严重的噪声干扰，所以，其定位精度一直被人诟病。WiFi 信号的通信频率为 2.4 GHz，和水的共振频率一样，而人体 70％成分为水，成为了无线信号的噪声。若室内环境下人数较多且活动频繁，会对 WiFi 信号造成很大的干扰，使信号在传播过程中出现严重失真现象。因此，在人流大、结构复杂的室内环境进行定位，仅基于 WiFi 信号的定位误差较大。若单独采用 RFID 技术进行定位，虽然设备成本低廉且 RFID 标签简便、灵活，但其较短的通信范围使其难以适应大型室内空间：一方面，难以确保有效的全覆盖定位，容易产生定位盲区；另一方面，当 RFID 标签出现故障时将导致覆盖区域出现无法定位的情况，鲁棒性差，定位稳定性也不够理想。

因此，将 WiFi 与 RFID 的定位信息有机融合起来，利用它们之间的优势互补关系和相应的数据融合算法，在较小的投入成本上，提高室内定位精度。

### 5.3.1　联邦卡尔曼滤波算法

在多源信息融合系统中，通过将不同定位源所提供的定位信息联合起来进行融合估计，利用它们之间的优势互补的关系来提高整个定位系统的定位精度、可靠性以及鲁棒性，实现更高效的定位服务。而多源信息融合算法主要是通过一定的融合方式，利用不同定位源所提供的量测信息实现对定位系统定位状态的最优或次优估计。目前，针对多源信息融合系统的滤波算法主要可以分为两种：集中式卡尔曼滤波和分散式卡尔曼滤波。

集中式卡尔曼滤波中利用一个单独的卡尔曼滤波器来集中处理所有传感器的量测信息，从而提供一个理论上全局最优的估计。但是，集中式卡尔曼滤波的状态维数过高，会带来所谓的“维数灾难”，使计算负担急剧增加，不利于滤波的实时运行。集中式卡尔曼滤波的容错性能较差，任何一个传感器的故障在集中式卡尔曼滤波中都会污染其状态估计，导致集中式卡尔曼滤波输出的导航信息不可靠。因此，集中式卡尔曼滤波不利于传感器的故障诊断和隔离。不同于集中式卡尔曼滤波，分散式卡尔曼滤波并不直接将所有的传感器的量测信息进行集中滤波，而是先将各个传感器的量测送入局部滤波器中进行局部滤波估计，然后再将各个局部滤波器的滤波结果送入到一个融合中心通过一定的融合策略得到全局估计。在众多分散式卡尔曼滤波中，Carlson等人提出的联邦卡尔曼滤波器由于具有设计方案灵活、计算量小、容错性好的优点，被广泛应用于多传感器信息融合系统中。联邦卡尔曼滤波器采用两级滤波器结构，由若干个子滤波器和一个主滤波器组成，利用信息守恒原理在各个子滤波器和主滤波器之间进行信息分配。联邦卡尔曼滤波器性能优越，从而引起了国内外学者的重视。

联邦滤波算法根据是否需要将主滤波器得到的全局估计重置局部滤波器的估计，主要分为有重置和无重置两大类。从理论上来看，有重置的联邦滤波算法可以使多源信息融合的滤波估计达到全局最优，其定位精度高于基于无重置的联邦滤波算法，但是，其容错性能略显不足，如果局部滤波器发生故障而未被检测出，那么任何一个局部滤波器的故障都可能会污染到整个多源信息融合定位系统。而无重置的联邦滤波算法由于没有重置产生相互影响，可以提供最高的容错性能，但是其估计精度略显不足。有重置的联邦卡尔曼滤波算法流程如下：

假设两个局部滤波器的局部状态估计分别为 $\hat{\boldsymbol{x}}_1$ 和 $\hat{\boldsymbol{x}}_2$，而它们所对应的误差协方差矩阵分别为 $\boldsymbol{P}_{11}$ 和 $\boldsymbol{P}_{22}$。考虑融合后的全局状态估计 $\hat{\boldsymbol{x}}_g$ 为局部状态估计 $\hat{\boldsymbol{x}}_1$ 和 $\hat{\boldsymbol{x}}_2$ 的线性组合，则有

$$\hat{\boldsymbol{x}}_g = \boldsymbol{w}_1\hat{\boldsymbol{x}}_1 + \boldsymbol{w}_2\hat{\boldsymbol{x}}_2 \tag{5-18}$$

式中：$\boldsymbol{w}_1$ 和 $\boldsymbol{w}_2$ 分别是相应的加权矩阵。

在联邦滤波算法中，$\hat{\boldsymbol{x}}_g$ 应满足：

(1)如果 $\hat{\boldsymbol{x}}_1$ 和 $\hat{\boldsymbol{x}}_2$ 为无偏估计，那么 $\hat{\boldsymbol{x}}_g$ 也为无偏估计，并且满足：

$$E[\boldsymbol{x} - \hat{\boldsymbol{x}}_g] = \boldsymbol{0} \tag{5-19}$$

式中，$\boldsymbol{x}$ 为系统状态的真实值。

(2)全局状态估计 $\hat{\boldsymbol{x}}_g$ 的估计误差协方差矩阵 $\boldsymbol{P}_g$ 最小，即 $\boldsymbol{P}_g = E[(\boldsymbol{x}-\hat{\boldsymbol{x}}_g)(\boldsymbol{x}-\hat{\boldsymbol{x}}_g)^{\mathrm{T}}]$最小。

将式(5-18)代入式(5-19)中，可得

$$\begin{aligned}E[\boldsymbol{x} - \hat{\boldsymbol{x}}_g] &= E[\boldsymbol{x} - \boldsymbol{w}_1\hat{\boldsymbol{x}}_1 - \boldsymbol{w}_2\hat{\boldsymbol{x}}_2] \\ &= E[\boldsymbol{x} - \boldsymbol{w}_1\boldsymbol{x} - \boldsymbol{w}_2\boldsymbol{x} + \boldsymbol{w}_1\boldsymbol{x} - \boldsymbol{w}_1\hat{\boldsymbol{x}}_1 + \boldsymbol{w}_2\boldsymbol{x} - \boldsymbol{w}_2\hat{\boldsymbol{x}}_2] \\ &= (\boldsymbol{I} - \boldsymbol{w}_1 - \boldsymbol{w}_2)E[\boldsymbol{x}] + \boldsymbol{w}_1E[\boldsymbol{x} - \hat{\boldsymbol{x}}_1] + \boldsymbol{w}_2E[\boldsymbol{x} - \hat{\boldsymbol{x}}_2] \\ &= \boldsymbol{0}\end{aligned} \tag{5-20}$$

局部状态估计 $\hat{\boldsymbol{x}}_1$ 和 $\hat{\boldsymbol{x}}_2$ 均为最优无偏估计，由上式可得

$$\boldsymbol{I} - \boldsymbol{w}_1 - \boldsymbol{w}_2 = \boldsymbol{0} \tag{5-21}$$

将式(5-21)代入式(5-18)，得

$$\hat{\boldsymbol{x}}_g = \hat{\boldsymbol{x}}_1 + \boldsymbol{w}_2(\hat{\boldsymbol{x}}_2 - \hat{\boldsymbol{x}}_1) \tag{5-22}$$

$$\boldsymbol{x} - \hat{\boldsymbol{x}}_g = (\boldsymbol{I} - \boldsymbol{w}_2)(\boldsymbol{x} - \hat{\boldsymbol{x}}_1) + \boldsymbol{w}_2(\boldsymbol{x} - \hat{\boldsymbol{x}}_2) \tag{5-23}$$

进而可以得到全局状态估计 $\hat{\boldsymbol{x}}_g$ 的估计误差协方差矩阵 $\boldsymbol{P}_g$ 为

$$\begin{aligned}\boldsymbol{P}_g &= E[(\boldsymbol{x} - \hat{\boldsymbol{x}}_g)(\boldsymbol{x} - \hat{\boldsymbol{x}}_g)^{\mathrm{T}}] \\ &= \boldsymbol{P}_{11} - \boldsymbol{w}_2(\boldsymbol{P}_{11} - \boldsymbol{P}_{12})^{T} - (\boldsymbol{P}_{11} - \boldsymbol{P}_{12})\boldsymbol{w}_2^{\mathrm{T}} + \boldsymbol{w}_2(\boldsymbol{P}_{11} - \boldsymbol{P}_{12} - \boldsymbol{P}_{21} + \boldsymbol{P}_{22})\boldsymbol{w}_2^{\mathrm{T}}\end{aligned} \tag{5-24}$$

在式(5-24)中，有如下关系式：$\boldsymbol{P}_{11} = E[(\boldsymbol{x}-\hat{\boldsymbol{x}}_1)(\boldsymbol{x}-\hat{\boldsymbol{x}}_1)^{\mathrm{T}}]$，$\boldsymbol{P}_{12} = E[(\boldsymbol{x}-\hat{\boldsymbol{x}}_1)(\boldsymbol{x}-\hat{\boldsymbol{x}}_2)^{\mathrm{T}}]$，$\boldsymbol{P}_{21} = E[(\boldsymbol{x}-\hat{\boldsymbol{x}}_2)(\boldsymbol{x}-\hat{\boldsymbol{x}}_1)^{\mathrm{T}}]$，$\boldsymbol{P}_{22} = E[(\boldsymbol{x}-\hat{\boldsymbol{x}}_2)(\boldsymbol{x}-\hat{\boldsymbol{x}}_2)^{\mathrm{T}}]$。要使条件

(2)满足，由式(5－24)可知，需要选择合适的 $w_2$，使 $P_g$ 最小，等价于使 $\mathrm{tr}(P_g)$ 最小。利用如下公式：

$$\frac{\partial \mathrm{tr}(\boldsymbol{Ax})}{\partial \mathrm{x}} = \boldsymbol{A}^{\mathrm{T}} \tag{5-25}$$

$$\frac{\partial \mathrm{tr}(\boldsymbol{Ax}^{\mathrm{T}})}{\partial \boldsymbol{x}} = \boldsymbol{A} \tag{5-26}$$

$$\frac{\partial \mathrm{tr}(\boldsymbol{xBx}^{\mathrm{T}})}{\partial \boldsymbol{x}} = 2\boldsymbol{xB} \tag{5-27}$$

式中：$\boldsymbol{B}$ 为对称矩阵。由式(5－24)，可得

$$\begin{aligned}\frac{\partial \mathrm{tr}(\boldsymbol{P}_g)}{\partial \boldsymbol{w}_2} &= -(\boldsymbol{P}_{11}-\boldsymbol{P}_{12})-(\boldsymbol{P}_{11}-\boldsymbol{P}_{12})+2\boldsymbol{w}_2(\boldsymbol{P}_{11}-\boldsymbol{P}_{12}-\boldsymbol{P}_{21}+\boldsymbol{P}_{22}) \\ &= \boldsymbol{0}\end{aligned} \tag{5-28}$$

由(5－28)式可以求出

$$\boldsymbol{w}_2 = (\boldsymbol{P}_{11}-\boldsymbol{P}_{12})(\boldsymbol{P}_{11}-\boldsymbol{P}_{12}-\boldsymbol{P}_{21}+\boldsymbol{P}_{22})^{-1} \tag{5-29}$$

将式(5－29)代入式(5－24)和式(5－22)，分别可得

$$\boldsymbol{P}_g = \boldsymbol{P}_{11} - (\boldsymbol{P}_{11}-\boldsymbol{P}_{12})(\boldsymbol{P}_{11}-\boldsymbol{P}_{12}-\boldsymbol{P}_{21}+\boldsymbol{P}_{22})^{-1}(\boldsymbol{P}_{11}-\boldsymbol{P}_{12})^{\mathrm{T}} \tag{5-30}$$

$$\hat{\boldsymbol{x}}_g = \hat{\boldsymbol{x}}_1 + (\boldsymbol{P}_{11}-\boldsymbol{P}_{12})(\boldsymbol{P}_{11}-\boldsymbol{P}_{12}-\boldsymbol{P}_{21}+\boldsymbol{P}_{22})^{-1}(\hat{\boldsymbol{x}}_2-\hat{\boldsymbol{x}}_1) \tag{5-31}$$

如果 $\hat{\boldsymbol{x}}_1$ 和 $\hat{\boldsymbol{x}}_2$ 不相关，则

$$\boldsymbol{P}_{12} = \boldsymbol{P}_{21} = \boldsymbol{0} \tag{5-32}$$

因此，可以将式(5－30)和式(5－31)变换为

$$\boldsymbol{P}_g = (\boldsymbol{P}_{11}^{-1}+\boldsymbol{P}_{22}^{-1})^{-1} \tag{5-33}$$

$$\hat{\boldsymbol{x}}_g = \boldsymbol{P}_g(\boldsymbol{P}_{11}^{-1}\hat{\boldsymbol{x}}_1+\boldsymbol{P}_{22}^{-1}\hat{\boldsymbol{x}}_2) \tag{5-34}$$

利用数学归纳法很容易将上面两个局部滤波器中的推导推广到适用于 $M$ 个局部滤波器的情况，即

$$\boldsymbol{P}_g = \left(\sum_{i=1}^{M}\boldsymbol{P}_{ii}^{-1}\right)^{-1} \tag{5-35}$$

$$\hat{\boldsymbol{x}}_g = \boldsymbol{P}_g\sum_{i=1}^{M}\boldsymbol{P}_{ii}^{-1}\hat{\boldsymbol{x}}_i \tag{5-36}$$

值得注意的是，上面式子成立的前提是各个局部滤波器的状态估计是互不相关的，然而，在实际应用中，这些不同局部滤波器的状态估计往往是相关的。联邦卡尔曼滤器就是针对这种情况设计的，其利用信息守恒原理和“方差上界”技术对上述滤波过程进行改进，使得局部估计在实际计算中不相关。在此，利用有重置、主滤波器无信息分配的联邦卡尔曼滤波器，可以得到基于多源信息融合的联邦卡尔曼滤波器在 $k$ 时刻的融合估计和信息分配原则为

$$\left.\begin{aligned}\hat{\boldsymbol{x}}_{g,k} &= \boldsymbol{P}_{g,k}\sum_{i=1}^{M}\boldsymbol{P}_{i,k}^{-1}\hat{\boldsymbol{x}}_{i,k} \\ \boldsymbol{P}_{g,k}^{-1} &= \sum_{i=1}^{M}\boldsymbol{P}_{i,k}^{-1}\end{aligned}\right\} \tag{5-37}$$

$$\left.\begin{aligned}\hat{\boldsymbol{x}}_{i,k} &= \hat{\boldsymbol{x}}_{g,k} \\ \boldsymbol{P}_{i,k} &= 1/\beta_i\boldsymbol{P}_{g,k} \\ \boldsymbol{Q}_{i,k} &= 1/\beta_i\boldsymbol{Q}_k\end{aligned}\right\} \tag{5-38}$$

式中：$Q_k$ 为过程噪声的方差矩阵；$\beta_i$ 为第 $i$ 个局部滤波器的信息分配因子，且所有局部滤波器的信息分配因子满足信息守恒原理：

$$\sum_{i=1}^{M}\beta_i = 1, 0 \leqslant \beta_i \leqslant 1 \tag{5-39}$$

### 5.3.2　WiFi/RFID 数据融合室内定位

为了实现高精度的室内定位，在充分利用 WiFi 定位和 RFID 定位技术优势的基础上，采用联邦卡尔曼滤波方法，设计 WiFi+RFID 融合室内定位方法，如图 5.10 所示。WiFi+RFID 融合定位系统由一个主滤波器和两个子滤波器组成。在子滤波器中利用卡尔曼滤波算法分别进行时间更新以及量测更新，量测信息在子滤波器中并行处理。主滤波器利用滤波融合算法对子滤波器输出的定位信息进行融合，从而便可以获得较高精度的定位信息。

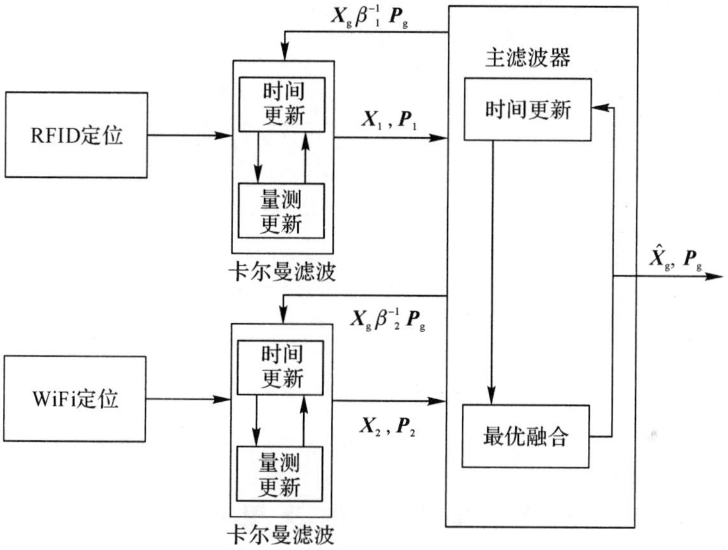


图 5.10　WiFi+RFID 融合室内定位方法

在融合定位设计中，分别以 WiFi 定位和 RFID 定位产生的位置数据作为子滤波器的输入，其分别在子滤波器中进行滤波，产生局部最优估计值，并将其作为输入在主滤波器进行全局信息的最优融合。其中，在子滤波器中采用卡尔曼滤波算法，通过预测、校正方法对当前的位置信息进行迭代更新与校正，减小误差。然后，主滤波器将最优融合值以信息分配因子 $\beta_1$ 分配给 WiFi 定位子系统作为其下一次滤波的初始值，以信息分配因子 $\beta_2$ 分配给 RFID 定位子系统作为其下一次滤波的初始值，从而使局部滤波和全局滤波的精度得到提高，实现基于 WiFi+RFID 的最优室内融合定位。

为了验证基于联邦卡尔曼滤波的 WiFi+RFID 的室内融合定位技术的性能，设计在一个仿真场景为 30×30 $m^2$ 的室内环境中，有一待定位目标在室内二维平面内做速度为 0.3 m/s 的匀速直线运动，其中以第一个点为室内局部坐标系的原点，坐标值记为(0,0)。在室内，每 10 m 布置一个 WiFi 的 AP 节点，每隔 5 m 布置一个 RFID 标签作为锚节点。WiFi 单独定位、RFID 单独定位和 WiFi+RFID 融合定位的定位估计如图 5.11 所示，定位误差的平均值见表 5-1。可以看出，WiFi+RFID 融合定位获得了三者中最佳的定位性能，定位性能较 RFID 定位提高 32.81%，较 WiFi 定位提高 36.73%。

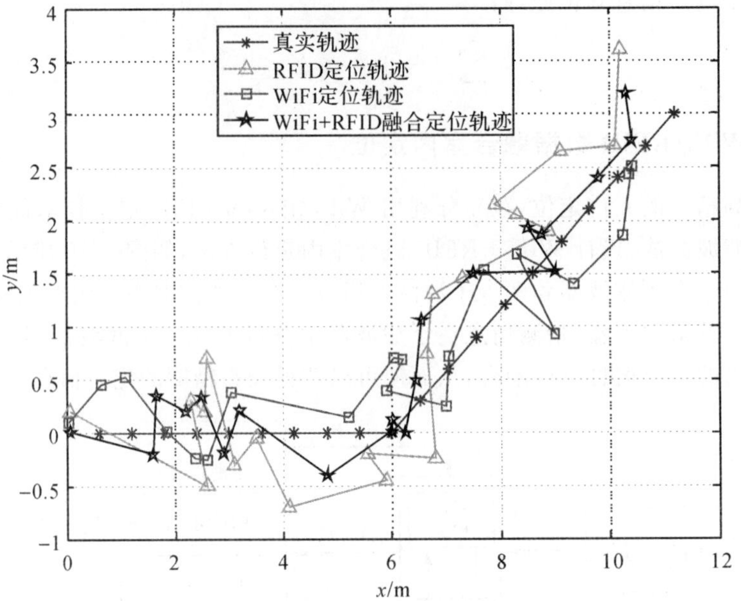


图 5.11　不同定位方法的定位轨迹对比图

**表 5-1　不同定位方法的平均误差**

| RFID 定位误差 | WiFi 定位误差 | WiFi/RFID 融合定位误差 |
| --- | --- | --- |
| 0.783 5 | 0.814 2 | 0.526 4 |

## 5.4　本章小结及思考题

### 5.4.1　本章小结

本章主要讲解了室内常用的 WiFi 和 RFID 定位技术，分别对它们的系统组成、工作原理以及优缺点等进行了详细的介绍。同时，针对它们各自的不足，并利用它们之间优势互补的关系，利用分散式的联邦卡尔曼滤波器进行了 WiFi+RFID 融合室内定位研究，从而一定程度上提高了室内定位的定位精度。

### 5.4.2　思考题

1. 室内 WiFi 定位中，常用的定位方法有哪些？
2. 写出自由空间传播损耗模型（以 dB 表示），并指出信号强度损耗和传播距离的关系。
3. 位置指纹是一种“指纹”吗？请用自己的话对其进行解释。
4. 请简述位置指纹定位法的工作原理。
5. 在位置指纹法的在线阶段常用的用户位置估计方法有哪些？各有什么优、缺点？
6. RFID 主要由哪几部分组成？

7. 根据标签与阅读器之间的通信方式和能量感应方式的不同，RFID 系统可以分为哪几种耦合方式？

8. RFID 的电子标签按照供电方式不同分为哪几种？各有什么优、缺点？

9. 基于测距的 RFID 定位算法有哪些？

10. 基于非测距的 RFID 定位方法有哪些？对比它们的优、缺点。

11. WiFi 和 RFID 进行室内定位时各有什么优、缺点？

12. 多源信息融合系统的滤波算法可以分为哪两大类？

13. 简述有重置和无重置的联邦卡尔曼滤波算法的优、缺点。

# 参考文献

[1] 余成波，成科宏. WiFi 与行人航迹推算自适应无迹卡尔曼滤波融合定位算法[J]. 科学技术与工程，2020,20(27):11155 - 11160.

[2] 王颖颖，常俊，武浩. 室内 WiFi 定位技术的多参数优化研究[J]. 计算机工程，2021,47(9):128 - 135.

[3] 祝文飞. 基于位置指纹的 WiFi 定位技术研究[J]. 信息与电脑，2021,33(2):14 - 16.

[4] 张慧. 基于 WiFi 指纹与惯性导航的巡库员室内定位及跟踪系统的研究与实现[D]. 上海：东华大学，2017.

[5] ANDRADE L，FIGUEIREDO J，TLEMANI M . A New RFID - Identification Strategy Applied to the Marble Extraction Industry[J]. Electronics，2021，10(4):474 - 491.

[6] WANG Z M，HE B Q. RFID Location Algorithm[J]. MATEC Web，2016，12(2):50 - 63.

[7] 刘涛. 无线通信与 RFID 定位的智能仓储系统设计[J]. 电子世界，2021(6):158 - 159.

[8] 张宏宽，田红玉，胡权，等. 一种 RFID 定位的无人驾驶车辆精准停车制动辅助系统[J]. 单片机与嵌入式系统应用，2021,21(1):69 - 71.

[9] 何芳. 基于 RFID 的室内定位追踪技术研究[J]. 工程技术研究，2021,6(6):58 - 59.

[10] 曹永刚. 基于射频识别技术的煤矿井下人员定位系统设计应用[J]. 机械研究与应用，2021,34(2):194 - 196.

[11] LU Y，DING X. Mobile Motion Robot Indoor Passive RFID Location Research[J]. International Journal of RF Technologies，2018，9(4):1 - 8.

[12] HUANG C C，YU L J，SUN L H. Design of Mobile Communication Non Intersymbol Interference System Based on Calman Filter and PID Control[J]. Applied Mechanics & Materials，2014，7(16):1257 - 1261.

[13] ZOU Q，FU C，MO S. Imaging，Inertial and Altitude Integrated Navigation for Quadrotor Based on Calman Filter[J]. Chinese Journal of Sensors and Actuators，2019，32(1):1 - 7.

[14] 纪敏. WiFi/RFID 室内融合定位方法的研究[D]. 南京：南京邮电大学，2016.

[15] KIM K，LI S，HEYDARIAAN M，et al. Feasibility of LoRa for Smart Home Indoor

Localization[J]. Applied Sciences, 2021, 11(1):401-415.
[16] 韩媛媛. 基于 WiFi 和 RFID 技术的小区智能门禁系统设计[J]. 南方农机,2021,52(19):161-163.
[17] 侯松林,杨凡,钟勇. 基于智能手机无线信号和图像距离感知融合的室内定位算法[J]. 计算机应用,2018,38(9):2603-2609.

# 第 6 章　多源信息融合技术

针对室内定位技术在室内复杂场景下的局限性问题，常常采用多种定位技术结合的方法，如卫星导航定位、惯性导航定位、UWB 定位、WiFi 定位、蓝牙定位等。对于不同传感器获取的定位信息，需要通过多源信息融合技术获取最终的目标定位信息。本章首先介绍研究较多、实用性较好的几种传统信息融合方法，具体包含 CI(Covariance Intersection)算法、DCI(Determinant-minimization CI)算法、FCI(Fast CI)算法和 KLA(Kullback-Leibler Average)算法等。其次介绍导航源误差传递算法，旨在多源融合前完成误差的维度转移。最后，深入探讨利用信息几何理论完成信息融合的可行性，并介绍基于信息几何理论的四种新颖的多源融合算法，具体包括测地线投影法、Siegel 距离法矩阵、K-L 散度法和矩阵测地距离法。多源融合技术不仅能够克服单一导航系统的缺点和弊端，还可以提高导航系统的定位精度与稳定性，在未来战场、智慧城市等军民领域具有较大的应用价值。

## 6.1　CI 信息融合算法

估计器的基本要求是它能够融合大量受噪声破坏的信息，以对系统做出一致的判断。比如讨论最多的卡尔曼滤波器，它假定每个信息源都可以表示为一个已知均值、协方差和互相之间的相关性的随机变量。只要完全了解这些统计信息，通过这个滤波器就可以得到系统状态的最小均方误差估计。但在许多情况下，通过实际的统计信息并不能完全了解系统内部的结构，无法保证噪声源是相互独立的，并且实际上可能高度相关。有两个主要原因，首先，在物理系统上表现的噪声之间会相互影响。其次，系统可能会受到独立噪声的干扰，但是所实现的滤波器只是一个近似值。

对于未知相关性的第一个原因是缺乏对真实系统的了解。例如，安装在同一车辆上的一组导航传感器的观测噪声可能会由于车辆运动而彼此相关联，但是这种相关性未被完全发现。当只能对实际系统的完整滤波器进行近似时，就会出现相关性的第二个原因。比如，对具有任意网络拓扑的分散传感器进行估计时，过程模型会涉及大量数据。维持完整的协方差矩阵不太实际，必须使用近似计算。通常直接将相关性假定为特定形式(例如独立性)，从而消除了相当大的计算量。

当存在未知的相关性时，可以通过人工或自适应技术的调整来开发在某些情况下一致的滤波器。但是这保证不了估算结果的一致性。而 CI 算法，即协方差交叉法，它根据两个输入变量的凸组合形成一个估计结果，是一种新的、通用的融合两个随机变量信息的方法。算法可以对两个输入变量之间的差值产生一致的估计，是信息融合算法中步骤简单、通用性高的一种方法。

### 6.1.1 问题描述

设定如下信息融合问题：输入信息 $\boldsymbol{A}$ 和 $\boldsymbol{B}$，融合后输出信息 $\boldsymbol{C}$。$\boldsymbol{A}$ 和 $\boldsymbol{B}$ 可以是不同的传感器测量信息，或者 $\boldsymbol{A}$ 可以是系统模型的预测信息而 $\boldsymbol{B}$ 是传感器测量信息。以上是很广泛的信息融合问题框架类型。输入信息源是包含噪声的，因此，可以当作随机变量 $\boldsymbol{a}$ 和 $\boldsymbol{b}$，令 $\boldsymbol{P}_{aa}$、$\boldsymbol{P}_{bb}$ 和 $\boldsymbol{P}_{ab}$ 为 $\boldsymbol{A}$ 和 $\boldsymbol{B}$ 的均方误差矩阵和互相关矩阵。唯一可用的信息是每个变量的均值和协方差的一致估计。将一致性定义如下：假设 $\boldsymbol{a}$ 和 $\boldsymbol{b}$ 的均值向量分别为 $\bar{\boldsymbol{a}}$ 和 $\bar{\boldsymbol{b}}$，那么 $\boldsymbol{a}$ 和 $\boldsymbol{b}$ 与其均值的偏差分别为

$$\boldsymbol{a} \sim \triangleq \boldsymbol{a} - \bar{\boldsymbol{a}} \tag{6-1}$$

$$\boldsymbol{b} \sim \triangleq \boldsymbol{b} - \bar{\boldsymbol{b}} \tag{6-2}$$

那么 $\tilde{\boldsymbol{a}}$ 和 $\tilde{\boldsymbol{b}}$ 的均方误差以及互相关矩阵为

$$\bar{\boldsymbol{P}}_{aa} = E[\overline{\boldsymbol{a}\boldsymbol{a}}^{\mathrm{T}}] \tag{6-3}$$

$$\boldsymbol{P}_{ab} = E[\boldsymbol{a}\bar{\boldsymbol{b}}^{\mathrm{T}}] \tag{6-4}$$

$$\boldsymbol{P}_{bb} = E[\bar{\boldsymbol{b}}\boldsymbol{b}^{\mathrm{T}}] \tag{6-5}$$

虽然实际值是未知的，但是可以由 $\boldsymbol{P}_{aa}$ 和 $\boldsymbol{P}_{bb}$ 近似。当它们之间有着以下的关系时，这些估计是具有一致性的：

$$\text{由 } \boldsymbol{P}_{aa} - \bar{\boldsymbol{P}}_{aa} \geqslant \boldsymbol{0} \tag{6-6}$$

$$\boldsymbol{P}_{bb} - \bar{\boldsymbol{P}}_{bb} \geqslant \boldsymbol{0} \tag{6-7}$$

由 $\boldsymbol{P}_{bb} - \bar{\boldsymbol{P}}_{bb} \geqslant \boldsymbol{0}$ 可以注意到互相关矩阵 $\bar{\boldsymbol{P}}_{ab}$ 也是未知的，并且通常情况下它并不为 $\boldsymbol{0}$。

从而问题可以变为将 $\boldsymbol{a}$ 和 $\boldsymbol{b}$ 中的信息融合得到新的估计 $\{\bar{\boldsymbol{c}}, \boldsymbol{P}_{cc}\}$ 的过程为

$$\boldsymbol{P}_{cc} - \bar{\boldsymbol{P}}_{cc} \geqslant \boldsymbol{0} \tag{6-8}$$

达到最小化某些形式的代价函数但是可以保证一致性，其中 $\tilde{\boldsymbol{c}} \triangleq \boldsymbol{c} - \tilde{\boldsymbol{c}}$ 并且 $\bar{\boldsymbol{P}}_{cc} = E[\widetilde{\boldsymbol{c}\boldsymbol{c}}^{\mathrm{T}}]$。

大多数常见的数据融合算法会先计算均值的线性组合，然后通过分析确定结果的协方差。当统计信息已知时这是最佳方法，但是当互相关不确定时会出现问题。例如卡尔曼滤波器，使用的是以下这种线性更新规则的形式：

$$\bar{\boldsymbol{c}} = \boldsymbol{W}_a \bar{\boldsymbol{a}} -+ \boldsymbol{W}_b \bar{\boldsymbol{b}} \tag{6-9}$$

并且协方差矩阵的计算公式为

$$\boldsymbol{P}_{cc} = \boldsymbol{W}_a \boldsymbol{P}_{aa} \boldsymbol{W}_a^{\mathrm{T}} + \boldsymbol{W}_a \boldsymbol{P}_{ab} \boldsymbol{W}_b^{\mathrm{T}} + \boldsymbol{W}_b \boldsymbol{P}_{ba} \boldsymbol{W}_a^{\mathrm{T}} + \boldsymbol{W}_b \boldsymbol{P}_{bb} \boldsymbol{W}_b^{\mathrm{T}} \tag{6-10}$$

通过最小化矩阵 $\boldsymbol{P}_{cc}$ 的迹来选择最合适的 $\boldsymbol{W}_a$ 和 $\boldsymbol{W}_b$。然而这个计算式使用了协方差的假设值。真实的协方差计算公式表示为

$$\bar{\boldsymbol{P}}_{cc} = \boldsymbol{W}_a \bar{\boldsymbol{P}}_{aa} \boldsymbol{W}_a^{\mathrm{T}} + \boldsymbol{W}_a \bar{\boldsymbol{P}}_{ab} \boldsymbol{W}_b^{\mathrm{T}} + \boldsymbol{W}_b \bar{\boldsymbol{P}}_{ba} \boldsymbol{W}_a^{\mathrm{T}} + \boldsymbol{W}_b \bar{\boldsymbol{P}}_{bb} \boldsymbol{W}_b^{\mathrm{T}} \tag{6-11}$$

当 $\boldsymbol{P}_{ab} = \bar{\boldsymbol{P}}_{ab} = \boldsymbol{0}$ 即 $\boldsymbol{a}$ 和 $\boldsymbol{b}$ 之间没有关联时可以通过式(6-10)保证一致的更新过程，但是当 $\bar{\boldsymbol{P}}_{ab} \neq \boldsymbol{0}$ 时很难保证一致性成立，6.1.2 节将会介绍 CI 算法来满足信息之间关联性未知条件下也能保证一致的更新方法。

### 6.1.2 协方差交叉法(CI)

协方差交叉法(CI)是一种在信息(逆协方差)空间中采用均值和协方差的凸组合的数据

融合算法。这种方法的灵感来自式(6－10)的几何解释。

这种解释建议采用以下方法：如果对于 $\boldsymbol{P}_{ab}$ 的任何可能选择，$\boldsymbol{P}_{cc}$ 位于 $\boldsymbol{P}_{aa}$ 和 $\boldsymbol{P}_{bb}$ 的交集之内，那么找到一个包含于交集区域的点 $\boldsymbol{P}_{cc}$ 的更新策略必须是满足一致性的，即使 $\boldsymbol{P}_{ab}$ 是未知的。更新的协方差越紧密地包含于相交区域，则可以使用的信息量就越大。

这种交叉法的特征在于协方差的凸组合，协方差交叉算法为

$$\boldsymbol{P}_{cc}^{-1} = \omega\boldsymbol{P}_{aa}^{-1} + (1-\omega)\boldsymbol{P}_{bb}^{-1} \tag{6-12}$$

$$\boldsymbol{P}_{cc}^{-1}\bar{\boldsymbol{c}} = \omega\boldsymbol{P}_{aa}^{-1}\bar{\boldsymbol{a}} + (1-\omega)\boldsymbol{P}_{bb}^{-1}\bar{\boldsymbol{b}} \tag{6-13}$$

式中：$\omega\in[0,1]$。对于 $\boldsymbol{P}_{ab}$ 和 $\omega$ 的所有选择，更新方程在 $\boldsymbol{P}_{cc}-\overline{\boldsymbol{P}}_{cc}\geqslant\boldsymbol{0}$ 给出的意义上是一致的。

证明如下：

CI 算法使用式(6－13)来更新均值，那么此估计中实际的误差为

$$\bar{\boldsymbol{c}} = \boldsymbol{P}_{cc}[\omega\boldsymbol{P}_{aa}^{-1}\bar{\boldsymbol{a}} + (1-\omega)\boldsymbol{P}_{bb}^{-1}\bar{\boldsymbol{b}}] \tag{6-14}$$

通过考虑外积和期望，使用式(6－13)计算平均值得出的实际均方误差为

$$\begin{aligned}E[\widetilde{\boldsymbol{c}\boldsymbol{c}}^{\mathrm{T}}] = \boldsymbol{P}_{cc}[&\omega^2\boldsymbol{P}_{aa}^{-1}\overline{\boldsymbol{P}}_{aa}\boldsymbol{P}_{aa}^{-1} + \omega(1-\omega)\boldsymbol{P}_{aa}^{-1}\overline{\boldsymbol{P}}_{ab}\boldsymbol{P}_{bb}^{-1} + \\ &\omega(1-\omega)\boldsymbol{P}_{bb}^{-1}\overline{\boldsymbol{P}}_{ab}\boldsymbol{P}_{aa}^{-1} + (1-\omega)^2\boldsymbol{P}_{bb}^{-1}\overline{\boldsymbol{P}}_{bb}\boldsymbol{P}_{bb}^{-1}]\boldsymbol{P}_{cc}\end{aligned} \tag{6-15}$$

由于 $\boldsymbol{P}_{ab}$ 未知，因此无法计算该项的实际值。CI 算法可以隐式计算该项的上界。将实际均方误差值代入式(6－8)，然后两侧同时左乘右乘 $\boldsymbol{P}_{cc}^{-1}$，那么一致性条件变为

$$\begin{aligned}&\boldsymbol{P}_{cc}^{-1} - \omega^2\boldsymbol{P}_{aa}^{-1}\overline{\boldsymbol{P}}_{aa}\boldsymbol{P}_{aa}^{-1} - \omega(1-\omega)P_{aa}^{-1}\overline{\boldsymbol{P}}_{ab}\boldsymbol{P}_{bb}^{-1} - \\ &\omega(1-\omega)\boldsymbol{P}_{bb}^{-1}\overline{\boldsymbol{P}}_{ab}\boldsymbol{P}_{aa}^{-1} - (1-\omega)^2\boldsymbol{P}_{bb}^{-1}\overline{\boldsymbol{P}}_{bb}\boldsymbol{P}_{bb}^{-1} \geqslant 0\end{aligned} \tag{6-16}$$

根据 $\boldsymbol{a}$ 的一致性条件，有

$$\boldsymbol{P}_{aa} - \overline{\boldsymbol{P}}_{aa} \geqslant \boldsymbol{0} \tag{6-17}$$

两边同时左乘右乘 $\boldsymbol{P}_{aa}^{-1}$ 可得

$$\boldsymbol{P}_{aa}^{-1} \geqslant \boldsymbol{P}_{aa}^{-1}\overline{\boldsymbol{P}}_{aa}\boldsymbol{P}_{aa}^{-1} \tag{6-18}$$

以此类推同样可得

$$\boldsymbol{P}_{bb}^{-1} \geqslant \boldsymbol{P}_{bb}^{-1}\overline{\boldsymbol{P}}_{bb}\boldsymbol{P}_{bb}^{-1} \tag{6-19}$$

代入式(6－12)，可得

$$\begin{aligned}\boldsymbol{P}_{cc}^{-1} &= \omega\boldsymbol{P}_{aa}^{-1} + (1-\omega)\boldsymbol{P}_{bb}^{-1} \geqslant \\ &\omega\boldsymbol{P}_{aa}^{-1}\overline{\boldsymbol{P}}_{aa}\boldsymbol{P}_{aa}^{-1} + (1-\omega)\boldsymbol{P}_{bb}^{-1}\overline{\boldsymbol{P}}_{bb}\boldsymbol{P}_{bb}^{-1}\end{aligned} \tag{6-20}$$

再代入式(6－16)，可得

$$\omega(1-\omega)(\boldsymbol{P}_{aa}^{-1}\overline{\boldsymbol{P}}_{aa}\boldsymbol{P}_{aa}^{-1} - \boldsymbol{P}_{aa}^{-1}\overline{\boldsymbol{P}}_{ab}\boldsymbol{P}_{bb}^{-1} - \boldsymbol{P}_{bb}^{-1}\overline{\boldsymbol{P}}_{ab}\boldsymbol{P}_{aa}^{-1} + \boldsymbol{P}_{bb}^{-1}\overline{\boldsymbol{P}}_{bb}\boldsymbol{P}_{bb}^{-1}) \geqslant \boldsymbol{0} \tag{6-21}$$

那么，有

$$\omega(1-\omega)E[(\boldsymbol{P}_{aa}^{-1}\tilde{\boldsymbol{a}} - \boldsymbol{P}_{bb}^{-1}\tilde{\boldsymbol{b}})(\boldsymbol{P}_{aa}^{-1}\tilde{\boldsymbol{a}} - \boldsymbol{P}_{bb}^{-1}\tilde{\boldsymbol{b}})^{\mathrm{T}}] \geqslant \boldsymbol{0} \tag{6-22}$$

很明显对于任意的 $\overline{\boldsymbol{P}}_{ab}$ 和 $\omega\in[0,1]$ 上式都成立，因此得证。

最后，自由参数 $\omega$ 决定分配给 $\boldsymbol{a}$ 和 $\boldsymbol{b}$ 的权重。可以使用 $\omega$ 的不同选择来针对不同的性能标准优化更新，例如最小化 $\boldsymbol{P}_{cc}$ 的行列式或迹。关于 $\omega$ 凸的成本函数在 $\omega\in[0,1]$ 范围内只有一个最优值。几乎可以使用任何优化策略，从 Newton-Raphson 到复杂的半定凸算法，该方法几乎可以最小化任何形式。

CI 信息融合算法从形式上来看，各个本地传感器的信息视为一个个高斯分布，通过对高

斯分布的协方差矩阵的逆矩阵进行加权平均，从而得到融合协方差矩阵，在基于该矩阵求得融合均值向量，但是对于加权平均过程中的权重没有给出具体的计算式，可以按照经验提前给定一些值，比如 $\omega=1/2$（若是有 $N$ 个待融合信息，可以取权重因子为 $1/N$），这样虽然可以大大简化运算过程，但是也会大大减少计算结果的准确性，因此下面的方法将给出权重因子更精确的计算结果。

## 6.2 DCI 信息融合算法

DCI 算法是从 CI 算法基础上扩展而来的算法，为了后续推导方便将式(6-12)和式(6-13)中的 $\boldsymbol{P}_{aa}$、$\boldsymbol{P}_{bb}$ 和 $\boldsymbol{P}_{cc}$ 记为 $\boldsymbol{A}$，$\boldsymbol{B}$ 和 $\boldsymbol{C}$，均值分别记为 $\boldsymbol{a}$，$\boldsymbol{b}$ 和 $\boldsymbol{c}$，那么式(6-12)和式(6-13)可以改写为

$$\boldsymbol{C}^{-1}=\omega\boldsymbol{A}^{-1}+(1-\omega)\boldsymbol{B}^{-1} \tag{6-23}$$

$$\boldsymbol{c}=\boldsymbol{C}[\omega\boldsymbol{A}^{-1}\boldsymbol{a}+(1-\omega)\boldsymbol{B}^{-1}\boldsymbol{b}] \tag{6-24}$$

那么接下来的问题就是选择合适的标准并通过对所选标准的优化来优化混合参数 $\omega$ 的值。现有的相关研究提出了两个标准，包括最小化融合协方差矩阵的行列式和最小化融合协方差矩阵的迹。6.2.1 节将证明行列式的最小化等同于融合密度函数的熵的 Shannon 信息的最小化，并表明了协方差交点与信息论之间的联系。

### 6.2.1 广义信息融合

通过检查用于计算用于估计 Chernoff 信息的密度函数的方程，可以证明协方差交叉法的合理性，则有

$$p_C(\boldsymbol{x})=\frac{p_A^{\omega}(\boldsymbol{x})p_B^{1-\omega}(\boldsymbol{x})}{\int_{\boldsymbol{x}}p_A^{\omega}(\boldsymbol{x})p_B^{1-\omega}(\boldsymbol{x}\mathrm{d}x)} \tag{6-25}$$

此函数根据两个概率密度函数的对数线性组合构造融合的概率密度函数，然后对该组合进行重新归一化，那么式(6-25)对于高斯分布来说可以变为

$$p_C(\boldsymbol{x})=\frac{\mathrm{e}^{-\omega(\boldsymbol{x}-\boldsymbol{a})^{\mathrm{T}}\boldsymbol{A}^{-1}(\boldsymbol{x}-\boldsymbol{a})/2}\mathrm{e}^{-(1-\omega)(\boldsymbol{x}-\boldsymbol{b})^{\mathrm{T}}\boldsymbol{B}^{-1}(\boldsymbol{x}-\boldsymbol{b})/2}}{\int_{-\infty}^{\infty}\mathrm{e}^{-\omega(\boldsymbol{x}-\boldsymbol{a})^{\mathrm{T}}\boldsymbol{A}^{-1}(\boldsymbol{x}-\boldsymbol{a})/2}\mathrm{e}^{-(1-\omega)(\boldsymbol{x}-\boldsymbol{b})^{\mathrm{T}}\boldsymbol{B}^{-1}(\boldsymbol{x}-\boldsymbol{b})/2}\mathrm{d}\boldsymbol{x}} \tag{6-26}$$

分子中的指数项为

$$-\boldsymbol{t}/2=-\omega(\boldsymbol{x}-\boldsymbol{a})^{\mathrm{T}}\boldsymbol{A}^{-1}(\boldsymbol{x}-\boldsymbol{a})/2-(1-\omega)(\boldsymbol{x}-\boldsymbol{b})^{\mathrm{T}}\boldsymbol{B}^{-1}(\boldsymbol{x}-\boldsymbol{b})/2 \tag{6-27}$$

那么指数项中的 $t$ 可以表示为

$$\begin{aligned}\boldsymbol{t}=&\boldsymbol{x}^{\mathrm{T}}[\omega\boldsymbol{A}^{-1}+(1-\omega)\boldsymbol{B}^{-1}]x-[\boldsymbol{a}^{\mathrm{T}}\boldsymbol{A}^{-1}\omega+\boldsymbol{b}^{\mathrm{T}}\boldsymbol{B}^{-1}(1-\omega)]\boldsymbol{x}\\&-\boldsymbol{x}^{\mathrm{T}}[\omega\boldsymbol{A}^{-1}\boldsymbol{a}+(1-\omega)\boldsymbol{B}^{-1}\boldsymbol{b})+\omega\boldsymbol{a}^{\mathrm{T}}\boldsymbol{A}^{-1}\boldsymbol{a}+(1-\omega)\boldsymbol{b}^{\mathrm{T}}\boldsymbol{B}^{-1}\boldsymbol{b}\end{aligned} \tag{6-28}$$

利用式(6-12)、式(6-13)，可得

$$\begin{aligned}\boldsymbol{t}&=\boldsymbol{x}^{\mathrm{T}}\boldsymbol{C}\boldsymbol{x}-\boldsymbol{c}^{\mathrm{T}}\boldsymbol{C}^{-1}\boldsymbol{x}-\boldsymbol{x}^{\mathrm{T}}\boldsymbol{C}^{-1}\boldsymbol{c}+\omega\boldsymbol{a}^{\mathrm{T}}\boldsymbol{A}^{-1}\boldsymbol{a}+(1-\omega)\boldsymbol{b}^{\mathrm{T}}\boldsymbol{B}^{-1}\boldsymbol{b}\\&=(\boldsymbol{x}-\boldsymbol{c})^{\mathrm{T}}\boldsymbol{C}^{-1}(\boldsymbol{x}-\boldsymbol{c})-\boldsymbol{c}^{\mathrm{T}}\boldsymbol{C}^{-1}\boldsymbol{c}+\omega\boldsymbol{a}^{\mathrm{T}}\boldsymbol{A}^{-1}\boldsymbol{a}+(1-\omega)\boldsymbol{b}^{\mathrm{T}}\boldsymbol{B}^{-1}\boldsymbol{b}\end{aligned} \tag{6-29}$$

式(6-29)中与 $\boldsymbol{x}$ 无关的项可以直接去掉，因为它们同时出现在等式(6-26)的分子和分母中被抵消掉了。式(6-26)的分母中包含 $\boldsymbol{x}$ 的指数项的积分是已知的，那么 $p_C(\boldsymbol{x})$ 可以表

示为

$$p_C(\boldsymbol{x})=\frac{1}{(2\pi)^{n/2}}\ |\boldsymbol{C}|^{-1/c}\mathrm{e}^{-(\boldsymbol{x}-\boldsymbol{c})^{\mathrm{T}}\boldsymbol{C}^{-1}(\boldsymbol{x}-\boldsymbol{c})/2} \tag{6-30}$$

这也就是高斯分布的形式。

因此，协方差交叉法可以概括为选择融合概率密度函数的方法，该融合概率密度函数是两个原始概率密度函数的对数线性组合。选择高斯函数所得到的简化是，两个高斯函数的融合产生了一个高斯函数。对于任意概率密度函数的融合，通常情况并非如此。还有其他具有此属性的密度函数族，例如作为高斯函数成员的统计指数族的成员的函数。进一步的研究可能表明，指数分布族的其他函数对于广义协方差交叉方法的应用将非常有用。

### 6.2.2　最小化准则

在融合参数 $\omega$ 的选择方面，其中的一个标准是使融合协方差的行列式最小。该标准等效于最小化融合高斯函数的香农信息。香农信息是在观测和最小化的系统中剩余的信息量的度量，因此可以找到已经包含最多信息的密度函数。概率密度函数的香农信息为

$$I_{\mathrm{S}}=-\int_{x}p_C(x)\ln p_C(x)\mathrm{d}x \tag{6-31}$$

在高斯分布条件下，香农信息为

$$I_{\mathrm{S}}=-\frac{|\boldsymbol{C}|^{-1/2}}{(2\pi)^{n/2}}\int_{-\infty}^{\infty}\mathrm{e}^{-(\boldsymbol{x}-\boldsymbol{c})^{\mathrm{T}}\boldsymbol{C}^{-1}(\boldsymbol{x}-\boldsymbol{c})/2}\left[\ln\left(\frac{|\boldsymbol{C}|^{-1/2}}{(2\pi)^{n/2}}\right)-(\boldsymbol{x}-\boldsymbol{c})^{\mathrm{T}}\boldsymbol{C}^{-1}(\boldsymbol{x}-\boldsymbol{c})/2\right]\mathrm{d}x \tag{6-32}$$

式中：$n$ 是维数，涉及对数项的积分是高斯概率密度函数的积分，其中包括归一化常数在内，积分为 1，继续推导可得

$$I_S=-\ln\left[\frac{|\boldsymbol{C}|^{-1/2}}{(2\pi)^{n/2}}\right]+\frac{|\boldsymbol{C}|^{-1/2}}{(2\pi)^{n/2}}\int_{-\infty}^{\infty}[f_c(x)/2]\mathrm{e}^{-f_c(x)/2}\mathrm{d}x \tag{6-33}$$

式中：$f_C(\boldsymbol{x})=(\boldsymbol{x}-\boldsymbol{c})^{\mathrm{T}}\boldsymbol{C}^{-1}(\boldsymbol{x}-\boldsymbol{c})$。

又有如下的积分公式：

$$\int_{0}^{\infty}x^{2m}\mathrm{e}^{-px^2}\mathrm{d}x=\frac{(2m-1)!!}{2(2p)^m}\sqrt{\frac{\pi}{p}},\quad p>0 \tag{6-34}$$

这有助于解决式(6－33)第二项中的积分问题。并且注意到积分区间的变化，以及坐标平移不会改变积分大小的事实。式(6－33)的逆协方差矩阵的主轴积分的解可以表示为

$$\int_{-\infty}^{\infty}qy^2\exp(-qy^2/2)\mathrm{d}y=\sqrt{\frac{2\pi}{q}} \tag{6-35}$$

式中：$y$ 是主轴，$q$ 是逆协方差矩阵的特征值。应该注意的是，这种积分正好等同于高斯函数积分

$$\int_{-\infty}^{\infty}\exp(-qy^2/2)\mathrm{d}y=\sqrt{\frac{2\pi}{q}} \tag{6-36}$$

将逆协方差矩阵重构为主成分，可将式(6－33)中的积分写为

$$\begin{aligned}\boldsymbol{S}_2&=\int_{x}[(\boldsymbol{x}-\boldsymbol{c})^{\mathrm{T}}\boldsymbol{C}^{-1}(\boldsymbol{x}-\boldsymbol{c})/2]\mathrm{e}^{-(\boldsymbol{x}-\boldsymbol{c})^{\mathrm{T}}\boldsymbol{C}^{-1}(\boldsymbol{x}-\boldsymbol{c})/2}\mathrm{d}x\\&=\frac{1}{2}\int_{x}\left(\sum_{j}q_jy_j^2\right)\exp\left(-\sum_{k}q_ky_k^2/2\right)\mathrm{d}y\end{aligned} \tag{6-37}$$

由式(6-35)、式(6-36)可得

$$\begin{aligned} \boldsymbol{S}_2 &= \frac{1}{2}\int_x \left(\sum_j q_j y_j^2\right)\left[\prod_k \exp\left(-q_k y_k^2/2\right)\right]\mathrm{d}y \\ &= \frac{n}{2}\left(2\pi\right)^{n/2}\left|\boldsymbol{C}\right|^{1/2} \end{aligned} \tag{6-38}$$

在式(6-33)的第二项中伴随积分的归一化项被抵消的情况下，第二项对香农信息的贡献为 $n/2$，香农信息的完全积分为

$$I_{\mathrm{S}} = \frac{1}{2}\ln\left[\left(2\pi\right)^n\left|\boldsymbol{C}\right|\right] + \frac{n}{2} \tag{6-39}$$

因此，高斯函数的香农信息与协方差的行列式相关。因为对数是单调函数，融合高斯函数的香农信息最小化等同于协方差矩阵 $\boldsymbol{C}$ 的行列式最小化，这是通过对融合参数 $\omega$ 的合适的选择来完成的最小化。

不等式

$$\left|\boldsymbol{C}\right| \leqslant \left(\frac{1}{n}\mathrm{tr}\left(\boldsymbol{C}\right)\right)^n \tag{6-40}$$

解释了迹操作符在协方差交叉法最小化准则上作用很大的原因。

另一个最小化标准是融合协方差的对角项乘积。Hadamard 不等式提供了行列式和对角线乘积之间的关系，即

$$\left|\boldsymbol{C}\right| \leqslant \prod_i C_{ii} \tag{6-41}$$

通常，这些函数的最小值将与行列式的最小值不同。使用这些近似的最小化不如香农信息提供行列式最小化那么有说服力。

### 6.2.3 Chernoff 信息最小化准则

由于概率密度融合规则与 Chernoff 信息有关，因此可以将这种形式的信息用作替代的最小化标准。Chernoff 信息的标准定义为

$$C\left(p_1, p_2\right) = -\min_{0\leqslant\omega\leqslant 1}\left[\ln\left(\int p_1^{\omega} p_2^{1-\omega}\right)\right] \tag{6-42}$$

这个函数等价于

$$D^* = D\left(p_{\omega^*} \parallel p_1\right) = D\left(p_{\omega^*} \parallel p_2\right) \tag{6-43}$$

式中：$D\left(p_{\boldsymbol{A}} \parallel p_{\boldsymbol{B}}\right)$表示的是 Kullback-Leibler 距离：

$$D\left(p_{\boldsymbol{A}} \parallel p_{\boldsymbol{B}}\right) = \int P_{\boldsymbol{A}}\ln\left(p_{\boldsymbol{A}}/p_{\boldsymbol{B}}\right) \tag{6-44}$$

式中：$\omega^*$ 为最小化式(6-42)的量，$p_{\omega^*}$ 可从式(6-25)得到。$D^*$ 是对于贝叶斯概率密度来说的最佳可实现指数值。最小化等效于找到两个初始函数之间的函数“中点”，其中“中点”是根据 Kullback-Leibler 距离定义的。

式(6-42)中的积分对于高斯函数来说为

$$\int p_1^{\omega} p_2^{1-\omega} = \frac{1}{2}\left(f_{\boldsymbol{C}}(0) - \omega f_{\boldsymbol{A}}(0) - (1-\omega) f_{\boldsymbol{B}}(0)\right) + \ln\left(\left|\boldsymbol{C}\right|\left|\boldsymbol{A}\right|^{\omega/2}\left|\boldsymbol{B}\right|^{(1-\omega)/2}\right) \tag{6-45}$$

对于高斯函数来说，最小化 Chernoff 信息比最小化香农信息要复杂得多。这是因为沿两

个原始函数之间的路径的 Chernoff 信息值不仅取决于路径上的位置，还取决于弦的端点。香农信息不取决于路径的端点。

Chernoff 信息最小化可以解释为选择一个与两个原始分布之间的 Kullback-Leibler 距离“相等接近”的分布，例如由于测量统计而导致差异的情况。香农信息最小化选择的分布是“最有信息性的”分布，对于分辨率不同的两个传感器可能就是这种情况，并且两组测量值是对所测量现象和测量误差分布的基础真实分布的卷积。

DCI 方法的核心思想是利用概率密度的香农信息最小化准则来得到加权因子，这又等效于融合协方差矩阵行列式最小化，虽然给出了加权因子明确的计算方式，但是当需要融合的传感器信息增多时，算法的复杂度会显著增大，造成实际性能的下降，下一小节方法将给出加权因子在香农信息最小化准则下的近似计算式。

## 6.3 FCI 信息融合算法

### 6.3.1 FCI 算法

快速 CI(FCI)算法对于上节提出的最优化问题具有封闭解。由于不需要优化非线性成本函数，因此可以节省大量的计算时间。由于最优化标准是在估计的分布之间找到“中点”，因此当要融合的估计不一致时，它会更加稳定。以下是算法的具体过程。

在进行推导之前定义

$$D_* = D(p_1 \parallel p_{\omega_*}) = D(p_2 \parallel p_{\omega_*}) \tag{6-46}$$

式中：$p_{\omega_*}$ 为 $p_1$ 和 $p_2$ 之间的 Kullback-Leibler 距离中点，即 $p_{\omega_*}$ 到 $p_1$ 的 Kullback-Leibler 距离等于 $p_{\omega_*}$ 到 $p_2$ 的 Kullback-Leibler 距离。

与 Chernoff 信息最小化准则下相反，在香农信息最小化准则下对于该问题解析解表达式可以直接给出为

$$\omega_* = \frac{D(p_1 \parallel p_2)}{D(p_1 \parallel p_2) + D(p_2 \parallel p_1)} \tag{6-47}$$

那么 FCI 算法可以表示为

$$\boldsymbol{P}_{\mathrm{FCI}} = [\omega_* \boldsymbol{P}_1^{-1} + (1-\omega_*)\boldsymbol{P}_2^{-1}]^{-1} \tag{6-48}$$

$$\hat{\boldsymbol{x}}_{\mathrm{FCI}} = \boldsymbol{P}_{\mathrm{FCI}}[\omega_* \boldsymbol{P}_1^{-1}\hat{\boldsymbol{x}}_1 + (1-\omega_*)\boldsymbol{P}_2^{-1}\hat{\boldsymbol{x}}_2] \tag{6-49}$$

对于高斯分布来说

$$D(p_i \parallel p_j) = \frac{1}{2}\left[\ln\frac{|\boldsymbol{P}_j|}{|\boldsymbol{P}_i|} - n + (\hat{\boldsymbol{x}}_i - \hat{\boldsymbol{x}}_j)^{\mathrm{T}}\boldsymbol{P}_j^{-1}(\hat{\boldsymbol{x}}_i - \hat{\boldsymbol{x}}_j) + \mathrm{tr}(\boldsymbol{P}_i\boldsymbol{P}_j^{-1})\right] \tag{6-50}$$

对于高斯分布，如果先验分布具有相同的协方差矩阵，即 $P_1 = P_2$，则 Kullback-Leibler 距离 $D_*$ 和 Chernoff 信息 $D^*$ 相等，并且 $\omega_* = \omega^* = \frac{1}{2}$。

在考虑标量情况下，对于无偏估计的融合，DCI 将是一个更好的选择，因为它会选择方差较小的估计，但对于有偏估计的融合(例如，一个有偏，而另一个是无偏但具有较大的差异)，FCI 算法会更好。另外 FCI 有对应的解析解公式，在计算量方面会比 DCI 算法少很多，运算

速度会更快。对于高维情况，算法设计会变得更复杂，实际选取最小化准则取决于特定的系统设计要求和估算的偏差。

CI 算法可以推广到信息源数量 $N \geqslant 2$ 的所有情况，并使用以下公式更新：

$$\boldsymbol{P}_{\mathrm{CI}} = \left(\sum_{i=1}^{N} \omega_i \boldsymbol{P}_i^{-1}\right)^{-1} \tag{6-51}$$

$$\hat{\boldsymbol{x}}_{\mathrm{CI}} = \boldsymbol{P}_{\mathrm{CI}} \sum_{i=1}^{N} \omega_i \boldsymbol{P}_i^{-1} \hat{\boldsymbol{x}}_i \tag{6-52}$$

$$\sum_{i=1}^{N} \omega_i = 1 \tag{6-53}$$

在上述提出的最小化标准下，约束条件可以写成

$$D(p_j \parallel p_i)\omega_i - D(p_i \parallel p_j)\omega_j = 0(i,j = 1,2,\cdots,N) \tag{6-54}$$

最大的线性独立子集可以表示为

$$D(p_{i+1} \parallel p_i)\omega_i - D(p_i \parallel p_{i+1})\omega_{i+1} = 0(i = 1,2,\cdots,N) \tag{6-55}$$

令 $\alpha_i = D(p_{i+1} \parallel p_i)$ 和 $\beta_i = D(p_i \parallel p_{i+1})$，可得

$$\begin{bmatrix} \alpha_1 & -\beta_1 & 0 & \cdots & 0 \\ 0 & \alpha_2 & -\beta_2 & \cdots & 0 \\ \vdots & \vdots & \vdots & & \vdots \\ 0 & \cdots & 0 & \alpha_{N-1} & -\beta_{N-1} \\ 1 & \cdots & 1 & 1 & 1 \end{bmatrix} \begin{bmatrix} \omega_1 \\ \omega_2 \\ \vdots \\ \omega_{N-1} \\ \omega_N \end{bmatrix} = \begin{bmatrix} 0 \\ 0 \\ \vdots \\ 0 \\ 1 \end{bmatrix} \tag{6-56}$$

对于 FCI 算法，可得

$$\omega_i = \frac{\prod_{j=1}^{i-1} \alpha_j \prod_{k=i}^{N-1} \beta_k}{\sum_{i=1}^{N} \prod_{j=1}^{i-1} \alpha_j \prod_{k=i}^{N-1} \beta_k} \tag{6-57}$$

### 6.3.2 FFCC 算法

在某些情况下，要融合的估算值彼此不一致。密苏里大学的 Uhlmann 提出了协方差联合算法来解决这个问题，并且建议使用马氏距离来检测估计之间的统计偏差。首先，提出了用户定义的阈值以检测不一致情况。如果超过阈值，则估计被认为彼此不一致，这意味着至少一个估计不是一致的估计。其次，可以采用协方差联合算法来解决这种不一致问题，这被称为去冲突。但是，如何确定阈值是一个悬而未决的问题。为了解决这个问题，引入了自适应参数 $\delta$。

假设有两个估计量 $\{\hat{\boldsymbol{x}}_i, \boldsymbol{P}_i\}_{i=1,2}$ 有待融合，考虑以下凸组合融合问题：

$$\boldsymbol{P}_{\mathrm{CC}} = (\omega_1 \boldsymbol{P}_1^{-1} + \omega_2 \boldsymbol{P}_2^{-1})^{-1} \tag{6-58}$$

$$\hat{\boldsymbol{x}}_{\mathrm{CC}} = \boldsymbol{P}_{\mathrm{CC}}(\omega_1 \boldsymbol{P}_1^{-1} \hat{\boldsymbol{x}}_1 + \omega_2 \boldsymbol{P}_2^{-1} \hat{\boldsymbol{x}}_2) \tag{6-59}$$

$$\omega_1 + \omega_2 = \delta \tag{6-60}$$

估计误差为

$$\bar{\boldsymbol{x}}_{\mathrm{CC}} = \boldsymbol{P}_{\mathrm{CC}}(\omega_1 \boldsymbol{P}_1^{-1} \bar{\boldsymbol{x}}_1 + \omega_2 \boldsymbol{P}_2^{-1} \bar{\boldsymbol{x}}_2) \tag{6-61}$$

$\bar{\boldsymbol{x}}_1, \bar{\boldsymbol{x}}_2$ 是 $\hat{\boldsymbol{x}}_1, \hat{\boldsymbol{x}}_2$ 对应的估计误差。那么真正的均方误差矩阵 $\bar{\boldsymbol{P}}_{\mathrm{CC}}$ 为

$$\bar{\boldsymbol{P}}_{\mathrm{CC}} = \boldsymbol{P}_{\mathrm{CC}}[\omega_1^2 \boldsymbol{P}_1^{-1} \bar{\boldsymbol{P}}_1 \boldsymbol{P}_1^{-1} + \omega_1\omega_2 \boldsymbol{P}_1^{-1} \bar{\boldsymbol{P}}_{12} \boldsymbol{P}_2^{-1} + \omega_2\omega_1 \boldsymbol{P}_2^{-1} \bar{\boldsymbol{P}}_{12} \boldsymbol{P}_1^{-1} + \omega_2^2 \boldsymbol{P}_2^{-1} \bar{\boldsymbol{P}}_2 \boldsymbol{P}_2^{-1}]\boldsymbol{P}_{\mathrm{CC}} \tag{6-62}$$

式中：$\overline{\boldsymbol{P}}_1$，$\overline{\boldsymbol{P}}_2$ 是 $\hat{\boldsymbol{x}}_1$，$\hat{\boldsymbol{x}}_2$ 各自的均方误差矩阵，$\overline{\boldsymbol{P}}_{ij}=E[\tilde{\boldsymbol{x}}_i\tilde{\boldsymbol{x}}_j^{\mathrm{T}}]$。

该方法的关键在于，将 $\delta$ 视为要融合的所有估计值的整体差别，即所有估计值不一样的程度。如果 $\hat{\boldsymbol{x}}_1=\hat{\boldsymbol{x}}_2$ 并且 $\boldsymbol{P}_1=\boldsymbol{P}_2$，则两个估计值是相同的，显然 $\delta=1$。当估算值不同时，尤其是如果估算值之间的“距离”较大时，估算值通常被认为彼此不一致。鉴于不知道哪个更可信，一个自然的建议就是令 $\delta<1$。

在信息论中，熵是对随机变量不确定性的度量。相对熵或 Kullback-Leibler 距离是两个分布之间距离的度量。然后，构造自适应参数 $\delta<1$，则有

$$\delta=\frac{H(p_1)+H(p_2)}{H(p_1)+H(p_2)+J(p_1,p_2)} \tag{6-63}$$

式中：$H(p_1)$，$H(p_2)$ 是 $p_1(x)$，$p_2(x)$ 的信息熵，则有

$$\begin{aligned}H(p(x))&=-\int p(x)\ln p(x)\mathrm{d}x\\&=\frac{1}{2}\log[(2\pi)^n|P|]+\frac{k}{2}\end{aligned} \tag{6-64}$$

而 $J(p_1,p_2)$ 是两个分布之间的对称 Kullback-Leibler 距离(称为 $J$ 分离度)：

$$J(p_1,p_2)=D(p_1\parallel p_2)+D(p_2\parallel p_1) \tag{6-65}$$

当 $J(p_1,p_2)$ 越大时，即 $p_1(x)$，$p_2(x)$ 之间差距越大，$\delta$ 越小，因为 $\delta\leqslant1$，可以保证 $\{\hat{\boldsymbol{x}}_i,\boldsymbol{P}_i\}_{i=1,2}$ 的一致性，即 $\boldsymbol{P}_{CC}-\overline{\boldsymbol{P}}_{CC}\geqslant\boldsymbol{0}$。

这种凸组合算法等效于 CI 算法，其中所有均方误差矩阵都膨胀了 $1/\delta$。将 FCI 算法与自适应参数 $\delta$ 结合使用，可以获得一种快速且容错的凸组合(FFCC)融合算法：

$$\boldsymbol{P}_{\mathrm{FFCC}}=(\omega_1\boldsymbol{P}_1^{-1}+\omega_2\boldsymbol{P}_2^{-1})^{-1} \tag{6-66}$$

$$\hat{\boldsymbol{x}}_{\mathrm{FFCC}}=\boldsymbol{P}_{\mathrm{FFCC}}(\omega_1\boldsymbol{P}_1^{-1}\hat{\boldsymbol{x}}_1+\omega_2\boldsymbol{P}_2^{-1}\hat{\boldsymbol{x}}_2) \tag{6-67}$$

$$\omega_1+\omega_2=\delta \tag{6-68}$$

$$\omega_1=\frac{\delta D(p_1\parallel p_2)}{D(p_1\parallel p_2)+D(p_1\parallel p_2)} \tag{6-69}$$

FFCC 算法同样可以推广到 $N$ 个信息源上，设

$$\delta_{ij}=\frac{H(p_i)+H(p_j)}{H(p_i)+H(p_j)+J(p_i,p_j)},\quad i\neq j \tag{6-70}$$

$N$ 个信息源下整体置信度为

$$\delta_N=\sum_{i,j}^{N}\delta_{ij}/m \tag{6-71}$$

式中：$m=\begin{pmatrix}N\\2\end{pmatrix}=\dfrac{N!}{2(N-2)!}$。

那么，FFCC 算法($N\geqslant2$)可以表示为

$$\boldsymbol{P}_{\mathrm{FFCC}}=\left(\sum_{i=1}^{N}\omega_i\boldsymbol{P}_i^{-1}\right)^{-1} \tag{6-72}$$

$$\hat{\boldsymbol{x}}_{\mathrm{FFCC}}=\boldsymbol{P}_{\mathrm{FFCC}}\sum_{i=1}^{N}\omega_i\boldsymbol{P}_i^{-1}\hat{\boldsymbol{x}}_i \tag{6-73}$$

$$\sum_{i=1}^{N}\omega_i = \delta_N \tag{6-74}$$

式中：

$$\omega_i = \frac{\prod_{j=1}^{i-1}\alpha_j \prod_{k=i}^{N-1}\beta_k}{\sum_{i=1}^{N}\prod_{j=1}^{i-1}\alpha_j \prod_{k=i}^{N-1}\beta_k}\delta_N \tag{6-75}$$

上述分析了待融合估计误差之间未知互相关情况下的估计融合问题。基于最小化准则提出了一种快速 CI(FCI)算法，从而得出了一种近似形式的解决方案。在行列式最小化准则下，FCI 算法的计算量远少于 DCI 算法。并且引入了自适应参数 $\delta$，无须任何预先定义的阈值就可以设计出快速且容错的凸组合(FFCC)融合算法。FCI 和 FFCC 算法都可以推广到两个以上信息源的情况。当融合一致的估计时，FCI 和 DCI 具有相似的性能。在估计速度上性能略有下降的情况下，FFCC 在估计位置上优于另一种容错机制 CI / CU。而且，FFCC 算法可以节省大量计算量。

# 6.4 KLA 信息融合算法

## 6.4.1 问题描述

给定 $N$ 个概率密度函数 $p^i(\cdot)$ 和对应的权重 $\pi^i$，那么加权 Kullback-Leibler 距离均值为

$$\bar{p} = \arg\inf \sum_{i=1}^{N}\pi^i D_{KL}(p \| p^i) \tag{6-76}$$

如果 $\pi^i = 1/N, i=1,\cdots,N$，那么表明每个概率密度提供了相同的置信度。KLA 算法便是求解该问题的解。与前面的 CI 算法以及 CI 算法扩展而来的算法不同，KLA 加上了一个权重系数。

现在定义 $p_l^i(\cdot)$ 表示 $i$ 节点在第 $l$ 次迭代的结果，而初始迭代值为 $p_0^i(\cdot)=p^i(\cdot)$。那么在 KLA 算法下融合概率密度的解可表示为

$$\bar{p}(x) = \frac{\prod_{i=1}^{N}[p^i(x)]^{\pi^i}}{\int \prod_{i=1}^{N}[p^i(x)]^{\pi^i}\mathrm{d}x} \tag{6-77}$$

在概率密度为高斯分布的情况下上式的结果可以表达为

$$\bar{\boldsymbol{\Sigma}}^{-1} = \sum_{i=1}^{N}\pi^i(\boldsymbol{\Sigma}^i)^{-1} \tag{6-78}$$

$$\bar{\boldsymbol{\Sigma}}^{-1}\bar{\mu} = \sum_{i=1}^{N}\pi^i(\boldsymbol{\Sigma}^i)^{-1}\mu^i \tag{6-79}$$

然而，上述结果其实和 CI 算法并没有多少不同，但是上式只是用于分布式系统的估计，因此下一节将要讨论 KLA 算法在离散时间系统下的应用：

$$\boldsymbol{x}_{k+1} = f(\boldsymbol{x}_k) + \boldsymbol{w}_k \tag{6-80}$$

式中：$k$ 是离散的时刻点，$\boldsymbol{x}_k \in \mathbf{R}^n$ 是系统状态，$\boldsymbol{w}_k \in \mathbf{R}^n$ 是过程噪声。系统的初始状态 $\boldsymbol{x}_0$ 是未

知的，但可根据已知的概率分布 $p_{0|-1}(\cdot)$ 分配。假设序列 $\{\boldsymbol{w}_k\}$ 是零均值的随机白噪声，且具有已知的概率分布 $p_w(\cdot)$。此外，假设在每个时刻 $k=0,1,\cdots$ 网络的每个节点 $i\in N$ 收集的测量值为

$$\boldsymbol{y}_k^i = h^i(\boldsymbol{x}_k) + \boldsymbol{v}_k^i \tag{6-81}$$

这里 $\boldsymbol{v}_k^i\in\mathbf{R}^{ny}$ 表示零均值随机白噪声并且已知概率密度为 $p_{v^i}(\cdot)$。

如果网络节点之间无法进行通信，则解决本地状态估计问题可由贝叶斯滤波递归得到

$$p_{0|-1}^i(\boldsymbol{x}) = p_{0|-1}(\boldsymbol{x}) \tag{6-82}$$

$$p_{k|k}^i(\boldsymbol{x}) = \frac{p_{v^i}[y_k^i - h^i(\boldsymbol{x})]p_{k|k-1}^i(\boldsymbol{x})}{\int p_{v^i}[y_k^i - h^i(\xi)]p_{k|k-1}^i(\xi)\mathrm{d}\xi} \tag{6-83}$$

$$p_{k+1|k}^i(\boldsymbol{x}) = \int p_{v^i}[\boldsymbol{x} - f(\xi)]p_{k|k}^i(\xi)\mathrm{d}\xi \tag{6-84}$$

算法流程：

在时刻 $k=0,1,\cdots$，对于任意节点 $i\in N$。

收集本地测量结果 $y_k^i$ 并且更新本地概率密度 $p_{k|k-1}^i(\cdot)$ 以此获得后验概率密度 $p_{k|k,0}^i$。

1)在 KLA 算法基础上迭代获得融合后概率分布 $p_{k|k,L}^i$，迭代总步数为 $L$。

2)根据 $p_{k|k}^i=p_{k|k,L}^i$ 计算后验概率密度 $p_{k+1|k}^i$。

### 6.4.2 线性高斯情况下的 KLA 算法

假设系统状态方程与测量方程都是线性的，那么上一小节的状态转移方程与测量方程可以改写为

$$\boldsymbol{x}_{k+1} = \boldsymbol{A}\boldsymbol{x}_k + \boldsymbol{w}_k \tag{6-85}$$

$$\boldsymbol{y}_k^i = \boldsymbol{C}^i\boldsymbol{x}_k + \boldsymbol{v}_k^i \tag{6-86}$$

此外，设定初始状态，过程干扰和所有测量噪声为正态分布，则有

$$p_0(\boldsymbol{x}) = N(\boldsymbol{x};\hat{\boldsymbol{x}}_{0|-1},\boldsymbol{P}_{0|-1}) \tag{6-87}$$

$$p_w(\boldsymbol{x}) = N(\boldsymbol{w};\boldsymbol{0},\boldsymbol{Q}) \tag{6-88}$$

$$p_{v^i}(\boldsymbol{x}) = N(\boldsymbol{v}^i;\boldsymbol{0},\boldsymbol{R}^i),\quad i=1,\cdots,N \tag{6-89}$$

这里 $\hat{\boldsymbol{x}}_{0|-1}$ 是已知的向量，$\boldsymbol{P}_{0|-1}$ 都是已知的正定矩阵。在这种情况下，贝叶斯递归形式式(6-82)～式(6-84)有封闭解，对于任意节点 $i$，则有

$$p_{k|k}^i(\boldsymbol{x}) = N(\boldsymbol{x};\hat{\boldsymbol{x}}_{k|k}^i,\boldsymbol{P}_{k|k}^i) \tag{6-90}$$

$$p_{k+1|k}^i(\boldsymbol{x}) = N(\boldsymbol{x};\hat{\boldsymbol{x}}_{k+1|k}^i,\boldsymbol{P}_{k+1|k}^i) \tag{6-91}$$

式中：$\hat{\boldsymbol{x}}_{k|k}^i$，$\hat{\boldsymbol{x}}_{k+1|k}^i$，$\boldsymbol{P}_{k|k}^i$ 和 $\boldsymbol{P}_{k+1|k}^i$ 可以通过卡尔曼滤波器递归的方式进行计算。在上文的算法下，为了简化表示和稳定性分析，可以设定卡尔曼滤波器递归的精简信息形式，从而代替均值向量和协方差矩阵，可以使用信息矩阵，即

$$\boldsymbol{\Omega}_{k|k}^i = (\boldsymbol{P}_{k|k}^i)^{-1} \tag{6-92}$$

$$\boldsymbol{\Omega}_{k+1|k}^i = (\boldsymbol{P}_{k+1|k}^i)^{-1} \tag{6-93}$$

并且信息向量为

$$\boldsymbol{q}_{k|k}^i = \boldsymbol{\Omega}_{k|k}^i\hat{\boldsymbol{x}}_{k|k}^i \tag{6-94}$$

$$\boldsymbol{q}_{k+1|k}^{i}=\boldsymbol{\Omega}_{k+1|k}^{i}\hat{\boldsymbol{x}}_{k+1|k}^{i} \tag{6-95}$$

更新过程可以表示为

$$\boldsymbol{q}_{k|k}^{i}=\boldsymbol{q}_{k|k-1}^{i}+(\boldsymbol{C}^{i})^{T}(\boldsymbol{R}^{i})^{-1}y_{k}^{i} \tag{6-96}$$

$$\boldsymbol{\Omega}_{k|k}^{i}=\boldsymbol{\Omega}_{k|k-1}^{i}+(\boldsymbol{C}^{i})^{T}(\boldsymbol{R}^{i})^{-1}\boldsymbol{C}^{i} \tag{6-97}$$

预测过程可以表示为

$$\boldsymbol{q}_{k+1|k}^{i}=\boldsymbol{A}^{-\mathrm{T}}[1-\boldsymbol{\Omega}_{k|k}^{i}(\boldsymbol{\Omega}_{k|k}^{i}+\boldsymbol{A}^{\mathrm{T}}\boldsymbol{Q}^{-1}\boldsymbol{A})^{-1}]\boldsymbol{q}_{k|k}^{i} \tag{6-98}$$

$$\boldsymbol{\Omega}_{k+1|k}^{i}=\boldsymbol{A}^{-\mathrm{T}}\boldsymbol{\Omega}_{k|k}^{i}\boldsymbol{A}^{-1}-\boldsymbol{A}^{-\mathrm{T}}\boldsymbol{\Omega}_{k|k}^{i}(\boldsymbol{\Omega}_{k|k}^{i}+\boldsymbol{A}^{\mathrm{T}}\boldsymbol{Q}^{-1}\boldsymbol{A})^{-1}\boldsymbol{\Omega}_{k|k}^{i}\boldsymbol{A}^{-1} \tag{6-99}$$

为了使式(6-98)和式(6-99)有意义，系统矩阵 **A** 必须是可逆的。结合上述公式可以得到以下算法：

(1)收集本地测量结果 $y_k^i$ 并且更新本地信息组 $(\boldsymbol{q}_{k|k-1}^{i},\boldsymbol{\Omega}_{k|k-1}^{i})$，通过式(6-96)和式(6-97)获得后验信息组 $(\boldsymbol{q}_{k|k,0}^{i},\boldsymbol{\Omega}_{k|k,0}^{i})$。

2)基于 KLA 算法执行 $L$ 次迭代：

$$\boldsymbol{\Omega}_{k|k,l+1}^{i}=\sum_{j\in N^{i}}\pi^{i,j}\boldsymbol{\Omega}_{k|k,l}^{i},\quad l=0,\cdots,L-1 \tag{6-100}$$

$$\boldsymbol{q}_{k|k,l+1}^{i}=\sum_{j\in N^{i}}\pi^{i,j}\boldsymbol{q}_{k|k,l}^{i},\quad l=0,\cdots,L-1 \tag{6-101}$$

得到融合信息组 $(\boldsymbol{q}_{k|k}^{i},\boldsymbol{\Omega}_{k|k}^{i})\triangleq(\boldsymbol{q}_{k|k,L}^{i},\boldsymbol{\Omega}_{k|k,L}^{i})$。

3)通过式(6-98)式(6-99)计算后验信息组 $(\boldsymbol{q}_{k+1|k}^{i},\boldsymbol{\Omega}_{k+1|k}^{i})$。

上述算法的迭代初始值为

$$\boldsymbol{\Omega}_{0|-1}^{i}=\boldsymbol{P}_{0|-1}^{-1} \tag{6-102}$$

$$\boldsymbol{q}_{0|-1}^{i}=\boldsymbol{P}_{0|-1}^{-1}\hat{\boldsymbol{x}}_{0|-1},i\in\mathbf{N} \tag{6-103}$$

由于假设网络的所有节点在初始状态 $\boldsymbol{x}_0$ 共享相同的先验信息是非常不现实的，因此可以使用以下更实际的初始化条件

$$\boldsymbol{\Omega}_{0|-1}^{i}=\mathbf{0} \tag{6-104}$$

$$\boldsymbol{q}_{0|-1}^{i}=\mathbf{0},i\in\mathbf{N} \tag{6-105}$$

这等价于最初始时刻没有先验信息可用。

这一小节的算法主要新颖之处在于计算了概率密度函数在 Kullback-Leibler 距离平均值准则下的最优化解。这样就可以得出一种新颖的基于 KL 均值的网络卡尔曼滤波器，该滤波器在线性设置下即使在单个共级的信息融合步骤中也可以确保所有网络节点中的滤波器稳定性。值得指出的是，所获得的稳定性结果仅依赖于网络连接性和集体可检测性，即从整个传感器网络的观察中得出的系统可检测性。虽然原则上建议的方法可以处理任意形式的概率密度，但仅在特殊情况下(例如，当所有本地 PDF 都属于同一指数族时)，才存在 KLA 算法的封闭解表达式。并且，对非线性非高斯设置的处理通常需要某种近似，其精确度会严重影响性能和稳定性。

## 6.5 导航源误差传递算法

在多导航源进行融合之前，需要每个导航信息(概率密度)的误差进行维度的转移，使所有误差信息处于同一维度才能继续接下来的信息融合算法设计。

本节旨在推导每种导航源信息在进行融合前怎样进行误差传递。

### 6.5.1　无线电定位误差传递

一般无线电定位模型如图 6.1 所示。无线电定位网络拓扑模型一般由一个用户节点与几个基站构成。对于二维定位来说,用户精确定位需要至少三个基站提供各自精确的位置与到用户的距离。而对于三维定位来说,用户精确定位需要至少四个基站提供各自精确的位置与到用户的距离。

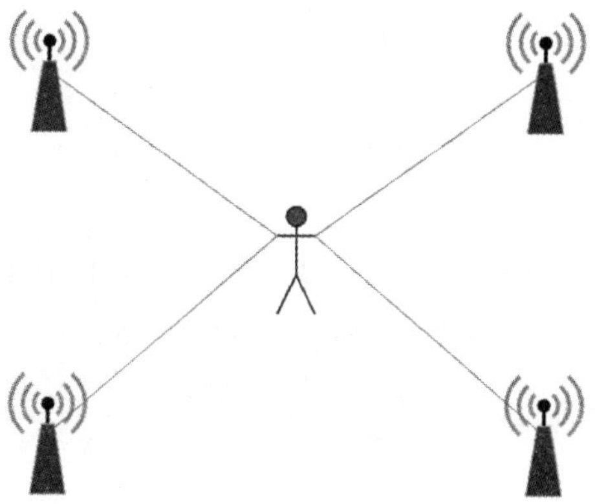

图 6.1　无线电定位网络拓扑模型

以二维模型为例,基站位置为$\{(X_i,Y_i)\mid i=1,2,\cdots,n\}$,用户位置为 $X=(x,y)$,测距信息为 $\boldsymbol{d}=(d_1,d_2,\cdots,d_n)$。从而有方程组:

$$\left.\begin{aligned}(X_1-x)^2+(Y_1-y)^2&=d_1{}^2\\(X_2-x)^2+(Y_2-y)^2&=d_2{}^2\\&\cdots\\(X_n-x)^2+(Y_n-y)^2&=d_n{}^2\end{aligned}\right\}\tag{6-106}$$

相邻两式两两相减可得

$$\left.\begin{aligned}2(X_2-X_1)x+2(Y_2-Y_1)y&=d_1{}^2-d_2{}^2-(X_1{}^2-X_2{}^2)-(Y_1{}^2-Y_2{}^2)\\2(X_3-X_2)x+2(Y_3-Y_2)y&=d_2{}^2-d_3{}^2-(X_2{}^2-X_3{}^2)-(Y_2{}^2-Y_3{}^2)\\&\cdots\\2(X_n-X_{n-1})x+2(Y_n-Y_{n-1})y&=d_n{}^2-d_{n-1}{}^2-(X_n{}^2-X_{n-1}{}^2)-(Y_n{}^2-Y_{n-1}{}^2)\end{aligned}\right\}\tag{6-107}$$

令 $\boldsymbol{A}=\begin{bmatrix}2(X_2-X_1) & 2(Y_2-Y_1)\\2(X_3-X_2) & 2(Y_3-Y_2)\\\vdots & \vdots\\2(X_n-X_{n-1}) & 2(Y_n-Y_{n-1})\end{bmatrix}$,$\boldsymbol{b}=\begin{bmatrix}d_1{}^2-d_2{}^2-(X_1{}^2-X_2{}^2)-(Y_1{}^2-Y_2{}^2)\\d_2{}^2-d_3{}^2-(X_2{}^2-X_3{}^2)-(Y_2{}^2-Y_3{}^2)\\\vdots\\d_{n-1}{}^2-d_n{}^2-(X_{n-1}{}^2-X_n{}^2)-(Y_{n-1}{}^2-Y_n{}^2)\end{bmatrix}$

则有方程组(若 **A** 的维数大于变量个数,则下式为一个矛盾方程组):

$$\boldsymbol{Ax}=\boldsymbol{b}\tag{6-108}$$

其最小二乘解为

$$\boldsymbol{x}=(\boldsymbol{A}^{\mathrm{T}}\boldsymbol{A})^{-1}\boldsymbol{A}^{\mathrm{T}}\boldsymbol{b} \tag{6-109}$$

令$(\boldsymbol{A}^{\mathrm{T}}\boldsymbol{A})^{-1}\boldsymbol{A}^{\mathrm{T}}=\begin{bmatrix} a_1^1 & a_1^2 \\ a_2^1 & a_2^2 \\ \vdots & \vdots \\ a_{n-1}^1 & a_{n-1}^2 \end{bmatrix}^{\mathrm{T}}$，这里 $a$ 的上标表示列号。

若测距协方差矩阵为(假设不同基站间的测距信息相互独立)，则测距信息协方差矩阵表示为

$$D=\begin{bmatrix} D_1 & 0 & \cdots & 0 \\ 0 & D_2 & \cdots & 0 \\ \vdots & \vdots & & \vdots \\ 0 & 0 & \cdots & D_n \end{bmatrix} \tag{6-110}$$

$D_i$ 表示 $d_i$ 距离分量的测距方差，从 $\boldsymbol{A}$ 和 $\boldsymbol{b}$ 的表达式可以看出引入误差的量只有测距信息项(基站位置可以视为精确值)，那么根据最小二乘法得到的用户位置的协方差为

$$\boldsymbol{D}_X=\begin{bmatrix} \mathrm{cov}(X_1,X_1) & \mathrm{cov}(X_1,X_2) \\ \mathrm{cov}(X_1,X_2) & \mathrm{cov}(X_2,X_2) \end{bmatrix} \tag{6-111}$$

则有

$$\mathrm{cov}(X_i,X_j)=D[(a_1^i-0)d_1{}^2+(a_2^i-a_1^j)d_2{}^2+\cdots+(0-a_{n-1}^j)d_n{}^2] \tag{6-112}$$

可以看出，用户位置是由多个卡方分布线性组合而成，在这里近似用户仍然服从多维正态分布，那么通过上式很容易得到误差传递后用户位置信息的协方差矩阵(用户由无线电基站定位得到的位置信息)，而用户位置信息均值可以直接令其为最小二乘解。

令 $X$ 为方差为$\sigma^2$ 的正态分布。

继续往下推导：

$$EX^2=DX+(EX)^2=\sigma^2+(EX)^2 \tag{6-113}$$

则有(以下略去了部分计算过程)

$$\begin{aligned} DX^2 &= EX^4-(EX^2)^2 \\ &= EX^4-[\sigma^2+(EX)^2]^2 \\ &= 3\sigma^4+6\sigma^2(EX)^2+(EX)^4-[\sigma^2+(EX)^2]^2 \\ &= 2\sigma^4+4(EX)^2\sigma^2 \end{aligned} \tag{6-114}$$

通过式(6-114)已经完全能得到误差传递后用户位置信息的协方差矩阵的精确值了。但是上述都是在基于将该处组合卡方分布(将上述条件下的多个卡方分布命名为组合卡方分布)近似为多维正态分布的条件下，还没有得到充分的数学证明，因此6.5.2节将会利用仿真工具去求多维正态分布对组合卡方分布具体的拟合效果。

### 6.5.2 多维正态分布拟合仿真

接下来利用MATLAB仿真对上节推导出的误差模型进行数值拟合。

设置四个基站坐标分别为(0,0)，(0,10)，(10,0)，(10,10)，目标位置在(5,5)，如图6.2所示，测距误差设为$\sigma^2=0.25$。

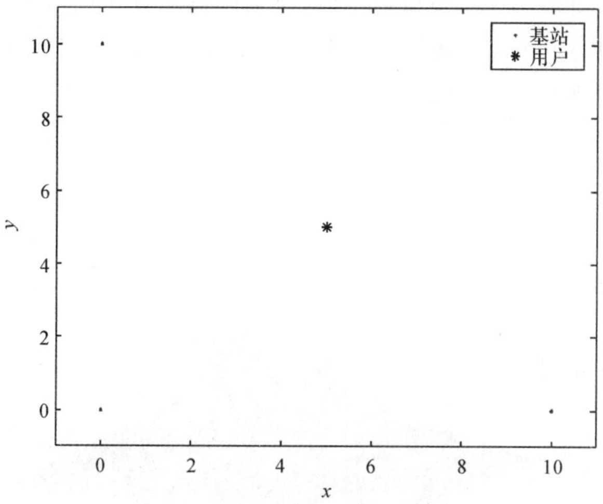

图 6.2　基站与用户位置图

蒙特卡罗仿真 10 000 次，得到用户模拟的概率分布结果如图 6.3 所示。

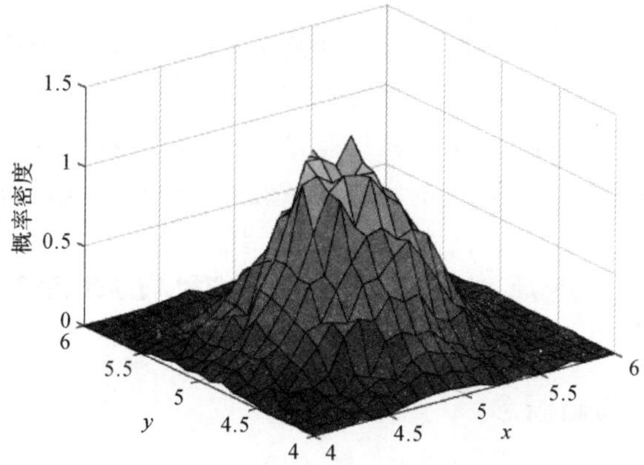

图 6.3　10 000 次模拟定位结果概率分布

可以看出得到的概率分布已经有基本的二维高斯分布曲面的趋势，还不够平滑，仿真还不充分。继续进行 1 000 000 次蒙特卡洛仿真，得到模拟的概率分布如图 6.4 所示。

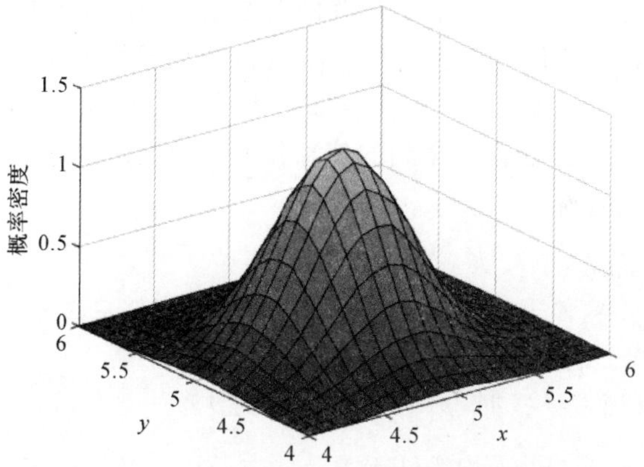

图 6.4　1 000 000 次模拟定位结果概率分布

可以看出在进行 1 000 000 次模拟定位后，得到的概率分布已经平滑，基本上可以表示用户真正的概率分布结果了，继续根据上一节式(6－111)、式(6－112)、式(6－114)得到的用户定位结果理论估计分布如图 6.5 所示。

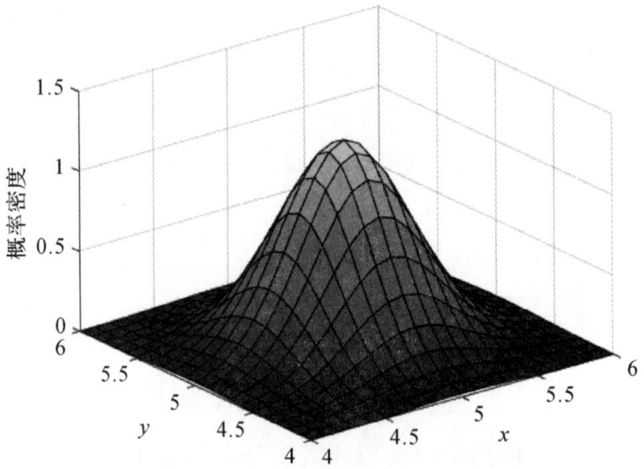


图 6.5　定位结果理论估计概率分布

对比图 6.5，可以看出 6.5.1 节得到的用户无线电误差传递理论模型可以较好地反映用户实际的定位结果。也就是在进行导航信息融合时，可以不需要预先得到用户的定位误差分布结果，只需要知道用户与基站之间的测距误差，这一般在无线电定位中都是可以预先知道的值，再结合基站的坐标与用户在该时刻的定位结果就可以得到该时刻的位置概率分布。

## 6.6　多源融合室内导航信息融合算法

### 6.6.1　信息几何基础概念

在介绍基于信息几何的信息融合算法之前，设定使用细体字母来表示标量相关的量，用粗体表示矩阵或者向量。$\mathbf{R}^n$ 表示全体 $n$ 维实向量的集合，$\mathbf{R}^{m\times n}$ 表示全体 $m\times n$ 维矩阵的集合。$\boldsymbol{S}^n$ 表示全体 $n\times n$ 实对称矩阵的集合。$\boldsymbol{S}_{+}^n$ 表示全体 $n\times n$ 实对称正定矩阵的集合。$\boldsymbol{I}^n$ 表示 $n\times n$ 单位矩阵。$\boldsymbol{e}_i$ 表示第 $i$ 个标准基向量，$\boldsymbol{E}_{ij}$ 表示第 $(i,j)$ 项元素下标为 1、其余元素为 0 的矩阵。$\mathrm{Log}(\cdot)$，$\mathrm{Sinh}(\cdot)$ 和 $\mathrm{Cosh}(\cdot)$ 表示矩阵的对数函数和双曲函数。

在统计流形上，如果点 $P$ 代表概率密度 $p(x;\xi)$，将它记作 $P=p(\boldsymbol{x};\boldsymbol{\xi})$。均值为 $\mu$、方差为 $\boldsymbol{\Sigma}$ 的正态分布表示为 $N(\mu,\boldsymbol{\Sigma})$ 或者 $N(x;\mu,\boldsymbol{\Sigma})$（表示自变量为 $\boldsymbol{x}$ 的正态分布）。

下述简要介绍一些后续算法需要用到的信息几何基础理论。

**(一)统计流形和费舍尔矩阵**

考虑如下的概率分布族：

$$\boldsymbol{S}=\{p(x;\xi)\mid \xi=[\xi^1,\cdots,\xi^n]\in \Xi\} \tag{6-115}$$

$\Xi$ 为 $\mathbf{R}^n$ 的一个开集。若 $\boldsymbol{S}$ 满足以下正则化条件：

1) $p(\boldsymbol{x};\boldsymbol{\xi})>0$，而且当 $\xi_1\neq\xi_2$ 时，$p(x;\xi_1)\neq p(x;\xi_2)$。

2) $\left\{\dfrac{\delta}{\delta\xi^k}\right\}_{k=1}^n$，$\left\{\dfrac{\delta}{\delta\xi_k}\lg p(x;\xi)\right\}_{k=1}^n$ 均线性无关。

3) $\frac{\delta}{\delta\xi^k}\int = \int\frac{\delta}{\delta\xi^k}$。

4) $\left\{\frac{\delta}{\delta\xi_k}\lg p(x;\xi)\right\}$存在所需的各阶矩。

则参数化的概率分布族 $\boldsymbol{S}$ 可以构成一个流形，对于确定的参数 $\xi$，有一个对应的 $p(x;\xi)$ 为流形上的一个点，通过更改参数 $\xi$ 的值，所有的点构成一个 $n$ 维的流形，称之为统计流形，记为 $\boldsymbol{S}$，参数 $\xi$ 可以看作 $\boldsymbol{S}$ 上的局部坐标系。

对于统计流形 $\boldsymbol{S}$ 来说，费舍尔信息矩阵充当着黎曼矩阵张量 $g$ 的作用，称其为费舍尔矩阵。给定 $\boldsymbol{S}$ 上的一点 $P = p(x;\xi) \in \boldsymbol{S}$，则 $\boldsymbol{S}$ 在 $P$ 点上的费舍尔信息矩阵是一个 $n\times n$ 的矩阵$G(\xi) = [g_{ij}(\xi)]$：

$$g_{ij}(\xi) = E_{\xi}\left[\frac{\delta\ln p(\boldsymbol{x};\boldsymbol{\xi})}{\delta\xi^i}\frac{\delta\ln p(\boldsymbol{x};\boldsymbol{\xi})}{\delta\xi^j}\right] \tag{6-116}$$

式中：$E_{\xi}$ 表示关于 $p(x;\xi)$ 的数学期望。令 $T_P(\boldsymbol{S})$ 表示 $\boldsymbol{S}$ 在点 $P$ 的切空间，费舍尔信息矩阵 $g$ 定义了切空间 $T_P(\boldsymbol{S})$ 上的内积，记作 $\langle\cdot,\cdot\rangle_P$ 或 $\langle\cdot,\cdot\rangle_{\xi}$，并且切向量 $\boldsymbol{X}\in T_P(\boldsymbol{S})$ 的范数定义为 $\|\boldsymbol{X}\|_P = \langle\boldsymbol{X},\boldsymbol{X}\rangle_P^{\frac{1}{2}}$。类似于欧氏空间，曲线 $\gamma(t), t\in[a,b]$ 的长度可以通过计算 $\dot{\gamma}(t)$ 沿曲线的积分可得

$$L(\gamma) = \int_a^b \|\dot{\gamma}(t)\|_{\gamma(t)}\mathrm{d}t \tag{6-117}$$

这里 $\dot{\gamma}(t)$ 上标的点表示 $\gamma(t)$ 对 $t$ 求导。

**(二)测地线距离与黎曼梯度**

对于流形 $\boldsymbol{S}$ 上任意的两个点 $Q_1$ 和 $Q_2$，可以计算任意从 $Q_1$ 和 $Q_2$ 的光滑线的长度。

$$d(Q_1,Q_2) \triangleq \inf_{\gamma(a)=Q_1,\gamma(b)=Q_2} L(\gamma) \tag{6-118}$$

这个量有着不同的名字，例如 Rao 氏距离、费舍尔信息距离，但是黎曼距离是在数学上更标准的术语。通常更喜欢用测地距离这个更直观的术语以此强调它与测地线的联系。

让 $\boldsymbol{S}$ 配备上仿射联络(推广了流形上向量场的方向导数的概念)。通过测量给定的联络，在 $\boldsymbol{S}$ 上的测地线是一条 $\gamma(t)$ 表现为零加速度的曲线。在完整的黎曼流形上，如果联络为 Koszul 公式给定的黎曼或 Levi-Civita 联络，那么两点之间的最小长度由他们之间的测地线构成。换句话说，当完整的黎曼流形配备上仿射联络时，两点之间的测地线距离等效于他们之间的无数个测地线线段之和的长度。

对于 $\boldsymbol{S}$ 上的光滑函数 $f$，$f$ 在点 $P$ 的黎曼梯度为切向量$\nabla f$，则对任意切向量 $\boldsymbol{X}\in T_P(S)$ 有

$$\langle\boldsymbol{X},\nabla f\rangle_P = \frac{\mathrm{d}}{\mathrm{d}t}f(c(t))\bigg|_{t=0} \tag{6-119}$$

式中：$c(t)$ 表示点 $P$ 沿 $\boldsymbol{X}$ 方向的可微曲线。

**(三)多维高斯模型的黎曼几何理论**

考虑 $m$ 维高斯分布的统计流形

$$N^m = \{N(\mu,\boldsymbol{\Sigma}) \mid \mu\in\mathbf{R}^m, \Sigma\in\boldsymbol{S}_+^m\} \tag{6-120}$$

这里协方差矩阵为对称矩阵，有 $m(m+1)/2$ 个自由变量，因此流形 $N^m$ 有 $m(m+1)/2$ 维。对于点 $P\in N^m$，切空间 $T_P(N^m)$ 等同于乘积空间 $\mathbf{R}^m\times\boldsymbol{S}^m$，那么 $T_P(N^m)$ 上的内积可以由

下式给出：

$$\langle (\boldsymbol{a},\boldsymbol{A}),(\boldsymbol{b},\boldsymbol{B})\rangle_P = \boldsymbol{a}^{\mathrm{T}}\boldsymbol{\Sigma}^{-1}\boldsymbol{b} + \frac{1}{2}\mathrm{tr}(\boldsymbol{\Sigma}^{-1}\boldsymbol{A}\boldsymbol{\Sigma}^{-1}\boldsymbol{B}) \tag{6-121}$$

式中：$\boldsymbol{a},\boldsymbol{b}\in\mathbf{R}^m$，$\boldsymbol{A},\boldsymbol{B}\in\boldsymbol{S}^m$，使用坐标系统$(\mu,\boldsymbol{\Sigma})$，那么 $N^m$ 上的测地线满足下列公式：

$$\ddot{\boldsymbol{\mu}} - \dot{\boldsymbol{\Sigma}}\boldsymbol{\Sigma}^{-1}\dot{\boldsymbol{\mu}} = \mathbf{0} \tag{6-122}$$

$$\ddot{\boldsymbol{\Sigma}} + \dot{\boldsymbol{\mu}}\dot{\boldsymbol{\mu}}^T - \dot{\boldsymbol{\Sigma}}\boldsymbol{\Sigma}^{-1}\dot{\boldsymbol{\Sigma}} = \mathbf{0} \tag{6-123}$$

当 $m>1$ 时，上述测地线公式的分析会变得非常复杂。在给定初始点和初始测地线方向的情况下，能够求解出测地线的精确公式。虽然如此，以下问题依然没法解决：①在给定终点情况下怎样求解测地线；②在给定两个任意多维正态分布情况下如何精确求解它们之间的测地线距离。因此最近有很多研究针对于 $N^m$ 的子流形可以近似求解这个测地线距离。

下述介绍一个子流形，即

$$N_{\mu}^m = \{N(\boldsymbol{\mu},\boldsymbol{\Sigma})\,|\,\boldsymbol{\Sigma}\in\boldsymbol{S}_+^m\} \tag{6-124}$$

这里 $\boldsymbol{\mu}\in\mathbf{R}^m$ 是一个固定的均值向量。$N_{\mu}^m$ 是 $N^m$ 的全测地子流形，则 $N_{\mu}^m$ 的每一条测地线都是 $N^m$ 的测地线。在测地子流形下，上述未能解决的问题得以解决。

**(四)一些相关的信息几何理论研究成果**

下面列出的是后续信息融合算法需要用到的信息几何领域研究成果。

**理论 1　映射(投影)理论**

令 $\boldsymbol{S}$ 为一个完备黎曼流形，并且 $S_0$ 是 $\boldsymbol{S}$ 的子流形。给定任意点 $P\in\boldsymbol{S}$ 且 $P\notin S_0$，那么在 $S_0$ 上存在一点 $Q$ 使 $d(P,Q)$ 取最小值，且连接 $P$ 到 $Q$ 的最小测地线与 $S_0$ 正交与 $Q$ 点，那么称点 $Q$ 是点 $P$ 在 $S_0$ 上的投影。

为了后续算法的推进，定义了一个坐标变换(映射)如下：

$$\begin{cases}\delta = \boldsymbol{\Sigma}^{-1}\mu \\ \boldsymbol{\Delta} = \boldsymbol{\Sigma}^{-1}\end{cases} \tag{6-125}$$

当正态分布被表示为指数分布族的形式时，这里的坐标$(\delta,\boldsymbol{\Delta})$又被称作 $N^m$ 上的自然坐标系。

**理论 2　$N^m$ 上的测地线精确解**

在流形 $N^m$ 上，开始于点$(\delta_0,\boldsymbol{\Delta}_0)$方向为$(\dot{\delta}_0,\dot{\boldsymbol{\Delta}}_0)$的测地线可以通过以下公式求得：

$$\boldsymbol{\Delta}(t) = \boldsymbol{\Delta}_0^{\frac{1}{2}}\boldsymbol{R}(t)\boldsymbol{\Delta}_0^{\frac{1}{2}} \tag{6-126}$$

$$\boldsymbol{\delta}(t) = 2\boldsymbol{\Delta}_0^{\frac{1}{2}}\boldsymbol{R}(t)\,\mathrm{Sinh}\left(\frac{1}{2}\boldsymbol{G}t\right)\boldsymbol{G}^{-}\,\boldsymbol{a} + \boldsymbol{\Delta}(t)\boldsymbol{\Delta}_0^{-1}\boldsymbol{\delta}_0 \tag{6-127}$$

$$\boldsymbol{R}(t) = \mathrm{Cosh}\left(\frac{1}{2}\boldsymbol{G}t\right) - \boldsymbol{B}\boldsymbol{G}^{-}\,\mathrm{Sinh}\left(\frac{1}{2}\boldsymbol{G}t\right) \tag{6-128}$$

式中：

$$\boldsymbol{B} = -\boldsymbol{\Delta}_0^{-\frac{1}{2}}\dot{\boldsymbol{\Delta}}_0(0)\boldsymbol{\Delta}_0^{-\frac{1}{2}},\ \boldsymbol{a} = -\boldsymbol{\Delta}_0^{-\frac{1}{2}}\dot{\delta}(0) + \boldsymbol{B}\boldsymbol{\Delta}_0^{-\frac{1}{2}}\boldsymbol{\delta}_0 \tag{6-129}$$

$\boldsymbol{G}$ 是对称正半正定矩阵，且 $\boldsymbol{G}^2=\boldsymbol{B}^2+2\boldsymbol{a}\boldsymbol{a}^{\mathrm{T}}$，$\boldsymbol{G}^{-}$ 是 $\boldsymbol{G}$ 的广义逆矩阵。

在测地线由给定起点和起点处的切向量唯一确定的条件下，$\boldsymbol{G}^{-}$ 特指为 $\boldsymbol{G}$ 的 Moore-Penrose 广义逆矩阵。

**理论3　子流形 $N_\mu^m$ 上的测地距离**

$N_\mu^m$ 是 $N_\mu^m$ 的全测地子流形，则 $N_\mu^m$ 上两点（协方差矩阵分别为 $\boldsymbol{\Sigma}_1$ 和 $\boldsymbol{\Sigma}_2$）之间的二次方测地距离为

$$d^2(\boldsymbol{\Sigma}_1,\boldsymbol{\Sigma}_2)=\|\lg(\boldsymbol{\Sigma}_1^{-\frac{1}{2}}\boldsymbol{\Sigma}_2\boldsymbol{\Sigma}_1^{-\frac{1}{2}})\|^2=\sum_{i=1}^{m}\lg^2\lambda_i \tag{6-130}$$

这里 $\lambda_i$ 是矩阵 $\boldsymbol{\Sigma}_1^{-1}\boldsymbol{\Sigma}_2$ 的实特征值。

因为固定均值的多维高斯分布的统计流形可以由对称正定矩阵定义，那么根据理论3可以用来计算矩阵中心（矩阵的几何均值）。

### 6.6.2　信息几何准则下的信息融合

考虑在含有 $N$ 个传感器（信息源）的分布式系统下观测数据 $\boldsymbol{x}\in\mathbf{R}^m$。在第 $i$ 个传感器，将 $\boldsymbol{x}$ 的测量值记作 $\boldsymbol{z}_i$，那么 $\boldsymbol{x}$ 的本地后验概率密度为 $p_i(\boldsymbol{x}|\boldsymbol{z}_i)$，$i=1,\cdots,N$。并且本地传感器之间的相关性是未知的。最终目的是将这些所有的概率密度融合成单个概率密度，记作 $\hat{p}(\boldsymbol{x}|\boldsymbol{z})$。为了后续推导过程的简便，在没有歧义的情况下，将 $\hat{p}(\boldsymbol{x}|\boldsymbol{z})$ 记作 $\hat{p}$，将 $p_i(\boldsymbol{x}|\boldsymbol{z}_i)(i=1,\cdots,N)$ 记作 $p_i(i=1,\cdots,N)$。

假定 $p_i(i=1,\cdots,N)$ 均属于同一概率分布族 $S=\{p(\boldsymbol{x};\xi)\}$。一般来说，需要一个最优化准则来选定 $S$ 上的最优点 $\hat{p}$。在信息几何框架下，分布族 $S$ 被视为一个黎曼流形，这个流形配备费舍尔信息矩阵，在此条件下，可以得到信息相关的测地距离。在上述观点的基础下，提出了一个新颖的信息融合理论准则：

$$\hat{p}=\underset{p(x;\xi)\in S}{\operatorname{argmin}}\sum_{i=1}^{N}d^2[p_i,p(\boldsymbol{x};\xi)] \tag{6-131}$$

这里的距离 $d$ 由式(6-118)定义。

观察到式(6-131)中的目标函数是 $\boldsymbol{S}$ 上的一个概率密度与所有本地已知概率密度之间的二次方测地距离之和。如果问题式(6-131)可解，当把 $\hat{p}$ 作为经验黎曼均值或信息中心时，那么最小值 $\sum d^2(p_i,\hat{p})$ 给出了经验方差的黎曼几何形式。这个公式可以直观地阐述为为寻找与 $\boldsymbol{S}$ 中本地概率密度的整体最为相似的 $\hat{p}$。特别是对于双传感器情况，最小化等效于找到两个本地概率密度之间的密度“中点”，其中“中点”是通过测地距离而不是通过KL散度来测量的。该“中点”也可以视为“平衡点”，就像“均值”是平衡点一样。

可以看到式(6-131)是用于概率密度函数的理想信息融合准则。但是由于对统计流形的信息几何分析还远远没有得到充分研究，因此针对式(6-131)还做不了太多的工作。即使在许多常用的统计流形上，也无法得出测地距离的显式表达式。换句话说，缺少对式(6-131)中目标函数的精确表达式。因此，需要将注意力集中在高斯分布族上，尽管在任意两个多元高斯分布之间的测地距离仍然没有明确的形式，但高斯分布族是在各种概率分布族中研究得最多的流形结构之一。事实上，以往的研究已经嵌入 Siegel 群并且提供了测地线方程的精确解，这为解决这一难题指出了一个方法。

对于 $i=1,\cdots,N$，令本地后验概率密度 $p_i$ 的形式为 $p_i(\boldsymbol{x}|\boldsymbol{z}_i)=N(\boldsymbol{x};\hat{\boldsymbol{x}}_i,\boldsymbol{P}_i)$，这里 $\hat{\boldsymbol{x}}\in\mathbf{R}^m$ 和 $\boldsymbol{P}_i\in S_+^m$ 是各自的均值和协方差矩阵。类似地，定义融合后的概率密度函数为 $\hat{p}(\boldsymbol{x}|\boldsymbol{z})=N(\boldsymbol{x};\hat{\boldsymbol{x}},\boldsymbol{P})$。在高斯分布的假设下，可以使用坐标系统 $(\mu,\boldsymbol{\Sigma})$，那么信息融合准则式(6-131)的形式变为

$$(\hat{\boldsymbol{x}},\boldsymbol{P})=\underset{(\mu,\Sigma)\in\mathbf{R}^m\times S_+^m}{\operatorname{argmin}}\sum_{i=1}^{N}d^2[p_i,N(\mu,\Sigma)] \tag{6-132}$$

直接解决式(6-132)的优化问题是很难的,因为它的目标函数缺乏精确的表达式。接下来会为上面提到的信息融合问题提供两类信息几何方法,如图6.6所示,两者都为式(6-132)中目标函数的最小值提供了下限。

第一类信息融合算法:核心思想是将导航源误差中的均值向量和协方差矩阵看作一个整体,再基于信息几何的理论设计算法计算不同概率密度之间的距离,并基于此得到两种算法:测地线投影法和Siegel距离法。

第二类信息融合算法:核心思想是将导航源误差中的均值向量和协方差矩阵分开计算。首先只考虑协方差矩阵的融合,再从CI算法中得到均值向量的值。第二类信息融合算法也分为两种算法,矩阵K-L散度法和矩阵测地距离法。

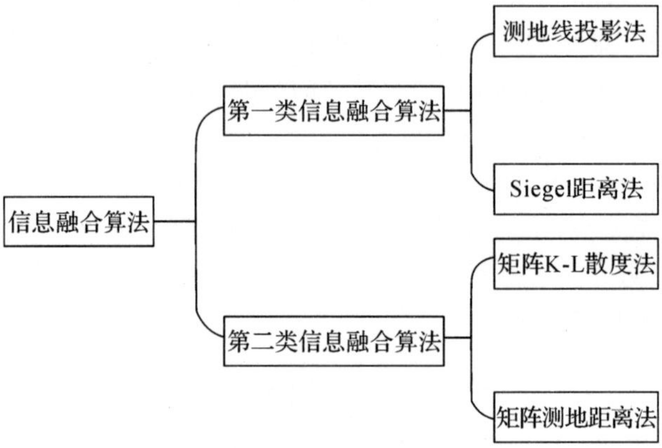


图6.6　信息融合算法分类

### 6.6.3　测地线投影法(geodesic projection,GP)

将式(6-132)的右侧最优化过程分解为两个步骤,先对$\boldsymbol{\Sigma}$求最小值然后再对$\mu$求最小值,则有

$$\min_{\mu\in R^m}\min_{\Sigma\in S_+^m}\sum_{i=1}^{N}d^2[p_i,N(\mu,\Sigma)] \tag{6-133}$$

这里的$p_i$表示均值为$\hat{\boldsymbol{x}}_i$、协方差矩阵为$\boldsymbol{P}_i(i=1,\cdots,N)$的高斯分布。对于问题式(6-133),$\boldsymbol{\Sigma}$在每个求和过程必须相等。若是放宽这个约束条件,那么也可以获得式(6-133)的下界。基于这个前提,现在交换上述公式的求和过程和最小化过程可得

$$\underset{\mu\in\mathbf{R}^m}{\operatorname{argmin}}\sum_{i=1}^{N}\{\min_{\Sigma\in S_+^m}d^2[p_i,N(\mu,\Sigma)]\} \tag{6-134}$$

在这里,通过先固定$\boldsymbol{\mu}$,$N$个最小值问题可以通过$p_i,i=1,\cdots,N$在子流形$N_\mu^m$上的测地线投影来解决。假设$N^m$的子流形$M$从$N^m$继承的拓扑结构,那么可以定义点$P\in N^m$到$M$的距离为

$$d(P,M)=\inf_{R\in M}d(P,R) \tag{6-135}$$

对于$N^m$给定一点$P=N(\boldsymbol{\mu}_P,\boldsymbol{\Sigma}_P)\in N^m$到均值向量$\boldsymbol{\mu}\in\mathbf{R}^m$的子流形$N_\mu^m$的测地距离为

$$d(\boldsymbol{P},\boldsymbol{N}_{\mu}^{m})=\frac{1}{\sqrt{2}}\text{arccosh}[m+(\mu-\mu_{P})^{\mathrm{T}}\Sigma_{P}^{-1}(\mu-\mu_{P})] \tag{6-136}$$

上述的约束放宽通常并不严格，这意味着最小化过程式(6-134)并不等同于解决原始的优化问题式(6-133)。然而，对于分布式估计融合的许多问题，主要目的是获得重要估计量的融合估计(例如，均值估计)，而融合过程的 MSE 估计仅提供对其估计误差的评估。因此，式(6-134)在以下观点上对信息融合很有意义：局部最小化将本地概率密度以某个公共的固定均值投影到子流形上，从而在每个局部传感器处获得一致的均值估计；通过外部优化为该相干估计选择一致的解，从而使从本地后验概率密度到均值指定的高斯子流形的二次方测地距离和最小。根据式(6-134)，可以继续推导出：

$$\begin{aligned}\hat{\boldsymbol{x}}&=\underset{\mu\in R^{m}}{\operatorname{argmin}}\sum_{i=1}^{N}\{d^{2}(p_{i},N_{\mu}^{m})\}\\&=\underset{\mu\in R^{m}}{\operatorname{argmin}}\sum_{i=1}^{N}\text{arccosh}^{2}[m+(\mu-\hat{\boldsymbol{x}}_{i})^{\mathrm{T}}\boldsymbol{P}_{i}^{-1}(\mu-\hat{\boldsymbol{x}}_{i})]\end{aligned} \tag{6-137}$$

这里第一个等式根据式(6-135)得到，第二个等式根据式(6-136)得到。可以发现融合协方差矩阵 $\boldsymbol{P}$ 不能从式(6-134)得到，下面解决 GP 方法的解的问题。

首先令

$$\varphi(x)=\text{arcccosh}^{2}(x+m) \tag{6-138}$$

那么表达式(6-137)可变为

$$\min_{\mu\in R^{m}}\sum_{i=1}^{N}\varphi[D_{i}^{2}(\mu)] \tag{6-139}$$

式中

$$D_{i}^{2}(\mu)=(\mu-\hat{\boldsymbol{x}}_{i})^{\mathrm{T}}\boldsymbol{P}_{i}^{-1}(\mu-\hat{\boldsymbol{x}}_{i}) \tag{6-140}$$

式(6-140)表示的是 $\mu$ 到第 $i$ 个后验概率密度(均值为 $\hat{\boldsymbol{x}}_i$ 且协方差矩阵为 $\boldsymbol{P}_i$)的二次方马氏距离。

问题式(6-139)的精确解为

$$\hat{\boldsymbol{x}}=\left(\sum_{i=1}^{N}\omega_{i}(\hat{\boldsymbol{x}})\boldsymbol{P}_{i}^{-1}\right)^{-1}\sum_{i=1}^{N}\omega_{i}(\hat{\boldsymbol{x}})\boldsymbol{P}_{i}^{-1}\hat{\boldsymbol{x}}_{i} \tag{6-141}$$

式中

$$\omega_{i}(\hat{\boldsymbol{x}})=\frac{\dot{\varphi}[D_{i}^{2}(\hat{\boldsymbol{x}})]}{\sum_{i=1}^{N}\dot{\varphi}[D_{i}^{2}(\hat{\boldsymbol{x}})]} \tag{6-142}$$

式中：$\hat{\boldsymbol{x}}$ 与 $\omega_i$ 相互独立。

证明如下：

对式(6-139)关于 $\mu$ 求导可得

$$\sum_{i=1}^{N}\dot{\varphi}(D_{i}^{2}(\hat{\boldsymbol{x}}))\boldsymbol{P}_{i}^{-1}(\hat{\boldsymbol{x}}-\hat{\boldsymbol{x}}_{i})=\boldsymbol{0} \tag{6-143}$$

则有

$$\left\{\sum_{i=1}^{N}\dot{\varphi}[D_{i}^{2}(\hat{\boldsymbol{x}})]\boldsymbol{P}_{i}^{-1}\right\}\hat{\boldsymbol{x}}=\sum_{i=1}^{N}\dot{\varphi}(D_{i}^{2}(\hat{\boldsymbol{x}}))\boldsymbol{P}_{i}^{-1}\hat{\boldsymbol{x}}_{i} \tag{6-144}$$

将式(6-142)代入，可以得到最终结果。

之所以在式(6－141)中用 $\omega_i$ 代替相关的结果，是因为可以观察到 $\omega_i$ 代表的含义是每个传感器在最后信息融合结果中所占的信息比重，这是 $\hat{\boldsymbol{x}}$ 也与 CI 估计方法中的形式相同，因此类似地，可以得到协方差矩阵 $\boldsymbol{P}$ 的表达式为

$$\boldsymbol{P}=\left(\sum_{i=1}^{N}\omega_i\boldsymbol{P}_i^{-1}\right)^{-1} \tag{6-145}$$

这里 $\omega_i$ 由式(6－142)得到。因此，GP 方法也简化为了 CI 算法的形式，但总体来说不同的权重反映了其中蕴含的信息几何准则。

### 6.6.4 Siegel 距离法(siegel distance,SD)

每个 $m$ 维高斯概率分布可以确定一个基于嵌入 $F$ 的 $m+1$ 维正定矩阵：

$$N(\mu,\boldsymbol{\Sigma})\in N^m\rightarrow\boldsymbol{S}=\begin{bmatrix}\boldsymbol{\Sigma}+\mu\mu^{\mathrm{T}} & \mu\\ \mu^{T} & 1\end{bmatrix}\in\boldsymbol{S}_{+}^{m+1} \tag{6-146}$$

令 $Q_1=N(\mu_1,\boldsymbol{\Sigma}_1),Q_2=N(\mu_2,\boldsymbol{\Sigma}_2)\in N^m$。那么 $Q_1$ 于 $Q_2$ 之间的 Siegel 距离定义为 Siegel 群上 $F(Q_1)$ 到 $F(Q_2)$ 的黎曼距离，也就是固定均值的 $N^{m+1}$ 的子流形上的测地距离。可以表示为

$$d_S(Q_1,Q_2)\triangleq d[F(Q_1),F(Q_2)] \tag{6-147}$$

用 Siegel 距离代替公式(6－132)中的测地距离，可以提出新的融合准则：

$$(\hat{\boldsymbol{x}},\boldsymbol{P})=\underset{(\mu,\Sigma)\in R^m\times S_{+}^m}{\operatorname{argmin}}\sum_{i=1}^{N}d_S^2[\boldsymbol{p}_i,N(\mu,\Sigma)] \tag{6-148}$$

注意到式(6－148)给出了一个外部重心，因为距离 $d_S$ 是在空间 $\boldsymbol{S}_{+}^{m+1}$ 上计算的。为了方便后续结果的推导，令 $\boldsymbol{S}_i=F((\hat{\boldsymbol{x}},\boldsymbol{P}_i)),i=1,\cdots,N$。

即使在式(6－148)中的目标函数有明确表达式，也仍然很难直接解决这个最优化问题。大量数值方法被用来获得最优解。在此要阐明以下两点：

(1)考虑到黎曼几何结构，不使用传统的欧氏空间最优化方法，例如牛顿迭代法。取而代之的是，应该根据负黎曼梯度方向设计一条沿测地线的下降路径。

(2)不在集合 $\boldsymbol{S}_{+}^{m+1}$ 上寻找黎曼重心，但希望在每个迭代步骤中获得在子流形 $F(N^m)$ 中的增广矩阵 $\boldsymbol{S}$ 的当前估计。

因此，需要设计基于 $N^m$(或者说 $F(N^m)$，因为它们是等距的)的梯度下降算法。因此，首先计算目标函数的黎曼梯度：

$$\boldsymbol{\Psi}(\delta,\boldsymbol{\Delta})=\sum_{i=1}^{N}d_S^2[p_i,N(\mu,\boldsymbol{\Sigma})] \tag{6-149}$$

式中：$(\delta,\boldsymbol{\Delta})$ 是 $(\mu,\boldsymbol{\Sigma})$ 的转换形式。为求得梯度，首先可以得到 $\boldsymbol{\Psi}$ 的偏导为

$$\frac{\partial\boldsymbol{\Psi}}{\partial\delta}=2\begin{bmatrix}\boldsymbol{\Sigma}\\0\end{bmatrix}^{T}\boldsymbol{\Phi}\begin{bmatrix}\mu\\1\end{bmatrix},\frac{\partial\boldsymbol{\Psi}}{\partial\boldsymbol{\Delta}}=-\Sigma\boldsymbol{\Phi}_m\boldsymbol{\Sigma} \tag{6-150}$$

式中

$$\boldsymbol{\Phi}=\sum_{i=1}^{N}\lg(\boldsymbol{S}_i^{-1}\boldsymbol{S})\boldsymbol{S}^{-1} \tag{6-151}$$

$\boldsymbol{\Phi}_m$ 表示矩阵 $\boldsymbol{\Phi}$ 的 $m$ 阶主子式。

根据式(6－119)，$N^m$ 上的黎曼梯度为

$$\boldsymbol{v}=\boldsymbol{\Sigma}^{-1}\frac{\partial\boldsymbol{\Psi}}{\partial\boldsymbol{\delta}}+\boldsymbol{\Omega}\boldsymbol{\mu} \tag{6-152}$$

$$\boldsymbol{\Omega}=\boldsymbol{\Sigma}^{-1}\left(2\frac{\partial\boldsymbol{\Psi}}{\partial\boldsymbol{\Delta}}+\frac{\partial\boldsymbol{\Psi}}{\partial\boldsymbol{\delta}}\boldsymbol{\mu}^{\mathrm{T}}+\mu\left(\frac{\partial\boldsymbol{\Psi}}{\partial\boldsymbol{\delta}}\right)^{\mathrm{T}}\right)\boldsymbol{\Sigma}^{-1} \tag{6-153}$$

这里 $\boldsymbol{v}$ 和 $\boldsymbol{\Omega}$ 分别是梯度向量 $\nabla\boldsymbol{\Psi}$ 在 $\boldsymbol{\delta}$ 和 $\boldsymbol{\Delta}$ 方向上的分量。

证明如下：

假设在自然坐标系 $(\delta,\boldsymbol{\Delta})$ 下，$\gamma(t)$ 的起点为 $Q$、初始方向为 $\boldsymbol{X}=(\boldsymbol{b},\boldsymbol{B})$，其中 $\boldsymbol{b}\in\mathbf{R}^m$，$\boldsymbol{B}\in\boldsymbol{S}^m$。也就是说 $\dot{\gamma}(0)=(\dot{\delta}(0),\dot{\boldsymbol{\Delta}}(0))=(\boldsymbol{b},\boldsymbol{B})$。那么可以得到如下表达式：

$$\dot{\boldsymbol{\mu}}(0)=\boldsymbol{\Sigma}(\boldsymbol{b}-\boldsymbol{B}\boldsymbol{\mu}) \tag{6-154}$$

$$\dot{\boldsymbol{\Sigma}}(0)=-\boldsymbol{\Sigma}\boldsymbol{B}\boldsymbol{\Sigma} \tag{6-155}$$

从式(6－154)和式(6－155)可以得到，在点 $Q$ 处的切向量在 $\boldsymbol{\mu}$ 和 $\boldsymbol{\Sigma}$ 方向的分量分别为 $\boldsymbol{\Sigma}(\boldsymbol{v}-\boldsymbol{\Omega}\boldsymbol{\mu})$ 和 $-\boldsymbol{\Sigma}\boldsymbol{\Omega}\boldsymbol{\Sigma}$。利用 Fisher 内积的不变性以及式(6－121)可得

$$\begin{aligned}\langle\boldsymbol{X},\nabla\boldsymbol{\Psi}\rangle_{(\boldsymbol{\mu},\boldsymbol{\Sigma})}&=\langle(\boldsymbol{\Sigma}(\boldsymbol{b}-\boldsymbol{\Omega}\boldsymbol{\mu}),-\boldsymbol{\Sigma}\boldsymbol{B}\boldsymbol{\Sigma}),(\boldsymbol{\Sigma}(\boldsymbol{v}-\boldsymbol{\Omega}\boldsymbol{\mu}),-\boldsymbol{\Sigma}\boldsymbol{\Omega}\boldsymbol{\Sigma})\rangle\\&=(\boldsymbol{b}-\boldsymbol{\Omega}\boldsymbol{\mu})^{\mathrm{T}}\boldsymbol{\Sigma}(\boldsymbol{v}-\boldsymbol{\Omega}\boldsymbol{\mu})+\frac{1}{2}\mathrm{tr}(\boldsymbol{\Sigma}\boldsymbol{B}\boldsymbol{\Sigma}\boldsymbol{\Omega})\\&=\boldsymbol{b}^{\mathrm{T}}\Sigma(\boldsymbol{v}-\boldsymbol{\Omega}\boldsymbol{\mu})+\mathrm{tr}\left[\boldsymbol{B}\left(-\boldsymbol{\Sigma}(\boldsymbol{v}-\boldsymbol{\Omega}\boldsymbol{\mu})\boldsymbol{\mu}^{\mathrm{T}}+\frac{1}{2}\boldsymbol{\Sigma}\boldsymbol{\Omega}\boldsymbol{\Sigma}\right)\right]\end{aligned} \tag{6-156}$$

另一方面实值函数 $\boldsymbol{\Psi}(\gamma(t))$ 关于 $t$ 在 0 处的微分为

$$\left.\frac{\mathrm{d}\boldsymbol{\Psi}(\gamma(t))}{\mathrm{d}t}\right|_{t=0}=\boldsymbol{b}^{\mathrm{T}}\frac{\partial\boldsymbol{\Psi}}{\partial\boldsymbol{\delta}}+\mathrm{tr}\left(\boldsymbol{B}\frac{\partial\boldsymbol{\Psi}}{\partial\boldsymbol{\Delta}}\right) \tag{6-157}$$

因为公式(6－119)对任意 $\boldsymbol{b}\in\mathbf{R}^m$ 和任意 $\boldsymbol{B}\in\boldsymbol{S}^m$ 都成立，因此可得

$$\frac{\partial\boldsymbol{\Psi}}{\partial\boldsymbol{\delta}}=\boldsymbol{\Sigma}(\boldsymbol{v}-\boldsymbol{\Omega}\boldsymbol{\mu}) \tag{6-158}$$

$$\frac{\partial\boldsymbol{\Psi}}{\partial\boldsymbol{\Delta}}=-\frac{1}{2}[\boldsymbol{\Sigma}(\boldsymbol{v}-\boldsymbol{\Omega}\boldsymbol{\mu}^{\mathrm{T}}+\boldsymbol{\mu}\,(\boldsymbol{v}-\boldsymbol{\Omega}\boldsymbol{\mu})^{\mathrm{T}}\boldsymbol{\Sigma})]+\frac{1}{2}\boldsymbol{\Sigma}\boldsymbol{\Omega}\boldsymbol{\Sigma} \tag{6-159}$$

注意到矩阵 $\frac{\partial\boldsymbol{\Psi}}{\partial\boldsymbol{\Delta}}$ 和 $\boldsymbol{\Sigma}\boldsymbol{\Omega}\boldsymbol{\Sigma}$ 是对称矩阵，结合式(6－158)和式(6－159)可得

$$\frac{\partial\boldsymbol{\Psi}}{\partial\boldsymbol{\Delta}}=-\frac{1}{2}\left[\frac{\partial\boldsymbol{\Psi}}{\partial\boldsymbol{\delta}}\boldsymbol{\mu}^{\mathrm{T}}+\mu\left(\frac{\partial\boldsymbol{\Psi}}{\partial\boldsymbol{\delta}}\right)^{\mathrm{T}}\right]+\frac{1}{2}\boldsymbol{\Sigma}\boldsymbol{\Omega}\boldsymbol{\Sigma} \tag{6-160}$$

继续化简式(6－158)和式(6－159)易得

$$\boldsymbol{v}=\boldsymbol{\Sigma}^{-1}\frac{\partial\boldsymbol{\Psi}}{\partial\boldsymbol{\delta}}+\boldsymbol{\Omega}\mu \tag{6-161}$$

$$\boldsymbol{\Omega}=\boldsymbol{\Sigma}^{-1}\left[2\frac{\partial\boldsymbol{\Psi}}{\partial\boldsymbol{\Delta}}+\frac{\partial\boldsymbol{\Psi}}{\partial\boldsymbol{\delta}}\boldsymbol{\mu}^{T}+\boldsymbol{\mu}\left(\frac{\partial\boldsymbol{\Psi}}{\partial\boldsymbol{\delta}}\right)^{\mathrm{T}}\right]\boldsymbol{\Sigma}^{-1} \tag{6-162}$$

结论得证。

通过使用前推算子和 $N^m$ 上的内积来推导出数值解法。令 $\gamma(t;\boldsymbol{P},\boldsymbol{X})$ 表示起点为 $\boldsymbol{P}\in N^m$ 且起点处切向量为 $\boldsymbol{X}\in T_P(N^m)$，这个可以通过前面提到的方法精确计算。步进操作符 $\boldsymbol{K}_h$ 定义为

$$(\boldsymbol{\delta}_{l+1},\boldsymbol{\Delta}_{l+1})=\boldsymbol{K}_h(\boldsymbol{\delta}_l,\boldsymbol{\Delta}_l)=\gamma(h;(\boldsymbol{\delta}_l,\boldsymbol{\Delta}_l),(-v_l,-\boldsymbol{\Omega}_l)) \tag{6-163}$$

这里 $h$ 表示步长，$(\boldsymbol{v}_l,\boldsymbol{\Omega}_l)$ 是在指定的点 $(\boldsymbol{\delta}_l,\boldsymbol{\Delta}_l)$ 处对应的黎曼梯度。此外，回溯过程选择了每次迭代的适当的 $h$ 值，其中我们用其黎曼范数代替了梯度中的欧几里得范数：

$$\|\nabla\boldsymbol{\Psi}\|_{(\boldsymbol{\delta},\boldsymbol{\Delta})}=\left[(\boldsymbol{v}-\boldsymbol{\Omega}\boldsymbol{\Delta}^{-1}\boldsymbol{\delta})^{\mathrm{T}}\boldsymbol{\Delta}^{-1}(\boldsymbol{v}-\boldsymbol{\Omega}\boldsymbol{\Delta}^{-1}\boldsymbol{\delta})+\frac{1}{2}\mathrm{tr}(\boldsymbol{\Delta}^{-1}\boldsymbol{\Omega}\boldsymbol{\Delta}^{-1}\boldsymbol{\Omega})\right]^{\frac{1}{2}} \tag{6-164}$$

### 6.6.5 矩阵 K－L 散度二次方均值最小化法

考虑均值为 $\mathbf{0}$、相关矩阵为 $\boldsymbol{R}$ 的复高斯矢量分布 $N(\mathbf{0},\boldsymbol{R})$，其分布表达式为

$$p(x)=\frac{1}{\pi^{n}\left|\boldsymbol{R}\right|}\exp(x^{H}\boldsymbol{R}^{-1}x) \tag{6-165}$$

式中：$|\cdot|$ 代表矩阵的行列式。考虑由相关矩阵 $\boldsymbol{R}\in H(n)$ 参数化的概率分布族 $S=\{p(x|\boldsymbol{R})|\boldsymbol{R}\in H(n)\}$，其中 $H(n)$ 为 $n\times n$ 维 Hermitian 正定矩阵空间，根据信息几何理论，在一定的拓扑和微分结构下 $S$ 可以构成一个以 $\boldsymbol{R}$ 维自然坐标的流形，并称之为统计流形。因为流形 $S$ 的坐标 $\boldsymbol{R}$ 为相关矩阵，则又可以称 $S$ 为矩阵流形。

零均值高斯矢量分布属于指数分布族的一种，指数分布族具有对偶结构，即流形具有两个相互对偶的坐标系统，且两者之间可以由势函数的勒让德变换相互转化。指数分布族具有以下形式：

$$p(x|\theta)=\exp\{C(x)+\theta^{\mathrm{T}}F(x)-\psi(\theta)\} \tag{6-166}$$

式中：$C(x)$ 是关于 $x$ 的多项式，$F(x)$ 为自然参数 $\theta$ 的充分统计量，$\psi(\theta)$ 称为分布的势函数，并且零均值复高斯分布 $N(0,R)$ 的势函数为

$$\psi(\theta)=-\log(|R|) \tag{6-167}$$

设自然坐标 $\boldsymbol{R}$ 的对偶坐标系统为 $\boldsymbol{R}^{\omega}$，流形 $S$ 在对偶坐标下的势函数为 $\varphi(\boldsymbol{R}^{\omega})$，则自然坐标 $\boldsymbol{R}$ 与对偶坐标 $\boldsymbol{R}^{\omega}$ 有如下的勒让德转化关系：

$$\left.\begin{aligned}\boldsymbol{R}&=\nabla\varphi(\boldsymbol{R}^{\omega})=\nabla(\nabla\psi(\boldsymbol{R}))\\ \boldsymbol{R}^{\omega}&=\nabla\psi(\boldsymbol{R})\end{aligned}\right\} \tag{6-168}$$

式中：$\nabla$ 代表梯度运算符。令 $\boldsymbol{R}_1$ 和 $\boldsymbol{R}_2$ 为流形 $S$ 上的任意两点，其对偶的坐标分别为 $(\boldsymbol{R}_1,\boldsymbol{R}_1^{\omega})$ 和 $(\boldsymbol{R}_2,\boldsymbol{R}_2^{\omega})$，则从 $\boldsymbol{R}_1$ 和 $\boldsymbol{R}_2$ 的 Bregman 散度定义为

$$D(\boldsymbol{R}_1,\boldsymbol{R}_2)=\psi(\boldsymbol{R}_1)+\varphi(\boldsymbol{R}_2^{\omega})-\boldsymbol{R}_1\boldsymbol{R}_2^{\omega} \tag{6-169}$$

将式(6－168)代入式(6－169)，可将 Bregman 散度仅由自然坐标表示为

$$D(\boldsymbol{R}_1,\boldsymbol{R}_2)=\psi(\boldsymbol{R}_1)+\varphi(\boldsymbol{R}_2^{\omega})-\nabla\psi(\boldsymbol{R}_2)(\boldsymbol{R}_1-\boldsymbol{R}_2) \tag{6-170}$$

再根据式(6－167)，将零均值复高斯分布的势函数代入，就可以得到流形上 $\boldsymbol{R}_1$ 到 $\boldsymbol{R}_2$ 的 K－L 散度为

$$D(\boldsymbol{R}_1,\boldsymbol{R}_2)=\boldsymbol{tr}(\boldsymbol{R}_2^{-1}\boldsymbol{R}_1-I)-\mathrm{Log}(|\boldsymbol{R}_2^{-1}\boldsymbol{R}_1|) \tag{6-171}$$

散度可以作为流形上两个矩阵间差异性的一种度量，对于 $K-L$ 散度，还具有信息单调性，即散度值会随着两个矩阵信息差异性的变大而增大，反之亦然。因而可以把散度看做流形上的一种距离，但它不满足对称性和三角不等式，因而又称之为伪距离。

现在通过这个距离再来解决概率信息融合的问题。

对于 $N$ 个高斯分布 $N(\mu_k,\boldsymbol{R}_k)$，$k=1,\cdots,N$，将其融合为一个概率密度则问题归结为求得 $N(\mu,\boldsymbol{R})$ 使目标函数得到最小值，即

$$f(u,\boldsymbol{R})=\frac{1}{N}\sum_{k=1}^{N}D^{2}[N(\mu_k,\boldsymbol{R}_k),N(u,\boldsymbol{R})] \tag{6-172}$$

这里距离 $D$ 为概率密度间的测地距离。但是这个距离没有直接的显式表达式，无法直接获得上式的最优化结果。

将式(6－172)近似化，分为两个步骤来解决目标函数的最小化问题。

第一步：先忽略均值在融合过程中的作用，并且忽略系数 $1/N$，先对 $N$ 个高斯分布的协方差矩阵 $\boldsymbol{R}_k,k=1,\cdots,N$ 进行融合，从而问题变为求得满足下式目标函数最小值的 $R$，即

$$f(\boldsymbol{R})=\sum_{k=1}^{N}KLD^2(\boldsymbol{R},\boldsymbol{R}_k) \tag{6-173}$$

第二步：类似于 CI 算法的步骤，通过下式求得均值的融合结果 $\boldsymbol{u}$，即

$$u=\boldsymbol{R}\sum_{k=1}^{N}\omega_k\boldsymbol{R}_k^{-1}\mu_k \tag{6-174}$$

式中：$\omega_k$ 为权重因子。

下述继续讨论如何从式(6-173)得到 $\boldsymbol{R}$ 的解。

通过梯度下降法进行迭代求解目标函数的解，其中迭代初始值使用 CI 算法给定的值。

通过矩阵求导公式：

$$\frac{\partial\ln|\boldsymbol{A}|}{\partial\boldsymbol{A}}=(\boldsymbol{A}^{-1})^{\mathrm{T}} \tag{6-175}$$

$$\frac{\partial(\boldsymbol{AB})}{\partial\boldsymbol{A}}=\frac{\partial(\boldsymbol{BA})}{\partial\boldsymbol{A}}=\boldsymbol{B}^{\mathrm{T}} \tag{6-176}$$

以及矩阵求导链式法则

$$\frac{\partial\boldsymbol{z}}{\partial\boldsymbol{X}}=\left(\frac{\partial\boldsymbol{Y}}{\partial\boldsymbol{X}}\right)^{\mathrm{T}}\frac{\partial\boldsymbol{z}}{\partial\boldsymbol{Y}} \tag{6-177}$$

对式(6-172)求导，可得

$$f'=\sum_{k=1}^{N}2\mathrm{KLD}(\boldsymbol{R},\boldsymbol{R}_k)(\boldsymbol{R}_k^{-1}-\boldsymbol{R}^{-1}) \tag{6-178}$$

故有

$$\boldsymbol{R}_{i+1}=\boldsymbol{R}_i-hf'(\boldsymbol{R}_i) \tag{6-179}$$

式中：$h$ 为迭代步长。

### 6.6.6 矩阵测地距离二次方均值最小化法

从公式(6-172)继续，与上一节方法类似，同样是分为两个步骤，但是第一步中的矩阵 K-L散度替换为矩阵测地距离，从而目标函数变为

$$f(\boldsymbol{R})=\frac{1}{N}\sum_{k=1}^{N}\mathrm{GD}^2(\boldsymbol{R},\boldsymbol{R}_k) \tag{6-180}$$

通过梯度下降法可以得到 $R$ 的解，则有

$$\boldsymbol{R}_{i+1}=\boldsymbol{R}_i^{\frac{1}{2}}\exp\left(\frac{h}{N}\sum_{k=1}^{N}\mathrm{Log}(\boldsymbol{R}_i^{-\frac{1}{2}}\boldsymbol{R}_k\boldsymbol{R}_i^{-\frac{1}{2}})\right)\boldsymbol{R}_i^{\frac{1}{2}},0\leqslant h\leqslant 1 \tag{6-181}$$

迭代初值同样可以由 CI 算法得到，$h$ 为迭代步长。

下述为该结论的证明：

这里 $\mathrm{Log}(\cdot)$ 表示矩阵的对数函数，$\boldsymbol{A}$ 和 $\boldsymbol{B}$ 代表任意方阵，则有

$$\mathrm{Log}\boldsymbol{A}=-\sum_{k=1}^{\infty}\frac{(\boldsymbol{I}-\boldsymbol{A})^k}{k} \tag{6-182}$$

当给定任意矩阵范数 $\|\cdot\|$ 有 $\|\boldsymbol{I}-\boldsymbol{A}\|<1$，$-\sum\limits_{k=1}^{\infty}\frac{(\boldsymbol{I}-\boldsymbol{A})^k}{k}$ 收敛到 $\mathrm{Log}\boldsymbol{A}$。

容易知道通常情况下 $\mathrm{Log}(\boldsymbol{AB})\neq\mathrm{Log}\boldsymbol{A}+\mathrm{Log}\boldsymbol{B}$，类似于矩阵乘法 $\boldsymbol{AB}\neq\boldsymbol{BA}$，并且对于上述

的矩阵对数还有以下性质：

$$\mathrm{Log}(\boldsymbol{A}^{-1}\boldsymbol{B}\boldsymbol{A}) = \boldsymbol{A}^{-1}(\mathrm{Log}\boldsymbol{B})\boldsymbol{A} \tag{6-183}$$

并且对 $\mathrm{Log}(\cdot)$ 函数有以下性质：

$$\frac{\mathrm{d}\,\mathrm{tr}\{\mathrm{Log}^2\{X[t]\}\}}{\mathrm{d}t} = 2\mathrm{tr}\left[\mathrm{Log}\boldsymbol{X}(t)\boldsymbol{X}^{-1}(t)\frac{\mathrm{d}}{\mathrm{d}t}X(t)\right] \tag{6-184}$$

式中：$X(t)$是参数为 $t$ 的实矩阵函数。

再继续给出以下定义：

$$S(n) = \{\boldsymbol{A} \in \mathbf{R}^{n\times n}, \boldsymbol{A}^{\mathrm{T}} = \boldsymbol{A}\} \tag{6-185}$$

为所有 $n\times n$ 实对称矩阵的集合：

$$P(n) = \{\boldsymbol{A} \in S(n), \boldsymbol{A} > 0\} \tag{6-186}$$

为所有 $n\times n$ 实对称正定矩阵的集合，其中 $\boldsymbol{A}>0$ 代表对任意 $x\in\mathbf{R}^n$ 都有 $x^{\mathrm{T}}\boldsymbol{A}\boldsymbol{x}>0$ 成立，并且对任意 $\boldsymbol{P}$ 和 $\boldsymbol{Q}$ 属于 $P(n)$时，$\boldsymbol{P}+t\boldsymbol{P}, t>0$ 也属于 $P(n)$。

则有 $P(n)$上 $\boldsymbol{P}_1$ 到 $\boldsymbol{P}_2$ 的黎曼距离为

$$d_{p(n)}(\boldsymbol{P}_1, \boldsymbol{P}_2) = \|\mathrm{Log}(\boldsymbol{P}_1^{-1}\boldsymbol{P}_2)\|_F = \left[\sum_{i=1}^{n}\lg^2\lambda_i\right]^{\frac{1}{2}} \tag{6-187}$$

式中：$\lambda_i, i=1,\cdots,n$ 为 $\boldsymbol{P}_1^{-1}\boldsymbol{P}_2$ 的所有特征值，可以看出 $\boldsymbol{P}_2^{\frac{1}{2}}\boldsymbol{P}_1^{-1}\boldsymbol{P}_2^{\frac{1}{2}}$ 与 $\boldsymbol{P}_1^{-1}\boldsymbol{P}_2$ 相似，可得

$$\|\mathrm{Log}(\boldsymbol{P}_1^{-1}\boldsymbol{P}_2)\|_F = \|\mathrm{Log}(\boldsymbol{P}_2^{\frac{1}{2}}\boldsymbol{P}_1^{-1}\boldsymbol{P}_2^{\frac{1}{2}})\|_F \tag{6-188}$$

从而目标函数变为

$$f(\boldsymbol{R}) = \frac{1}{N}\sum_{k=1}^{N}d_{p(n)}{}^2(\boldsymbol{R}, \boldsymbol{R}_k) \tag{6-189}$$

令 $H(\boldsymbol{S}(t)) = \frac{1}{2}\|\mathrm{Log}(\boldsymbol{W}^{-1}\boldsymbol{S}(t))\|_F^2$，这里 $\boldsymbol{S}(t) = \boldsymbol{P}^{\frac{1}{2}}\exp(t\boldsymbol{A})\boldsymbol{P}^{\frac{1}{2}}$，为从点 $\boldsymbol{P}$ 开始方向为 $\boldsymbol{\Delta} = \dot{\boldsymbol{S}}(0) = \boldsymbol{P}^{\frac{1}{2}}\boldsymbol{A}\boldsymbol{P}^{\frac{1}{2}}$ 的测地线，并且 $\boldsymbol{W}$ 为 $P(n)$上的常矩阵。

由上述公式(6－183)，有

$$H(\boldsymbol{S}(t)) = \frac{1}{2}\|\mathrm{Log}[\boldsymbol{W}^{-\frac{1}{2}}\boldsymbol{S}(t)\boldsymbol{W}^{-\frac{1}{2}}]\|_F^2 \tag{6-190}$$

因为 $\mathrm{Log}[\boldsymbol{W}^{-\frac{1}{2}}\boldsymbol{S}(t)\boldsymbol{W}^{-\frac{1}{2}}]$为对称矩阵，可得

$$\frac{\mathrm{d}}{\mathrm{d}t}H[\boldsymbol{S}(t)]\bigg|_{t=0} = \frac{1}{2}\frac{\mathrm{d}}{\mathrm{d}t}tr(\{\mathrm{Log}[\boldsymbol{W}^{-\frac{1}{2}}\boldsymbol{S}(t)\boldsymbol{W}^{-\frac{1}{2}}]\}^2)\bigg|_{t=0} \tag{6-191}$$

由式(6－184)可得

$$\frac{\mathrm{d}}{\mathrm{d}t}H(\boldsymbol{S}(t))\bigg|_{t=0} = \mathrm{tr}[\mathrm{Log}(\boldsymbol{W}^{-1}\boldsymbol{P})\boldsymbol{P}^{-1}\boldsymbol{\Delta}] = \mathrm{tr}[\boldsymbol{\Delta}\mathrm{Log}(\boldsymbol{W}^{-1}\boldsymbol{P})\boldsymbol{P}^{-1}] \tag{6-192}$$

因此，$H$ 的梯度为

$$\nabla H = \mathrm{Log}(\boldsymbol{W}^{-1}\boldsymbol{P})\boldsymbol{P}^{-1} = \boldsymbol{P}^{-1}\mathrm{Log}(\boldsymbol{P}\boldsymbol{W}^{-1}) \tag{6-193}$$

为了使推导过程简便，将目标函数变为

$$f(\boldsymbol{R}) = \frac{1}{2N}\sum_{k=1}^{N}d_{p(n)}{}^2(\boldsymbol{R}, \boldsymbol{R}_k) \tag{6-194}$$

在此基础上求得的最优化结果是一致的。

则目标函数的梯度为

$$\nabla f = \frac{\boldsymbol{R}}{N}\sum_{k=1}^{N}\mathrm{Log}(\boldsymbol{R}_k^{-1}\boldsymbol{R}) \tag{6-195}$$

在 $\boldsymbol{R}$ 为 $\boldsymbol{R}_1,\cdots,\boldsymbol{R}_N$ 的几何重心时有

$$\sum_{k=1}^{N}\mathrm{Log}(\boldsymbol{R}_k^{-1}\boldsymbol{R}) = 0 \tag{6-196}$$

可以根据梯度下降法得到 $\boldsymbol{R}$ 的解，则有

$$\boldsymbol{R}_{i+1} = \boldsymbol{R}_i - h\,\nabla f = \boldsymbol{R}_i - h\frac{\boldsymbol{R}_i}{N}\sum_{k=1}^{N}\mathrm{Log}(\boldsymbol{R}_k^{-1}\boldsymbol{R}_i) \tag{6-197}$$

$h$ 为迭代步长，$0\leqslant h\leqslant 1$。

下述引入一个引理：

对于任意 $\Sigma(s)\in P(n)$ 和切向量 $v=-\nabla\lambda^2$，为半正定矩阵，那么公式(6-197)的梯度下降法的结果可以变为

$$\boldsymbol{R}_{i+1} = \boldsymbol{R}_i^{\frac{1}{2}}\exp(-ds\boldsymbol{R}_i^{-\frac{1}{2}}\,\nabla f\boldsymbol{R}_i^{\frac{1}{2}})\boldsymbol{R}_i^{\frac{1}{2}} \tag{6-198}$$

证明如下：

开始于 $\boldsymbol{\Sigma}(s)$ 并且方向为 $v=\Sigma(s)^{\frac{1}{2}}X\boldsymbol{\Sigma}(s)^{\frac{1}{2}}$ 的测地线可以表示为（$X$ 为半正定矩阵）

$$\boldsymbol{\Sigma}(s+ds) = \boldsymbol{\Sigma}(s)^{\frac{1}{2}}\exp(dsX)\boldsymbol{\Sigma}(s)^{\frac{1}{2}} \tag{6-199}$$

再令 $v$ 为梯度的相反数，则有

$$X = -\boldsymbol{\Sigma}(s)^{-\frac{1}{2}}\,\nabla\lambda^2\boldsymbol{\Sigma}(s)^{-\frac{1}{2}} \tag{6-200}$$

$$\boldsymbol{\Sigma}(s+ds) = \boldsymbol{\Sigma}(s)^{\frac{1}{2}}\exp[-ds\Sigma(s)^{-\frac{1}{2}}\,\nabla\lambda^2\boldsymbol{\Sigma}(s)^{-\frac{1}{2}}]\boldsymbol{\Sigma}(s)^{\frac{1}{2}} \tag{6-201}$$

将上一步迭代的结果 $\boldsymbol{R}_i$ 以及迭代步长 $h$ 代入可以得证。

现在继续推导，有

$$\begin{aligned}\boldsymbol{R}_{i+1} &= \boldsymbol{R}_i^{\frac{1}{2}}\exp\left[-h\boldsymbol{R}_i^{-\frac{1}{2}}\frac{\boldsymbol{R}_i}{N}\sum_{k=1}^{N}\mathrm{Log}(\boldsymbol{R}_k^{-1}\boldsymbol{R}_i)\boldsymbol{R}_i^{\frac{1}{2}}\right]\boldsymbol{R}_i^{\frac{1}{2}}\\ &= \boldsymbol{R}_i^{\frac{1}{2}}\exp\left[-h\frac{\boldsymbol{R}_i^{\frac{1}{2}}}{N}\sum_{k=1}^{N}\mathrm{Log}(\boldsymbol{R}_k^{-1}\boldsymbol{R}_i)\boldsymbol{R}_i^{\frac{1}{2}}\right]\boldsymbol{R}_i^{\frac{1}{2}}\end{aligned} \tag{6-202}$$

由式(6-183)可得

$$\begin{aligned}\boldsymbol{R}_{i+1} &= \boldsymbol{R}_i^{\frac{1}{2}}\exp\left[-h\frac{\boldsymbol{R}_i^{\frac{1}{2}}}{N}\sum_{k=1}^{N}\mathrm{Log}(\boldsymbol{R}_k^{-1}\boldsymbol{R}_i)\boldsymbol{R}_i^{\frac{1}{2}}\right]\boldsymbol{R}_i^{\frac{1}{2}}\\ &= \boldsymbol{R}_i^{\frac{1}{2}}\exp\left[-h\frac{1}{N}\sum_{k=1}^{N}\mathrm{Log}(\boldsymbol{R}_i^{\frac{1}{2}}\boldsymbol{R}_k^{-1}\boldsymbol{R}_i\boldsymbol{R}_i^{-\frac{1}{2}})\right]\boldsymbol{R}_i^{\frac{1}{2}}\\ &= \boldsymbol{R}_i^{\frac{1}{2}}\exp\left[-h\frac{1}{N}\sum_{k=1}^{N}\mathrm{Log}(\boldsymbol{R}_i^{\frac{1}{2}}\boldsymbol{R}_k^{-1}\boldsymbol{R}_i^{\frac{1}{2}})\right]\boldsymbol{R}_i^{\frac{1}{2}}\\ &= \boldsymbol{R}_i^{\frac{1}{2}}\exp\left[h\frac{1}{N}\sum_{k=1}^{N}\mathrm{Log}(\boldsymbol{R}_i^{-\frac{1}{2}}\boldsymbol{R}_k\boldsymbol{R}_i^{-\frac{1}{2}})\right]\boldsymbol{R}_i^{\frac{1}{2}}\end{aligned} \tag{6-203}$$

因此 $\boldsymbol{R}$ 梯度下降法的结果得证。

迭代初值同样可以由 CI 算法得到。为了解决许多实际情况 $\mathrm{Log}(\cdot)$ 函数不能收敛的问题，引入以下引理：

给定 $m$ 个对称正定矩阵 $\{\boldsymbol{P}_k\}_{1\leqslant k\leqslant m}$，设 $\alpha_k=\sqrt[n]{\det\boldsymbol{P}_k}$ 和 $\hat{\boldsymbol{P}}_k=\dfrac{\boldsymbol{P}_k}{\alpha_k}$。那么 $\{\boldsymbol{P}_k\}_{1\leqslant k\leqslant m}$ 的几何均

值为$\{\alpha_k\}_{1\leqslant k\leqslant m}$的几何均值乘以$\{\tilde{\boldsymbol{P}}_k\}_{1\leqslant k\leqslant m}$的几何均值，假设$\{\boldsymbol{P}_k\}_{1\leqslant k\leqslant m}$的几何均值可以表示为$(\boldsymbol{P}_1,\cdots,\boldsymbol{P}_m)$，则有

$$(\boldsymbol{P}_1,\cdots,\boldsymbol{P}_m)=\sqrt[m]{\alpha_1\cdots\alpha_m}(\tilde{\boldsymbol{P}}_1,\cdots,\tilde{\boldsymbol{P}}_m) \tag{6-204}$$

通过上面的结论可以对信息融合前的协方差矩阵作预处理，以此使 Log$(\cdot)$函数能达到收敛的效果。

然后与上节方法相同，通过式(66-174)求得均值的融合结果$\boldsymbol{u}$。

## 6.7 本章小结及思考题

### 6.7.1 本章小结

室内定位技术是实现智慧城市、万物智联的基础，而多源融合技术是实现其的先决条件。本章介绍了一些传统的、应用较广的多源融合算法，并且结合信息几何理论，介绍了两类多源融合方法的思路和详细推导过程。第一类信息融合算法，主要思想都是将概率密度中的均值向量与协方差矩阵看作一个整体的量，通过信息几何的相关理论可以计算这些量之间的距离，从目标函数入手研究得到最优解的算法；第二类信息融合算法，即将概率密度中的均值向量和协方差矩阵分成两个步骤进行融合，与 CI 算法类似。后续章节会搭建具体室内定位平台，通过仿真具体讨论算法的可行性并验证其理论性能。

### 6.7.2 思考题

1. 请简要叙述多源融合技术。

2. 在室内定位场景下，采用多源融合技术有怎样的优点？

3. 除去本章介绍的几种常见的多源融合方法，可以再列出几种融合方法吗？并简要叙述各自原理。

4. 对于常见的定位技术，如卫星导航定位、惯性导航定位、UWB 定位、WiFi 定位、蓝牙定位，请分别写出其优缺点。

5. 请简要叙述 CI 算法的融合过程。

6. 请简要叙述 DCI 算法的融合过程。

7. 请简要叙述 FCI 算法的融合过程。

8. 请简要叙述 KLA 算法的融合过程。

9. 结合本章内容，请你描述出 CI 算法、DCI 算法、FCI 算法和 KLA 算法的各自优缺点。

10. 为什么要采用导航源误差传递算法，请说明原因。

11. 请阐述信息几何的主要思想，并解释以下名词：统计流形、测地线距离、K-L 散度。

12. 结合 6.6 节内容，请阐述采用信息几何理论进行信息融合的优势。

13. 对于无法得出基于信息几何的信息融合准则显式表达式，而无法对融合结果进行求解的问题，是如何解决的？

14. 请阐述两个类信息融合算法有何不同。

15. 在第一类基于信息几何的信息融合算法中，两种算法对距离函数处理有何不同？

16. 在第二类基于信息几何的信息融合算法中，两种算法对距离函数处理有何不同？在计算量上有何区别？

# 参考文献


[1] 刘期烈，万志鹏，周文敏，等. 一种改进的多源信息融合室内定位方法[J]. 电讯技术，2021，61(12)：1526－1533.

[2] 宋文姝，侯建民，崔雨勇. 基于多源信息融合的智能目标检测技术[J]. 电视技术，2021，45(6)：5.

[3] 朱云峰. 基于多源信息融合的无人机相对导航技术研究[D]. 南京：南京航空航天大学，2019.

[4] 孔尚萍. 基于多源信息融合的目标航迹估计与威胁评估[D]. 北京：中国航天科技集团公司第一研究院，2017.

[5] 王新涛. 多源信息融合方法研究[D]. 哈尔滨：哈尔滨工程大学，2012.

[6] 黄铫，张天骐，刘燕丽，等. CI 算法在两传感器融合稳态 Kalman 滤波器中的应用[J]. 弹箭与制导学报，2010，30(3)：165－168..

[7] 祟元，万继敏，艾葳. 局部梯度极值点的 BEMD 与 CI 算法的图像融合增强[J]. 电光与控制，2020，27(3)：33－37.

[8] 李璇烨，高国伟. 多传感器时滞系统 CI 融合滤波算法[J]. 北京信息科技大学学报(自然科学版)，2019，34(2)：14－18.

[9] 孙华飞. 信息几何导引[M]. 北京：科学出版社，2016.

[10] 刘淙. 信息几何方法及其应用[J]. 渤海大学学报(自然科学版)，2017，38(3)：79－81.

[11] NIELSEN F，BHATIA R. Matrix Information Geometry [M]. Springer：Berlin Heidelberg，2013.

[12] COSTA S I R，SANTOS S A，STRAPASSON J O E. Fisher Information Distance：A Geometrical Reading [J]. Discrete Applied Mathematics，2015，15(12)：59－69.

[13] 赵兴刚，王首勇. 雷达目标检测的信息几何方法[J]. 信号处理，2015，12(6)：631－637.

[14] ATAMBARA Z. Positioning Mbeya University of Science and Technology in Tanzania in the Systems of Innovation Perspective[J]. Advances in Applied Sociology，2014，4(1)：20－23.

[15] MENDRZIK R，BAUCH G. Position－Constrained Stochastic Inference for Cooperative Indoor Localization[J]. IEEE Transactions on Signal and Information Processing over Networks，2019，12(5)：454－468.

[16] 郝伟娜. 无线传感器网络分布式协同定位算法的研究[D]. 上海：东南大学，2018.

[17] LI B，WU N，WANG H. Gaussian Message Passing－based Cooperative Localization on Factor Graph in Wireless Networks[J]. Signal Processing，2015，13(11)：1－12.

[18] NGUYEN T V，JEONG Y，SHIN H，et al. Least Square Cooperative Localization[J]. IEEE Transactions on Vehicular Technology，2015，64(4)：1318－1330.

# 第 7 章　室内导航定位演示平台设计

前面章节已经系统阐述了一些室内定位技术和典型的因子图室内协同定位方法，同时也介绍了信息融合理论在导航领域的重要性，并且给出了基于信息几何的多源信息融合算法。本章将以前几章节基本内容为基础，搭建一个实际可应用的室内导航定位演示平台。定位平台以多功能的超宽带模块为载体，通过无线通信传输实现待定位点和基站之间的测距和定位，利用串口通信接收模块之间的通信信息，同时同步卫星导航定位定位结果和惯性测量单元数据，借助 MATLAB 工具，将接收相关信息进行一定的处理，把处理后的数据输入多源信息融合算法和因子图协同定位算法中，并按照实际需求设计合适的人机交互界面，将经过多源融合算法和因子图定位算法处理后的结果量化地显示在人机交互界面中，同时与实际的室内环境所匹配，然后进行不断的测试和调试，分析导航定位效果并进一步完善室内导航定位演示平台。

## 7.1　系统方案设计

### 7.1.1　平台系统方案

本设计平台结合 UWB 技术脉冲窄、穿透能力强、测距精度高、抗多径能力强的优点，通过带 UWB 模块的履带车和无人机接收多类型导航信息，通过串口实时获取节点间测距信息，同时接收到卫星导航定位结果和惯性导航定位结果，对所获取信息进行数据处理，将处理后的数据实时输入协同定位算法中，最终以人机交互界面形式演示待定位节点的位置变化情况。整个系统采用计算机仿真和硬件平台辅助验证的技术路线，建立科学、完善、合理的基于 UWB 模块的多源融合协同定位系统的体系架构和数学模型，利用搭建实际的应用环境验证所提算法、架构的合理性和有效性，具体实施的系统技术路线如图 7.1 所示。

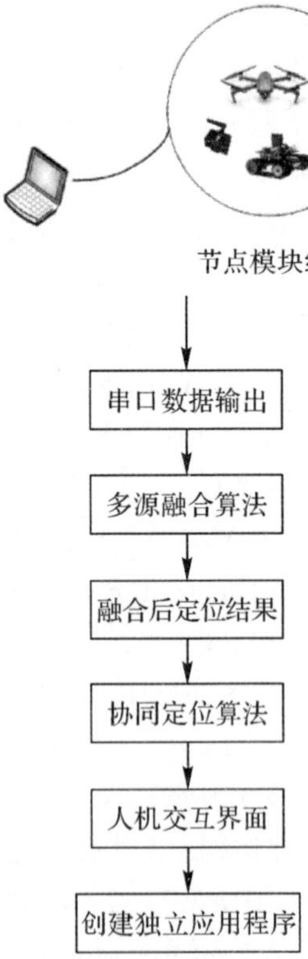

图 7.1　协同定位系统技术路线

### 7.1.2　卫星导航源

卫星导航(satellite navigation)是指采用导航卫星对地面、海洋、空中和空间用户进行导航定位的技术。常见的 GPS 导航、北斗导航等均为卫星导航，如图 7.2 所示。

用户利用导航卫星所测得的自身地理位置坐标与其真实的

地理位置坐标之差称定位误差,它是卫星导航系统最重要的性能指标。定位精度主要取决于轨道预报精度、导航参数测量精度及其几何放大系数和用户动态特性测量精度。轨道预报精度主要受地球引力场模型影响和其他轨道摄动力影响;导航参数测量精度主要受卫星和用户设备性能、信号在电离层、对流层折射和多路径等误差因素影响,它的几何放大系数由定位期间卫星与用户位置之间的几何关系图形决定;用户的动态特性测量精度是指用户在定位期间的航向、航速和天线高度测量精度。

上述影响因素均涉及一个关键概念——伪距方程。设卫星导航系统的统一标准时间为 $T$,卫星 s 发射测量信号的统一标准时钟时刻为 $T_s$,待定位点接收发出测量信号的卫星的测量信号统一标准时钟时刻为 $T_k$,卫星 s 发射测量信号的卫星钟时刻为 $t_s$,待定位点接收到卫星信号的接收机钟时刻为 $t_k$。卫星发射测量信号时钟、待定位点接收测量信号时钟与卫星导航系统的统一标准时间存在时钟差,分别为 $\Delta t_s$,$\Delta t_k$,即存在以下关系:

$$t_s = T_s + \Delta t_s \tag{7-1}$$

$$t_k = T_k + \Delta t_k \tag{7-2}$$

此时,先忽略电离层损耗和对流层传播时延,可以得到卫星发出测量信号到待定位点接收到测量信号所用的时间为

$$t_s - t_k = (T_s + \Delta t_s) - (T_k + \Delta t_k) = T_s - T_k + \Delta t_s - \Delta t_k = \Delta T + \Delta t_s - \Delta t_k \tag{7-3}$$

所用时间乘以光速,得到待定位点和卫星之间的距离信息:

$$D = c(t_s - t_k) = c\Delta T + c\Delta t_s - c\Delta t_k = R + ct_s - b_k \tag{7-4}$$

式中:$D$ 为伪距的实际测量值;$R$ 为 $t_s$ 时刻的卫星位置至 $t_k$ 时刻待定位点接收机之间的空间几何距离;$b_k$ 为待定位点接收机时钟差的等效距离,其中,卫星时钟差 $\Delta t_s$ 的信息包含在导航电文中。

实际定位过程中,待定位点在某时刻 $t_k$ 同时监测多颗卫星,故可得到多个伪距 $D_k^i$ 和伪距方程,即伪距方程组:

$$D_k^i = R_k^i + c\Delta t_s^i - b_k \tag{7-5}$$

图 7.2　卫星导航示意图

上述讨论均未考虑电离层损耗和对流层传播时延,如果加上卫星测量信号在传输过程的电离层时延延迟 $\Delta D_{k_n}^i$、对流层时延延迟 $\Delta D_{k_p}^i$ 以及传输过程中的观测噪声 $\omega_k^i$,就得到了最终真实情况下的伪距方程:

$$D_{k}^{i} = R_{k}^{i} + c\Delta t_{s}^{i} - b_{k} + \Delta D_{k_n}^{i} + \Delta D_{k_p}^{i} + \omega_{k}^{i} \tag{7-6}$$

这里只对卫星导航相关内容做以上回顾，涉及的其他内容请读者参阅 2.1 节内容。

### 7.1.3 惯性导航源

惯性导航(inertial navigation)是通过测量待定位节点的加速度，并自动进行积分运算，获得飞行器瞬时速度和瞬时位置数据的技术。组成惯性导航系统的设备都安装在运载体内，工作时不依赖外界信息，也不向外界辐射能量，不易受到干扰，是一种自主式导航系统。

可设加速度计测量比力为 $\overline{f}$，载体相对于参考坐标系的相对加速度为 $\dot{a}$，地球自转的角速度为$\overline{\omega_{ie}}$，载体相对于地球的转动角速度为$\overline{\omega_{cb}}$，重力加速度为 $\overline{g}$，则有

$$\overline{f} = \dot{\overline{V}}_r + (2\,\overline{\omega_{ie}} + \omega\,\overline{\omega_{eb}}) \times \overline{V_r} - \overline{g} \tag{7-7}$$

将上式展开为分量形式，变为

$$\left.\begin{aligned} f_{e} &= a_{e} - (2\omega_{ie}\sin\varphi + \frac{V_{E}}{R}\tan\varphi)V_{N} + (2\omega_{ie}\cos\varphi + \frac{V_{E}}{R})V_{T} \\ f_{N} &= a_{N} + (2\omega_{ie}\sin\varphi + \frac{V_{E}}{R_{N}}\tan\varphi)V_{E} + \frac{V_{N}}{R}V_{T} \\ f_{T} &= a_{\zeta} - (2\omega_{ie}\cos\varphi + \frac{V_{E}}{R})V_{E} - \frac{V_{N}}{R}V_{N} + g \end{aligned}\right\} \tag{7-8}$$

实际情况下，依据上式就可以得到运载体的速度值和航程值，经过换算就可以得到经纬度等一系列导航信息。

惯性导航利用惯性元件(加速度计)来测量运载体本身的加速度，经过积分和运算得到速度和位置，从而达到对运载体导航定位的目的。组成惯性导航系统的设备都安装在运载体内，工作时不依赖外界信息，也不向外界辐射能量，不易受到干扰，是一种自主式导航系统。惯性导航系统通常由惯性测量装置、计算机、控制显示器等组成。惯性测量装置包括加速度计和陀螺仪，又称惯性测量单元。3 个自由度陀螺仪用来测量运载体的 3 个转动运动；3 个加速度计用来测量运载体的 3 个平移运动的加速度。计算机根据测得的加速度信号计算出运载体的速度和位置数据。控制显示器显示各种导航参数。按照惯性测量单元在运载体上的安装方式，分为平台式惯性导航系统(惯性测量单元安装在惯性平台的台体上)和捷联式惯性导航系统(惯性测量单元直接安装在运载体上)。捷联式惯性导航系统原理如图 7.3 所示。

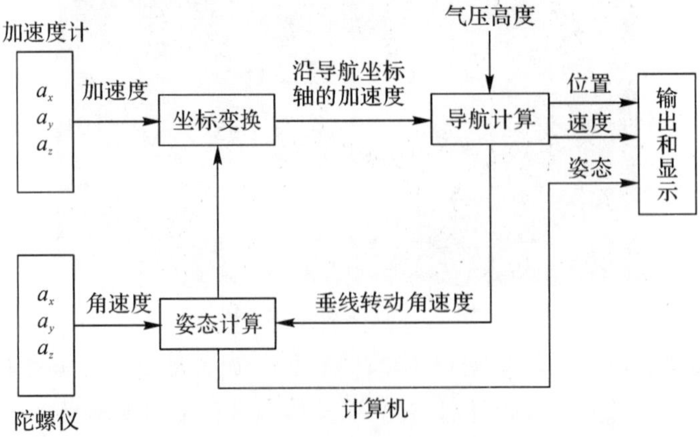


图 7.3 捷联式惯性导航系统原理图

### 7.1.4　视觉导航源

视觉导航是利用传感器感知周围环境信息作为航空器飞行依据的导航技术，如图 7.4 所示。

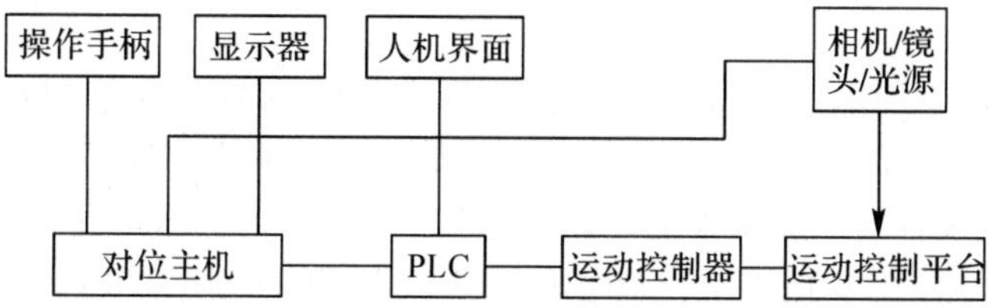


图 7.4　视觉导航示意图

视觉导航主要包括视觉图像预处理、目标提取、目标跟踪、数据融合等问题。其中，运动目标检测可采用背景差法、帧差法、光流法等，固定标志物检测可用到角点提取、边提取、小变矩、Hough 变换、贪婪算法等，目标跟踪可以分析特征进行状态估计，并与其他传感器融介，用到的方法有卡尔曼滤波、粒子滤波器和人工神经网络等。还有很多方法诸如全景图像几何形变的分析或者地平线的检测等没有进行特征提取，而是自接将图像的某一变量加到控制中去。

### 7.1.5　UWB 导航源

超宽带通信技术(Ultra Wide－Band，UWB)，即无线电载波通信技术，该技术通过使用非常窄的脉冲信号让信号获得较宽的频谱范围。UWB 凭借对信号衰落不敏感、穿透力强、安全系数高、数据传输速率高和对系统硬件复杂度要求低的优点，在短距离无线通信中展现出巨大的发展潜力，成为当前国内外学者的研究热门。

在超宽带通信系统中，传输的数据信号为非正弦波窄带脉冲，数据传输速率可达微秒级甚至纳秒级。超宽带技术在不同机构的定义略有区别，美国联邦通信委员会(federal communication commission，FCC)对超宽带的定义为在传输过程中信号带宽大于 500 MHz 或者相对带宽大于 20%的信号为超宽带信号。超宽带原理图如图 7.5 所示，图中 $f_H$，$f_L$ 表示信号的功率谱衰弱为 10 dB 时的最高频率与最低频率，$f_c$ 为信号中心频率，参数满足以下两式：

$$2f_c = f_H + f_L \tag{7-9}$$

$$\frac{f_H - f_L}{f_c} \geqslant 20\% \tag{7-10}$$

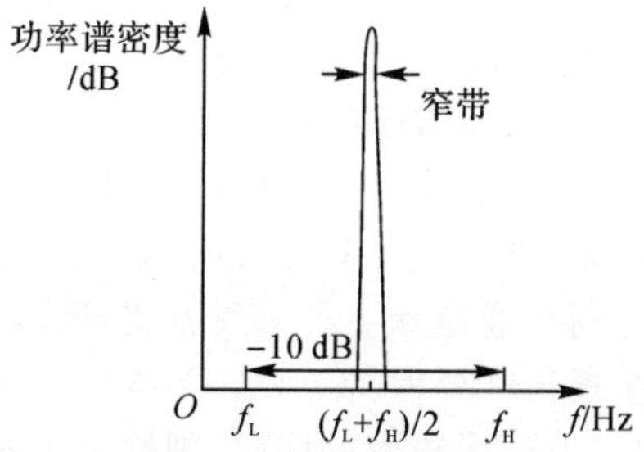


图 7.5　超宽带原理图

同时，根据香农定理也可证明超宽带技术能够实现高速率、低功耗的数据传输，香农定理

公式为

$$C = B\log_2\left(1+\frac{P}{BN}\right) \tag{7-11}$$

式中：$C$ 表示信道容量；$B$ 为信号带宽；$P$ 为信号功率；$N$ 为噪声功率谱密度。由式(7-11)可知，增加信号的发射功率、增大信号带宽都可提升信道容量，但考虑到 UWB 的信号功率受限，因而只能通过增大信号带宽的方式提高信道容量。

超宽带测距定位原理本质上与 GNSS 卫星定位一致，区别仅在于超宽带测距定位使用自组网中预设的参考节点即锚节点替代卫星，通过模块间发送的 UWB 信号实现节点间的距离解算，最后利用数据融合算法对采集的测距信息进行处理，进而获取待定位节点的位置信息。UWB 测距方法主要采用双向测距(Two-way-Ranging)，分别为单边双向测距(Sigle-sided Two-way Ranging，SS-TWR)和双边双向测距(Double-sided Two-way Ranging，DS-TWR)。

DS-TWR 是 SS-TWR 的一种扩展，该方法可分为两次测距，采用两个往返时间来计算飞行时间，即利用第一次往返测量的回复端作为第二次往返测量的发起端，可达到降低误差的目的。测距原理图如图 7.6 所示。具体测距流程为设备 A 主动发起第一次测距信息，设备 B 响应，得到四个时间戳；然后过了一段时间后，设备 B 主动发起测距，设备 A 响应，同样得到 4 个不同的时间戳，利用这 8 个时间戳可得到 4 个时间差。

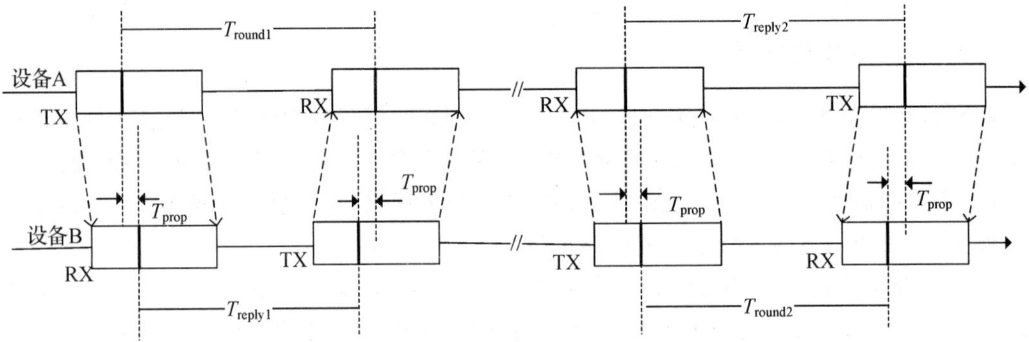


图 7.6　双边双向测距法

本平台利用了 UWB 模块，该模块内嵌了导航信号接收机，可实现实时测距和接收卫星信号。带 UWB 模块的履带车和无人机接收卫星导航信息、惯性导航信息和视觉导航信息，并实时测距，然后通过黎曼信息几何下分布式多源导航信息融合算法融合接收到的卫导、惯导、视导信息以及 UWB 模块间的测距信息，从而实现多源融合协同三维定位。

本平台的设计选用深圳空循环科技有限公司的 Link Track P-B 模块，该模块具有局部定位、分布式测距、无线数传三种模式，支持可拓展容量和高刷新频率，带宽达 3 MB/s，支持 UART、USB 串口通信，通信距离可达 500 m，功耗低至 1 W，具有从 3.5 GHz～6.5 GHz 共 6 个发射频段，且模块标识唯一 ID，通信传输编码加密。

Link Track P-B 模块有着系统性的一些设定，以此来构成小范围的内部组网。Link Track P-B 模块主要有三大系统参数设定：系统通道、系统序号(ID)以及天线发射增益。就系统通道方面，该模块具有 6 个射频通道和 2 种编码方式，所以可以有 12 种系统通道，但同一个系统组网中，所有模块的系统通道需要保持一致。系统序号标识了不同的模块，用以实际测试应用中辨别各个待定位载体。对于天线发射增益，则给出了通信传输强度和通信覆盖范围，天线发射增益越大，通信距离也就越远，同一个系统组网中，所有模块的天线发射增益需要保持一致。Link Track P-B 模块有着 USB Type-C 口和 UART GHI.25 口两种规格的通信接口，并配置了两种类型的指示灯，以便于使用者根据指示灯颜色进行调试和应用。此外，模块还内嵌了卡尔曼滤波部分，可对测试结果进行滤波预操作，其中滤波因子各个模块单独可调。

Link Track P－B 模块有三种模式：局部定位、分布式测距、无线数传。局部定位模式下有着六中不同的局部定位场景，有着不同的模块容量和刷新频率，以满足不同规模和场景的定位需求，在不同的定位场景下对应着不同的数据帧格式和数据帧长度，同时提供三种不同的模块角色：TAG，ANCHOR，CONSOLE，不同的模块角色的具体设置有一定差异；分布式测距模式仅仅包含测距一种场景，此模式下，所有模块角色一致为 NODE，模块容量可拓展 5，10，20，50 多种规格，依据模块容量的大小，有着不同的数据帧格式和数据帧长度，同时保证网络内所有模块的刷新频率、波特率、数据帧格式、角色配置保持一致；数传模式下包含着三种数传场景：智能通信、双向通信、广播通信，此时仅存在 MASTER 和 SLAVE 两种角色，智能通信场景下可以实现一对多广播、一对一双向通信，主机输入为协议帧数据，主机输出和从机输入为透传数据；双向通信场景下可以实现一对一双向通信，主机输入、从机输入均为透传数据；广播通信场景下可以实现一对多的广播通信，主机输入、从机输入均为透传数据；不同场景下有着不同的模块容量、数传速率、数传周期、数据帧格式以及数据帧长度。

### 7.1.6　串行通信

串行通信（serial communications）模块利用串口按位（bit）发送和接收字节，因为只需要使用一条数据线，便可将数据一位一位地依次传输，非常适用于计算机与外设之间的远距离通信。串口通信原理框图如图 7.7 所示。

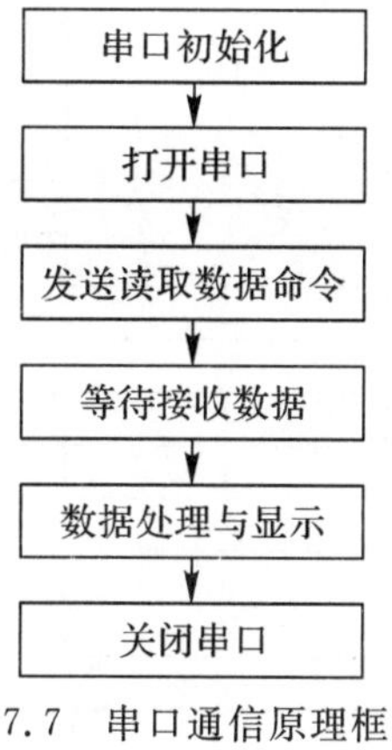


图 7.7　串口通信原理框图

实验中直接调用 MATLAB 仿真平台中串口结构体 serial 函数创建串口对象，之后对串口参数属性进行设置（波特率、数据位、校验方式、终止位、缓冲区大小等），编程实现串口的打开与关闭，用 UI 设计方法进行相关数据的显示设计，然后按照图 7.7 所示完成其他剩余步骤。

### 7.1.7　数据处理模块

数据处理模块主要可分为数据获取与同步、数据格式转化两部分。

1. 数据获取、数据帧同步

本定位平台选用 Link Track P-B 模块，选择该模块局部定位模式下的 LP_MODE0 场景，设置该场景下的数据帧(NLink_LinkTrack_Node_Frame0)格式如表 7-1 所示。

表 7-1　NLink_LinkTrack_Node_Frame0 数据帧格式

| Data | Type | Length(B) | Hex | Result |
|---|---|---|---|---|
| Frame Header | uint8 | 1 | 55 | Ox55 |
| Function Mark | uint8 | 1 | 00 | Ox00 |
| id | uint8 | 1 | 00 | 0 |
| role | uint8 | 1 | 02 | TAG |
| {pos,x,pos. y,pos. z} * 1000 | uint24 | 9 | 4f 0b 00 | 2. 895 m |
| | | | 73 09 00 | 2. 419 m |
| | | | f9 fe ff | −0. 263 m |
| {dis0,dis1,dis2,dis3,dis4,dis5,dis6,dis7} * 100 | uint16 | 16 | 6c 01 | 3. 64 m |
| | | | 4c 01 | 3. 34 m |
| | | | ea 0 | 4. 9 m |
| | | | ed 01 | 4. 93 m |
| | | | 00 00 | 0 m |
| | | | 00 00 | 0 m |
| | | | 00 00 | 0 m |
| | | | 00 00 | 0 m |
| Block1 | * | | … | * |
| id | uint8 | 1 | 02 | 2 |
| role | uint8 | 1 | 02 | TAG |
| {pos. x,pos. y,pos. z} * 1000 | uint24 | 9 | 83 09 00 | 2. 435 m |
| | | | 5f09 00 | 2. 399 m |
| | | | a3 fb ff | −1. 117 m |
| {dis0,dis1,dis2,dis3,dis4,dis5,dis6,dis7} * 100 | uint16 | 16 | 3e 01 | 3. 18 m |
| | | | 2a 01 | 2. 98 m |
| | | | 12 02 | 5. 3 m |
| | | | 13 02 | 5. 31 m |
| | | | 00 00 | 0 m |
| | | | 00 00 | 0 m |
| | | | 00 00 | 0 m |
| | | | 00 00 | 0 m |
| Block3～Block29 | * | | … | * |
| reserved | * | 67 | … | * |
| local_time | uint32 | 4 | 21 82 00 00 | 33313 |
| reserved | | 4 | … | * |
| voltage | uint16 | 2 | 83 13 | 4 995 V |
| system_time | uint32 | 4 | 00 7d 00 00 | 3 2000 ms |
| role | uint8 | 1 | 03 | CPMSOLE |
| SumCheck | uint8 | 1 | ee | Oxee |

该模式场景下串口数据帧为十六进制,其中帧头为 0x55,数据帧中包含着各个模块的角色、序号、模块间距以及系统时间和校验位等信息。

经过 MATLAB 平台的串口接收函数接收到数据帧,模块设定接收到的十六进制数据帧自动直接转化为双精度 Double 类型,将该类型重新转化为十六进制,采用逐次比较完成帧同步:对比帧头与校验和以接收完整数据帧,设定一定的接收间隔,保留一定数量的数据帧,从数据帧中截取所需要的数据段,不断地接收,不断地保存和处理。

2. 数据格式转化

接收并保存所需要的数据帧后,取出测距信息数据段,按照要求将十六进制位进行错位反调(对应于上文中提到的测量信息加密传输的解密),进一步进行字符剪切和拼接,得到正确的测距信息的十六进制格式数据，最后将拼接后的数据转换为十进制，最终按照时间段对所得测距信息进行均值滤波，实现对测量信息的筛选和初步预畸变。

### 7.1.8　人机交互界面

在 UWB 协同定位完成后，借助 Matlab2018a 提供的 APP 开发环境，进行 APP 设计与编程，APP 设计工具界面如图 7.8 所示。APP 设计工具能够提供布局和代码视图、具备完全集成的 Matlab 编辑器版本以及大量的交互式组件。可以直接从工具条中打包 APP 安装程序文件，也可以创建独立的桌面 APP。基于此，本章在进行 APP 设计时，将大雁塔景区航拍图以图片形式导入，以地图形式直观显示三个待定位目标节点的定位结果。导入图片的具体操作如下。

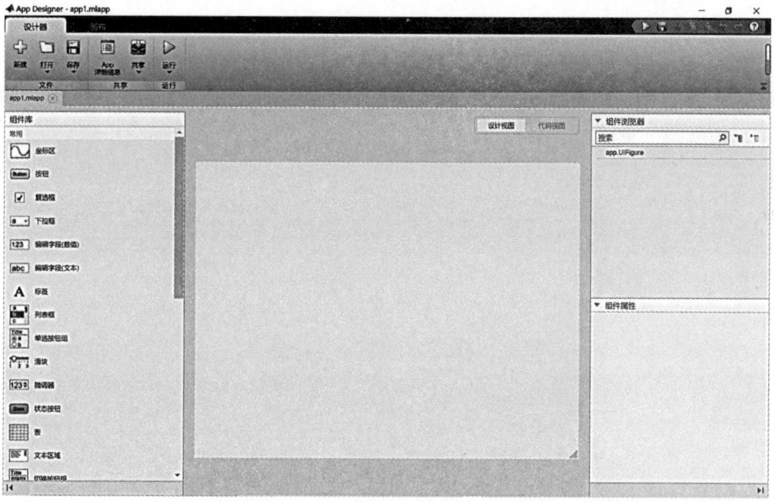


图 7.8　APP 设计工具界面图

首先，在 MATLAB 命令行中输入“appdesigner”，打开 APP，如图 7.9 所示。

图 7.9　打开 APP 设计工具

其次，在代码视图中利用 MATLAB 自带的 imread 函数，根据文件名读取待定位目标和大雁塔航拍图的图片。

最后，利用 axes 函数在当前窗口创建一个包含默认属性的坐标系，并使用参数控制图片在坐标系中的位置与大小，如图 7.10 所示。例如，对于背景图片大雁塔来说，例程如下：

```
pic = imread('背景.png');
ax1 = axes('position',[0,0,1,1]);
h1 = image(pic,'parent',ax1);
```

将背景图片左下角设置在坐标系原点[0,0]处，背景图片的归一化长度与宽度均设置为[1,1]。同理，可设置三个或以上数目的待定位节点图片在默认属性的坐标系中位置坐标与尺寸大小。携带 UWB 模块的目标节点接收到相邻节点的测距信息，完成实时定位后，将定位结果与实际场景地图进行匹配，并实时显示在坐标系中。

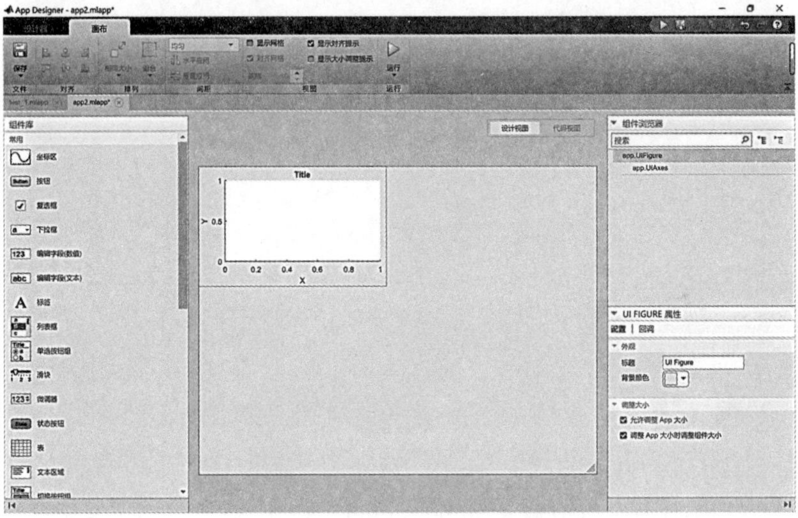


图 7.10　APP 设计工具创建坐标系

## 7.2　协同定位实验环境

### 7.2.1　履带小车

在室内协同定位实验中，采用双履带小车来模拟室内环境下的地面可移动待定位目标。双履带小车采用铝合金底板和亚克力顶板，表面进行喷砂氧化，履带材质为特制的硬塑胶，还配备驱动轮和转向轮各两个，小车总重约 500 g，但承载力可达 3 kg，如图 7.11 所示。所采用的双履带小车搭载 TMS320 单片机用以实现对小车的总体运动控制，单片机可在电脑端进行二次开发；履带小车使用 9V、150 转/min 电机以前进后退，使用 12V、330 转/min 电机以左右转向，另外配备大容量锂电池，以保证履带小车续航；通过蓝牙 APP，PS2 手柄均可以实现小车的运动转向控制，小车可在多种场景和地形下运动，其移动速度平均可达 0.5 m/s。为应对室内大规模集群定位，履带小车数量是可拓展的，通过蓝牙分频实现多个双履带小车的同时运动，为定位场景提供丰富的运动目标，可以实现在场地内任意位置的移动。小车搭载模块的待定位目标意向化室内水平运动的待定位载体，也扩大化为室外环境中的运动车辆，同时也作为军事、医疗、安全等领域的未来意向模型。

图 7.11　双履带小车

### 7.2.2　可控无人机

在室内协同定位实验中，采用无人机来模拟空间内的可移动待定位目标，所选用的无人机机型为：大疆无人机 Mavic 2 系列的 Zoom 版本。Mavic 2 的 Zoom 版本采用 GPS＋GLONASS 双重导航定位系统，飞行和悬停精度达到了分米级；该版本的无人机最大起飞重量为 1 100 g，支持两种飞行模式，飞行最高速度可达 72 kh/h，最大上升速度和最大下降速度分别达到了 5m/s 和 7 m/s，飞行最高海拔为 6 000 m，飞行续航可达 31min；此版本的无人机同时搭载红外相机和可见光相机，可以 100 Mb/s 的比特率拍摄 4K 视频，具有移动延时和夜拍的智能拍摄模式，可实现测温、拍摄、定位、遥感多种功能。在设计的定位平台中，无人机搭载 UWB 模块为实验环境提供了灵活可变的空间立体范围，以便于实验验证高度跨度较大时的室内定位性能；同时，无人机的运动速度也与定位算法的定位速度和计算复杂度相匹配；广义上来讲，以无人机意向化的待定位标签也是室外环境下大规模复杂快速定位目标的变体，为未来战场、多维战争提前准备。图 7.12 所示为大疆无人机。

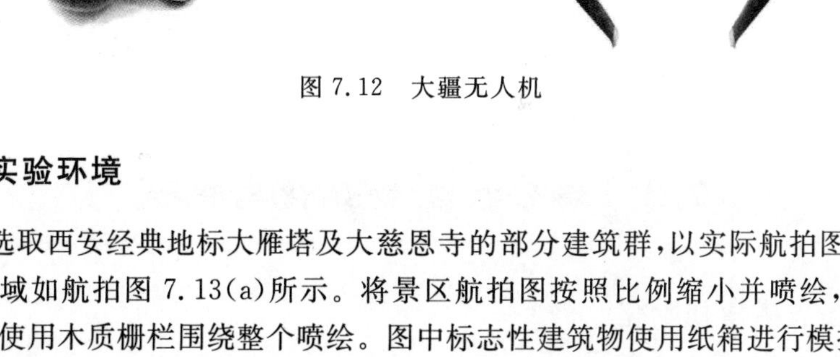

图 7.12　大疆无人机

### 7.2.3　实验环境

实验场地选取西安经典地标大雁塔及大慈恩寺的部分建筑群，以实际航拍图为指导进行搭建，组网定位区域如航拍图 7.13(a)所示。将景区航拍图按照比例缩小并喷绘，喷绘规格为长 9 m、宽 6 m，并使用木质栅栏围绕整个喷绘。图中标志性建筑物使用纸箱进行模拟，分别放置于相应位置，采用四个立体柱标识出典型场景，搭建好的试验定位场地如图 7.13(b)所示。

(a) (b)

图 7.13 实验场景

(a)大雁塔航拍图;(b)实测实验环境

图 7.13 中的实际测试场景中包含五个标志性景点,分别为大雁塔、西僧院、东僧院、文宝阁、大雄宝殿,具体位置摆放与实际地理所处位置完全保持一致。待定位目标分为运动目标和静止目标两大类,其中静止目标与标志性景点相融合,分散于景点的顶部、内部以及场景内的随机位置处等,运动目标设置如图 7.14 所示,其中地面目标为双履带小车,空中飞行目标载体为一架大疆 mavic2 的航拍四旋翼飞行器,具体场景中共设定三辆双履带小车和一架无人机。

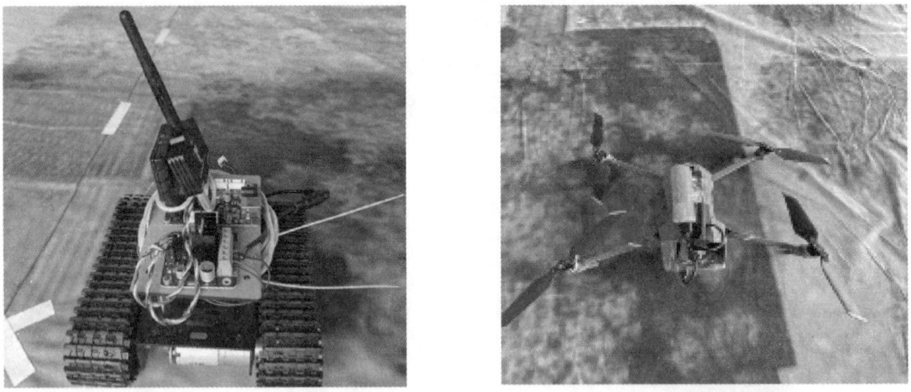

(a) (b)

图 7.14 携带模块的待定位节点

(a)携带模块的履带小车;(b)携带模块的无人机

## 7.3 场景模块初始化与调试

### 7.3.1 场景搭建初始化

场景搭建是整个室内定位平台实现的第一步。为使平台更加贴近实际,选用陕西省西安市标志性景区——大雁塔作为平台测试场景，但由于景区管制、人流过密，再加上景区覆盖范围过大，超出了现有的超宽带模块测距极限，所以采用将大雁塔景区同比例缩略的方法，缩小景区至 6 m×9 m，构建小范围内高精度的定位导航平台。搭建平台场景主要分为以下几个步骤：

(1)搭建定位平台的地面要素。通过前期航拍获取大雁塔景区鸟瞰图，制作 6 m×9 m 的大雁塔景区喷绘，在室内宽阔区域(满足 6 m×9 m 即可)将喷绘置于底部。

(2)搭建定位平台的景观要素。前期测定大雁塔景区的景观长度、宽度、高度等参数，例如大雁塔、东僧院、文宝阁等，利用所测参数使用可循环利用瓦楞纸粘贴制作同比例小型景观建筑，将制作好的缩略模型按真实场景对应的位置在喷绘图上进行放置，并制作标识牌标识各个建筑物。

(3)搭建定位平台的边界要素。真实场景下，大雁塔景区被城区道路所围绕，为实现真实场景还原，选用木质栅栏围绕在场景四周，采用 2.3 m 高的钢柱模拟大雁塔南北广场牌楼，钢柱顶端辅助西安景观页，四根钢柱分别置于喷绘的四角。

经过上述三步，定位平台的场景搭建基本完成。

### 7.3.2　模块设置初始化

超宽带模块是整个定位平台的中枢，是实现三维高精度定位的有力武器，而在使用超宽带模块之前，对于模块的相关性能和设置是非常重要的。前文已经叙述了对于定位平台所选用的超宽带类型，接下来根据场景设置和软件要求对所用到的超宽带模块进行初始化。

本定位平台选用 Link Track P-B 模块，首次使用模块或者模块相关参数设置有变化均需要进行模块初始化配置，模块配置成功后配置数据均掉电保存在各个模块中。进行初始化配置需要使用 Link Track P-B 系统上位机软件 NAssistant，使用 UART 串行接口连接模块与计算机，打开 NAssistant 进行相关设置，上位机软件 NAssistant 界面如图 7.15所示。

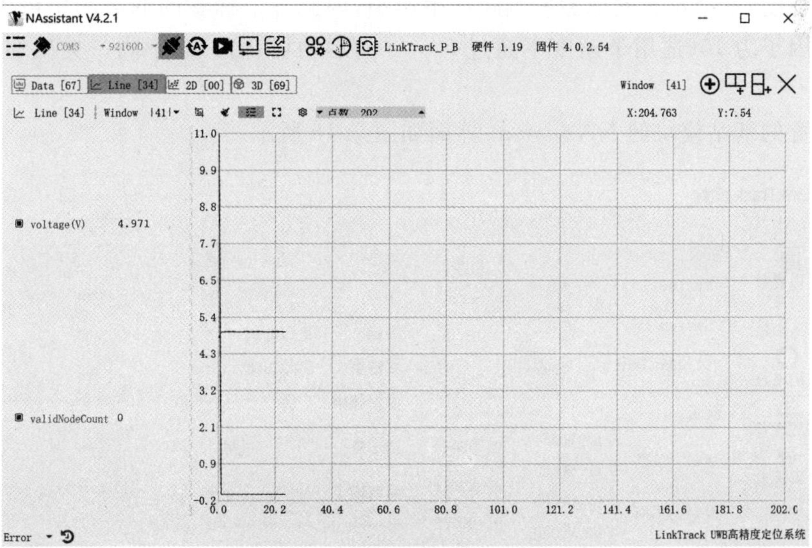


图 7.15　连接模块的 NAssistant 界面

根据前文因子图三维协同定算法，所需要的模块主要有两类：基站和标签，下述依次介绍两类模块的初始化配置。

1. 基站模块初始化配置

基站模块的初始化配置主要有系统参数设置、模块模式设置、模块 ID 设置、模块角色配置、传输协议设置、波特率设置、刷新频率设置、卡尔曼滤波因子设置等几方面。

(1)系统参数配置:对于同一个自组网系统中的所有模块,系统 ID 与系统通道必须保证一致;需要指出的是,Link Track P - B 模块在系统通道为 2,3,4,5 时的性能表现较好。系统 ID 可任意设置,遵循一致原则即可,天线增益一般推荐保持一致,且推荐天线增益设置为最大(33.5),以保证足够的通信距离。

(2)模块模式配置:在三大模式中选择其一,这里选用局部定位模式,并选择该模块局部定位模式下的 LP_MODE0 场景。也可以选用其他模式或其他场景,后续进行开发。

(3)模块 ID 设置:根据自组网系统的规模输入对应的 ID 序号,以区分各个模块,同类型的模块 ID 不可重复,并建议顺序性设置,这里基站 ID 依次设置为 A0,A1,A2,A3,A4,A5,A6,A7。这里 ID 的设置与后续协议帧的选择对串口接收的数据处理息息相关。

(4)模块角色配置:模块角色有三种,这里选择基站角色 TAG。

(5)传输协议设置:根据需求选择合适的数据帧协议,这里选 NLink_LinkTrack_Node_Frame0;传输协议只代表输出数据的协议格式,因此各个模块的数据帧可以不一致,但对于同一类型的模块推荐设置一致。

(6)波特率设置:这里的波特率表示的是 UART 口和 USB 口的通信速度快慢,这里设置为 921600,同时计算机串口接收波特率也需要设为 921600,对于同一类型的模块推荐设置一致。

(7)刷新频率设置:在此模式的此定位场景下,刷新频率最高可达 50 Hz,这里设置为最大值 50 Hz。刷新频率仅代表模块输出数据帧的快慢,各个模块设置可不一样,对于同一类型的模块推荐设置一致。

(8)卡尔曼滤波因子设置:此配置只存在于基站初始化配置部分,滤波因子仅代表对所测数据滤波的程度,不会对滤波标签的测距产生影响,因此各个标签的滤波因子可以不一样,这里设置滤波因子为 10(适用于速度不超过 5 m/s 的运动场合)。对于同一类型的模块推荐设置一致。

经过配置的基站模块的 NAssistant 界面如图 7.16 所示。

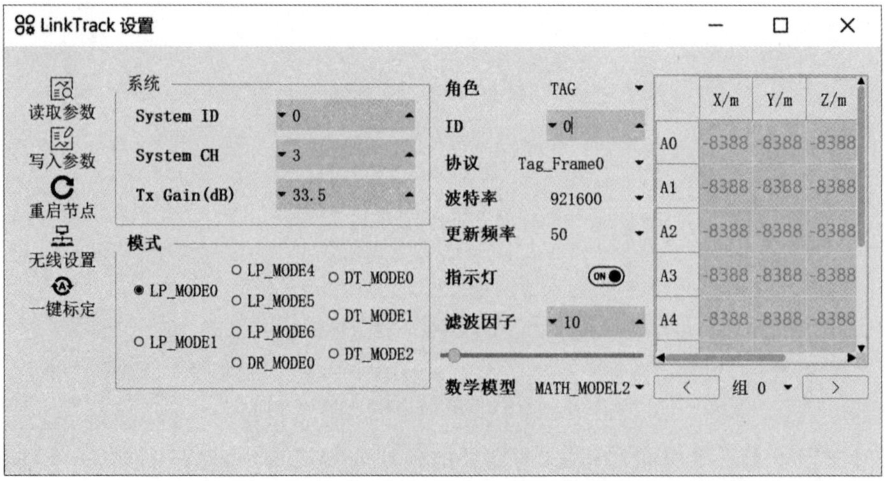


图 7.16　基站模块的 NAssistant 配置界面

2. 标签模块初始化配置

标签模块的初始化配置主要有系统参数设置、模块模式设置、模块 ID 设置、模块角色配置、传输协议设置、波特率设置、刷新频率设置等几方面。

(1)系统参数配置:对于同一个自组网系统中的所有模块,系统 ID 与系统通道必须保证一致;需要指出的是,Link Track P-B 模块在系统通道为 2,3,4,5 时的性能表现较好。系统 ID 可任意设置,遵循一致原则即可,天线增益一般推荐保持一致,且推荐天线增益设置为最大(33.5),以保证足够的通信距离。

(2)模块模式配置:在三大模式中选择其一,这里选用局部定位模式,并选择该模块局部定位模式下的 LP_MODE0 场景。也可以选用其他模式或其他场景,后续进行开发。

(3)模块 ID 设置:根据自组网系统的规模输入对应的 ID 序号,以区分各个模块,同类型的模块 ID 不可重复,并建议顺序性设置,此处将基站 ID 依次设置为 T1,T2,T3,T4,T5,T6,T7,T8,T9,T10,T11 和 T12。

(4)模块角色配置:模块角色有三种,这里选择标签角色 ANCHOR。

(5)传输协议设置:根据需求选择合适的数据帧协议,这里选 NLink_LinkTrack_Node_Frame0;传输协议只代表输出数据的协议格式,因此各个模块的数据帧可以不一致,但对于同一类型的模块推荐设置一致。

(6)波特率设置:这里的波特率表示的是 UART 口和 USB 口的通信速度快慢,这里设置为 921600,同时计算机串口接收波特率也需要设为 921600,对于同一类型的模块推荐设置一致。

(7)刷新频率设置:在此模式的此定位场景下,刷新频率最高可达 50 Hz,这里设置为最大值 50 Hz。刷新频率仅代表模块输出数据帧的快慢,各个模块设置可不一样,对于同一类型的模块推荐设置一致。

经过配置的标签模块的 NAssistant 界面如图 7.17 所示。

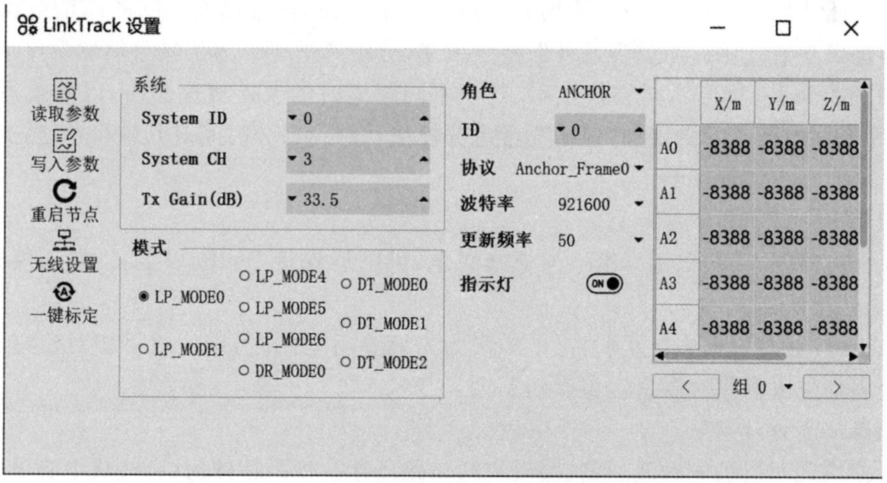


图 7.17　标签模块的 NAssistant 配置界面

### 7.3.3　场景调试

在搭建好的实验场景中,选择喷绘四角和牌楼顶端依次布置好八个锚节点 A0,A1,A2,A3,A4,A5,A6,A7,选择四个标签 T1,T2,T3,T4,按照前文所述放置于双履带小车和无人车上，其余标签 T5，T6，T7，T8，T9，T10，T11 和 T12 放置于场景内的缩略景观内部，随机放置且保持均匀。每个模块配置一个 5 V 标准输出电压可移动电源和一根标准 Type－C 接口线，可移动电源为模块供电，Type－C 线是连接线；准备一根 UART 串口转 USB 口转接线用于模块串口与计算机通信，这里选择基站 T0 与计算机连接来接收自组网内的实时数据。布置好所有模块后，即可开始进行定位平台测试，整体流程如下：

1）搭建定位平台场景，对所有模块进行初始化。

2）搭建模块场景，为自组网内所有模块供电。

3）连接基站 T0 与计算机，使系统与计算机通信。

4）使用 MATLAB 打开串口并接收串口所发送的数据帧。

5）解析数据帧进行数据预处理和格式转换。

6）将处理后的数据输入信息融合算法和因子图三维协同定位算法中进行结算。

7）将结算后的结果展示在人机交互界面中，完成整体平台定位。

在调试与测试过程中，存在一些注意事项（如锚节点拓扑结构、测距误差补偿、模块上电时间和顺序、测距信息抖动问题、定位轨迹判决与矫正、部分模块断电后数据帧中的数据更新问题等），接下来对这些问题进行简单讨论。

1. 锚节点拓扑结构

依据算法原理以及算法仿真结果，锚节点（基站）数量较多时的定位性能是优于锚节点（基站）数量较少时的。考虑到实验成本以及未来的可应用性，结合数据协议格式，我们设置八个锚节点，分布在三维空间中，节点置于长方体的八个顶点处。

2. 测距误差补偿

在保证正确接收数据帧的情况下，模块所测数据仍然存在一定的误差，这是由物理硬件的特性所决定的。就所测的距离信息而言，模块之间的测量值存在固有误差与偶然误差。由于模块相互之间特性不一致，所以不能用同一值进行误差补偿；且模块之间的通信范围变化时，误差随即也发生着变化。所以误差补偿要分模块、分距离进行。为了减小偶然误差，就需要进行大量的测距实验，找出不同模块之间、处于不同距离时的误差概率分布，以此来进行补偿。另外，随着模块运行时间的增加，也需要考虑分模块、分距离、分时间对其进行补偿，当然，特定环境下也需要考虑温度影响。

3. 模块上电时间和顺序

模块上电时间：模块采用标准 5 V 电压供电，供电后保持 5 min 以上，以保证模块之间连接稳定，通信稳定。

模块上电顺序：根据多次实验，上电顺序为先标签后基站时，定位效果相对良好。标签和基站模块内部上电顺序对测量定位影响不大。

4. 测距信息抖动问题

由于模块之间通过电磁波通信，当模块通信路径存在视距物体时，会造成电磁波收发不稳定，所以测距信息会出现抖动情况。为降低信息抖动对定位结果的影响，采用分时接收数据帧和扩大接收数据量的方法，提高定位结果的稳定性和精度。

5. 定位轨迹判决与矫正

动态情况下对标签进行定位，受测距信息抖动等多种因素影响，动态定位结果有过分偏离情况出现，因此需要进行一定程度上的结果矫正。采用滤波方法对定位结果做二维层面上的平滑滤波，改善结果偏离情况，初步采用最小二乘拟合方法规避一些偏差较大的定位结果。另外针对于标签动静混合场景，增加定位轨迹判决，在运动情况下，判断标签定位结果连续运动距离，该距离大于或者等于一定值的时候认为标签有所运动，此时保留最新时刻定位结果，该距离小于一定值时认为该标签未发生运动，此时保留上一时刻定位结果。这样做在一定程度上改善了测距信息抖动带来的影响。

6. 部分模块断电后数据帧中的数据更新问题

定位范围内的所有模块共同上电且通信稳定时，中途由于不可抗的外力因素使得其中一个或者部分模块断电，该模块的自身特性决定了断电后所传输的数据帧内容。断电后的数据帧中仍然保留着断电前一时刻的测量数据，在所有标签或者基站全部断电时，数据帧信息才会擦除归零。

## 7.4　室内导航定位平台测试

### 7.4.1　BP-DUKF 定位与 FG-3DCP 定位对比实验

首先采用 BP-DUK 算法和 FG-3DCP 算法进行动态下的定位对比实验，具体操作部分如下。在搭建好的 6 m×9 m 的实验场地中布置八个锚节点 A0，A1，A2，A3，A4，A5，A6，A7，三个待定位节点 T1，T2 和 T3。在打开串口并等待 10 min，采集约 6 000 组数据后，利用采集好的数据信息开始进行节点定位。由于待定位节点的 $x$ 轴和 $y$ 轴信息已直观显示在与实际场景匹配的大雁塔航拍图中，因此仅在交互界面输出目标节点的 $z$ 轴高度信息，并将目标节点的定位误差与综合误差分别输出至交互界面对应的坐标区上，如图 7.18 所示。定位过程中设置目标节点的位置模糊度标准差为 0.5 m，FG-3DCP 算法最大迭代次数为 30。

图 7.18 所示为 APP 交互界面图，组件主要包含待定位目标选择下拉框、串口操作按钮、定位名称等可编辑文本框、定位高度显示数据框和定位结果显示坐标区。使用该 APP 进行节点定位的具体操作步骤如下：

首先，按照前文所述搭建定位平台场景，对场景内所有模块（包括基站模块和待定位模块）均匀通电使其平稳工作，用 UART 转 USB 转接线将某一基站模块连接到计算机上，从计算机设备管理器中查看端口标号，在下拉框“串口名称”中选择相应的串口。然后点击“打开串口”按钮，开始接收 UWB 模块间的测距信息、卫导定位结果和惯性单元数据：

```
    s=serial('COM3');%serial 是 MATLAB 自带串口结构体函数，可持续获取节点间测距信息。
set(s,'InputBufferSize',10240,'terminator','','Timeout',30,'BaudRate',921600,'DataBits',8)
    fclose(instrfind);
    fopen(s);
```

其次，在实验时长达到 10 min 后，点击“开始定位”按钮，将串口所接收的数据分别输入至 BP-DUKF 算法和 FG-3DCP 算法中：

```
    data_s = fread(s);
    data_D = data_buffer_recode(data_s);
    D_FG = error_compensation_FG(data_D);%D_FG 矩阵就是待测节点与锚节点间的距离
```

再次，在定位完成后，将待定位节点的 $x$ 轴和 $y$ 轴估计信息，以图片形式显示在默认属性坐标系下的指定位置处，将待定位节点高度估计信息即 $z$ 轴信息，传递给交互界面中的目标高度栏显示。

```
bx1_1 = axes('position',[FG_pos1_x/6 FG_pos1_y/9 0.025 0.05]);
h8 = image(agent1,'parent',bx1_1)
set(bx1_1,'handlevisibility','off','visible','off');
app.EditField_spbp_0_x.Value = num2str(spbp_pos1_x)
app.EditField_spbp_0_y.Value = num2str(spbp_pos1_y);
app.EditField_spbp_0_z.Value = num2str(spbp_pos1_z);
```

最后，当目标节点完成定位后，在坐标片区中显示 FG－3DCP 算法下的目标迭代误差，并在两个坐标区中分别显示两种算法的各个目标节点的单一定位误差，同时对比两种算法下目标节点的整体定位误差和。

```
plot(app.UIAxes_spbp_error,MSE_spbp_1./2,'m-*','linewidth',1);
grid (app.UIAxes_spbp_error,'on');
legend(app.UIAxes_spbp_error,'目标节点一误差','目标节点二误差','目标节点三误差');
axis(app.UIAxes_spbp_error,[0 25 0 5]);

cla(app.UIAxes_FG_error);
plot(app.UIAxes_FG_error,MSE_FG_1,'m-*','linewidth',1);
grid (app.UIAxes_FG_error,'on');
legend(app.UIAxes_FG_error,'目标节点一误差','目标节点二误差','目标节点三误差');
axis(app.UIAxes_FG_error,[0 25 0 5]);

plot(app.UIAxes_error_all,MSE_spbp,'k-*','linewidth',1.5);
set(gca,'YTick',0:0.2:1);
axis(app.UIAxes_error_all,[0 25 0 5]);
grid (app.UIAxes_error_all,'on');
hold(app.UIAxes_error_all,'on');
plot(app.UIAxes_error_all,MSE_FG,'b-*','linewidth',1.5);
hold(app.UIAxes_error_all,'off');
legend(app.UIAxes_error_all,'spbp算法所有目标节点整体定位误差','3D-FG算法所有目标
节点整体定位误差');
```

点击“关闭串口”和“关闭定位”按钮终止本次定位进程。

```
delete(instrfindall);%清除所有串口
```

图 7.19 所示为上述实验流程中的数据结果呈现。由图 7.19 的坐标区中可以看出，两种算法均实现了待测节点动态情况下的定位。实际场景中两辆履带车和一架无人机分别沿着大雄宝殿两侧的直线前进，与图 7.20 所示窗中定位结果相匹配，但不同的是，相比于 SPBP 算法，FG－3DCP 算法的定位更加精确和稳定，其定位轨迹更加贴近真实运行情况。此外，从图 7.19 的坐标区也能够发现，仅仅高度图而言，由于无人机运动过程中高度变化均匀，结果中 FG－3DCP 算法比 BP－DUKF 算法高度显示抖动更小；在单个节点定位误差图中，FG－3DCP 算法比 BP－DUKF 法误差更小，达到分米级甚至厘米级；在整体误差对比图中，FG－3DCP 算法比 SPBP 算法明显更低；而在 FG－3DCP 算法单次定位迭代过程中，结果很快达到

收敛,也体现了 FG - 3DCP 算法的优越性。在 FG - 3DCP 算法中,相邻节点仅需传递置信度信息,降低了计算复杂度,加快了定位收敛速度,从而提升了系统的定位性能。实验结果表明,FG - 3DCP 算法可应用于三维场景中,算法架构设计合理有效,可以有效提高定位的精度和稳定性。

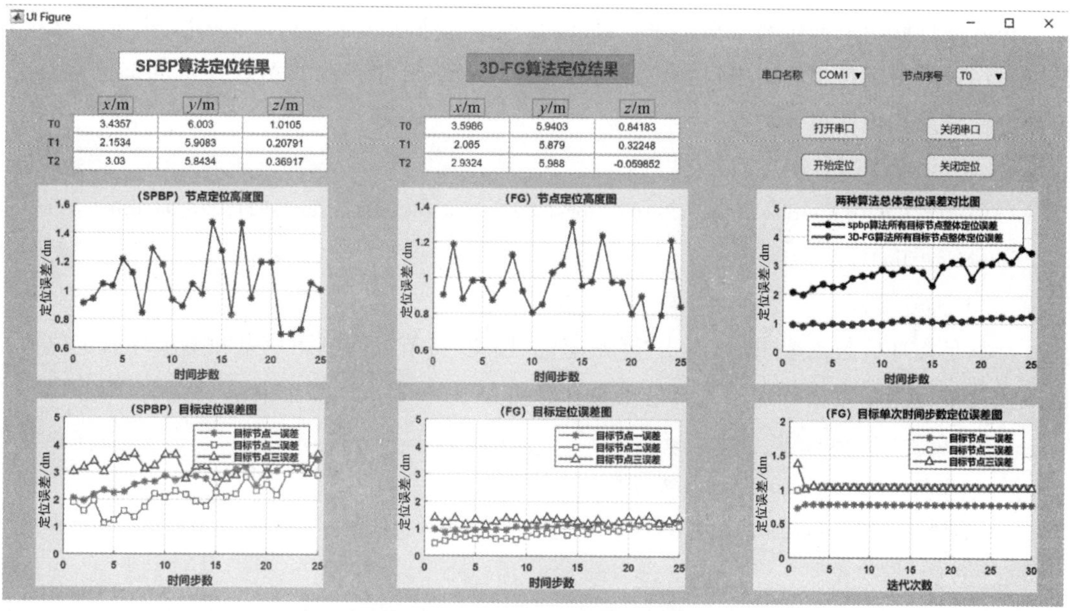


图 7.19　APP 交互界面图

图 7.20　定位轨迹结果图(实心点为 FG - 3DCP 算法,虚心点为 BP - DUKF 算法)

### 7.4.2 多类型导航源融合下的大规模静态定位实验

在搭建好的实验场景中，布置 8 个锚节点 A0，A1，A2，A3，A4，A5，A6 和 A7，12 个待定位节点 T1，T2，T3，T4，T5，T6，T7，T8，T9，T10，T11 和 T12。

实验进行静态下的待测节点定位。首先，按照前文所述完成场景及模块的初始化，在下拉框“串口名称”中选择相应的串口，点击“打开串口”按钮，开始接收 UWB 模块间的测距信息、卫导定位结果和惯性单元数据：

```
    s=serial('COM3');
    set(s,'InputBufferSize',10240,'terminator',",'Timeout',30,'BaudRate',921600,'DataBits',8);
fclose(instrfind);
    fopen(s);
```

待满足缓冲区数据要求后，点击“开始定位”按钮，将节点间测距信息和卫星导航定位数据以及惯性单元测量数据分别输入至信息融合算法和 FG-3DCP 算法中：

```
    data_s = fread(s);
    data_D = data_buffer_recode(data_s);
    D = error_compensation_FG(data_D);%此时的D矩阵包括距离信息、卫导定位结果和惯性
单元数据
```

待数据经过融合算法和因子图算法的处理后，在 APP 展示页面上分别展示卫导、惯导和 UWB 三种定位类型下的定位结果，同时对比惯导与 UWB 融合下的定位结果以及三种导航源融合下的定位结果，将各自的定位结果的三维坐标显示在表格框内，如图 7.21 所示，另外将三种导航源融合后的定位结果以图片形式显示在默认属性坐标系下的指定位置处，如图 7.22 所示。同时分析三种定位类型在静态时的定位误差大小，与惯导与 UWB 融合下的定位误差以及三种导航源融合下的定位误差做对比，将对比结果显示在交互界面的误差显示框内，如图 7.21 所示。另外，将三类导航源融合后定位结果的三维坐标值实时显示在 APP 交互界面的数值文本框内。最后点击“关闭串口”和“关闭定位”按钮终止本次定位进程。

1. 单一类型导航源定位结果

从图 7.21 的坐标区内显示结果我们可以看出，在室内场景的小范围内进行定位，卫星导航（这里接收 GPS 定位结果）定位精度曲线上下振荡，位于所有定位精度曲线上方，说明卫星导航方法定位精度较差，定位结果起伏，其中部分定位误差达到了 5 m 左右，也缺乏稳定性，可以说卫星导航定位结果在室内基本不可用，无法反映出运载体在场景内的位置情况；基于 UWB 模块（这里采用 FG-3DCP 算法）的定位精度曲线总体上趋于缓和，位置位于图中下方，基本没有突变和畸形节点出现，该结果明显比卫星导航定位结果优越，定位精度和定位稳定性都有大幅度的提升，甚至达到了 UWB 在室内定位应用的精度极限值，可以较为准确地反映运载体在室内场景中的位置情况，这样的定位结果是可以被接受和应用的。

2. 双类型导航源融合定位结果

由图 7.21 的坐标区内显示结果我们可以看出，在室内场景的小范围内进行定位，采用惯性导航与 UWB 方法进行两种导航源融合，融合后的定位精度曲线位于图中部，定位结果与卫星导航定位结果相比，定位性能依然十分优良，并无较大的定位偏差，在对定位精度要求不高的场合下这样的定位结果是具有价值的；融合后的定位结果与 UWB 模块单一类型导航源定位下的结果相比，定位精度以及定位的稳定性改善不大，主要原因在于基于因子图的 UWB 定位方法的精度接近于 UWB 可测的物理极限，所以性能改善并不明显。

3. 三类型导航源融合定位结果

从图 7.21 的坐标区内显示结果我们可以看出，在室内场景的小范围内进行定位，卫星导航、惯性导航和 UWB 模块三类导航源融合下的定位结果为所有结果的最优情况，定位精度曲线位于精度图的最下方，定位误差稳定且总体较小，相较而言，它有最高的定位精度和稳定性，其定位误差达到了分米级甚至厘米级，说明了 UWB 的测距精度完全满足需求，基于黎曼信息几何的信息融合方法很好地实现了各种导航源的定位信息融合，基于因子图的协同定位算法具有十分可观的性能，同时也说明了信息几何下的多源融合算法拥有极高的优越性。

图 7.22 显示了三类型导航源融合后的定位结果，可以看出定位显示结果与实际位置偏差不大，基本一致。

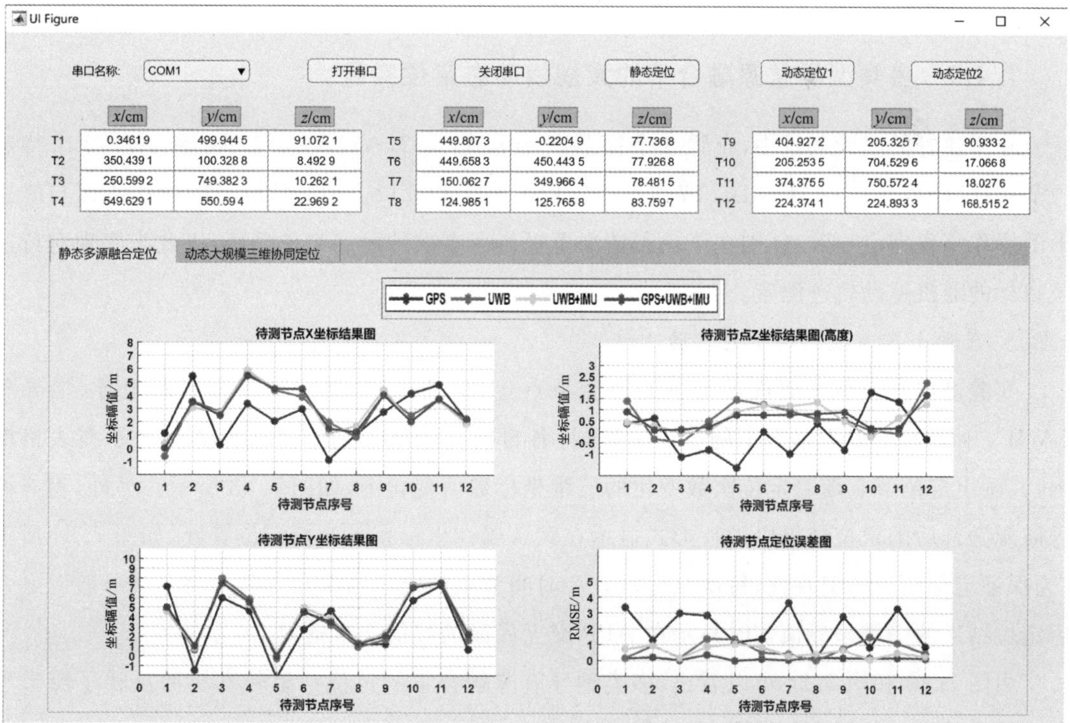


图 7.21　多类型导航源融合下的大规模静态定位交互界面图

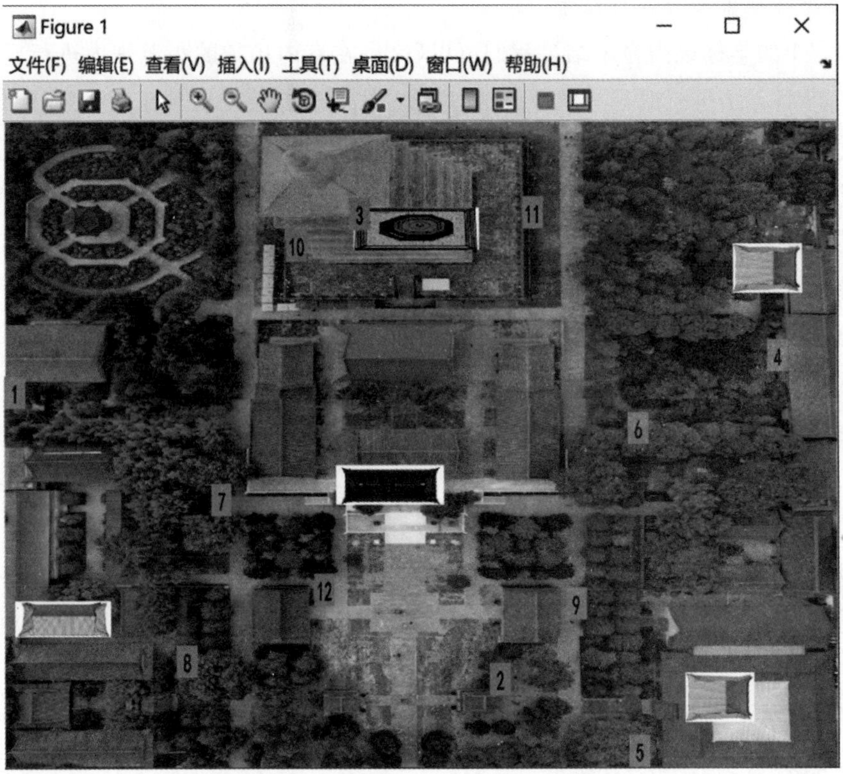


图 7.22 多类型导航源融合下的大规模静态定位结果

### 7.4.3 多类型导航源融合下的大规模动态定位实验

在搭建好的实验场景中，布置 8 个锚节点 A0，A1，A2，A3，A4，A5，A6 和 A7，12 个待定位节点 T1，T2，T3，T4，T5，T6，T7，T8，T9，T10，T11 和 T12。动态情况下的操作流程与静态下的操作流程完全一致，区别在于动态情况下进行了多次的静态定位循环，以此来实现对待定位目标的随机运动轨迹测定。

1. 履带小车直线运动下的实验测试

实验进行履带小车随机运动下的待测节点定位，在 APP 展示页面上展示卫导、惯导和 UWB 三种类型导航源融合下的定位结果，将各自的定位结果的三维坐标实时显示在表格框内，并画出定位节点随着定位次数变化的三维坐标数值变化图，如图 7.23 所示。另外，将三种导航源融合后的定位结果以图片形式显示在默认属性坐标系下的指定位置处，如图 7.24 所示(为保证定位结果的美观性，每次只显示 5 个时间节点的定位结果)。同时，将三类导航源融合后定位结果的三维坐标值实时显示在 APP 交互界面的数值文本框内。

由图 7.23 和图 7.24 可以看出，多类型导航源融合下的定位结果较真实的反映了履带小车直线运动下的位置变化情况，且结果稳定，精确度较高。

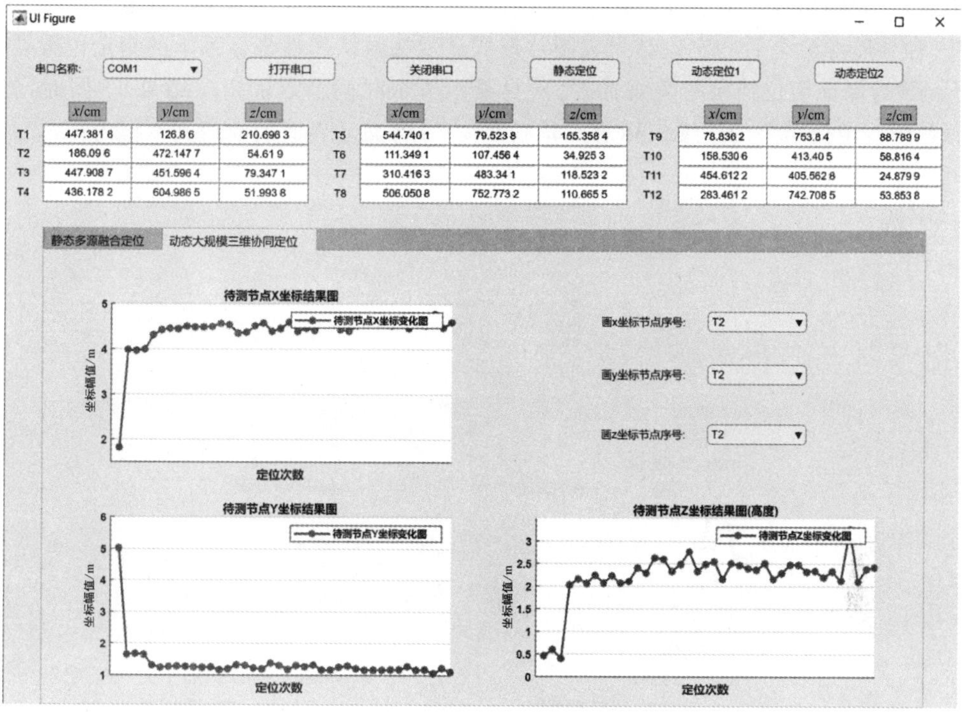


图 7.23　多类型导航源融合下的大规模动态定位交互界面图

图 7.24　多类型导航源融合下的大规模动态定位结果

2. 无人机方形运动下的实验测试

实验进行无人机直线运动下的待测节点定位，最终呈现方形。在 APP 展示页面上展示卫导、惯导和 UWB 三种类型导航源融合下的定位结果，将各自的定位结果的三维坐标实时显示在表格框内，并画出定位节点随着定位次数变化的三维坐标数值变化图，如图 7.25 所示。另外，将三种导航源融合后的定位结果以图片形式显示在默认属性坐标系下的指定位置处，如图 7.26 所示（为保证定位结果的美观性，每次只显示五个时间节点的定位结果）。同时，将三类导航源融合后定位结果的三维坐标值实时显示在 APP 交互界面的数值文本框内。

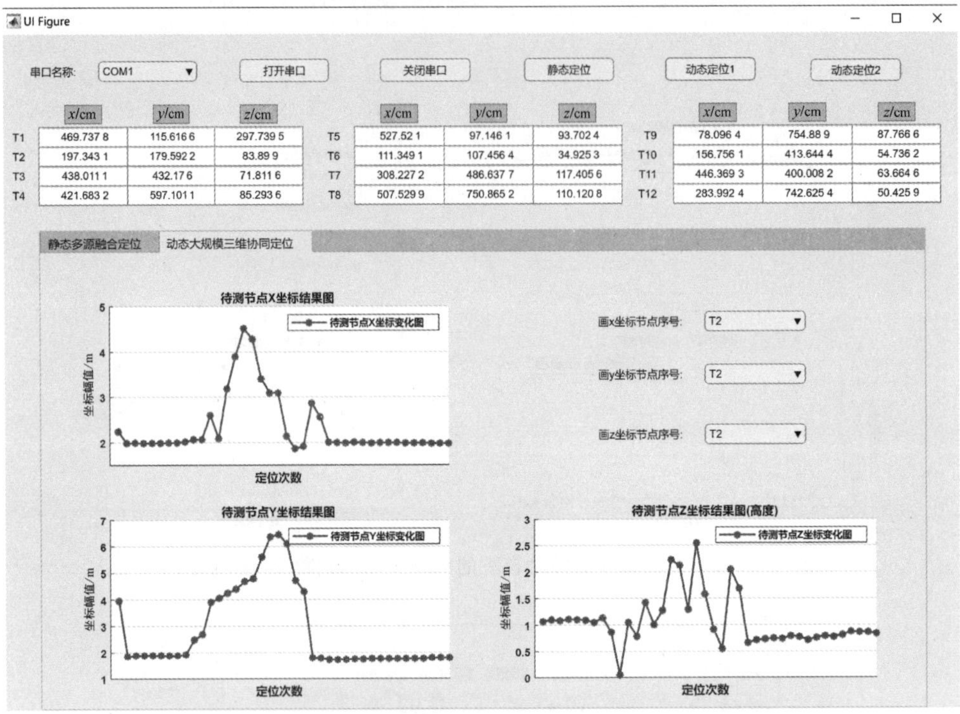


图 7.25 多类型导航源融合下的大规模动态定位交互界面图

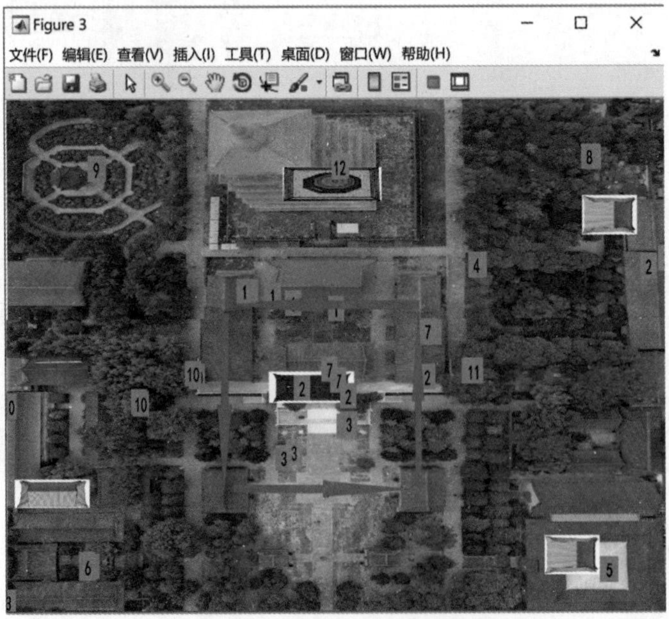


图 7.26 多类型导航源融合下的大规模动态定位结果（黑色为无人机人为划归轨迹）

由图 7.25 和图 7.26 可以看出，多类型导航源融合下的定位结果较真实地反映了无人机随机运动的位置变化情况，结果稳定且有很高的精度。

3. *履带小车和无人机随机运动下的实验测试*

实验进行履带小车随机运动和无人机随机运动下的待测节点定位，在 APP 展示页面上展示卫导、惯导和 UWB 三种类型导航源融合下的定位结果，将各自的定位结果的三维坐标实时显示在表格框内，并画出定位节点随着定位次数变化的三维坐标数值变化图，如图 7.27 所示。另外，将三种导航源融合后的定位结果以图片形式显示在默认属性坐标系下的指定位置处，如图 7.28(为保证定位结果的美观性，每次只显示五个时间节点的定位结果)。同时，将三类导航源融合后定位结果的三维坐标值实时显示在 APP 交互界面的数值文本框内。

从图 7.27、图 7.28 中可以看出，多类型导航源融合下的定位结果较真实地反映了履带小车随机运动和无人机随机运动下的位置变化情况，结果稳定，精确度较高。

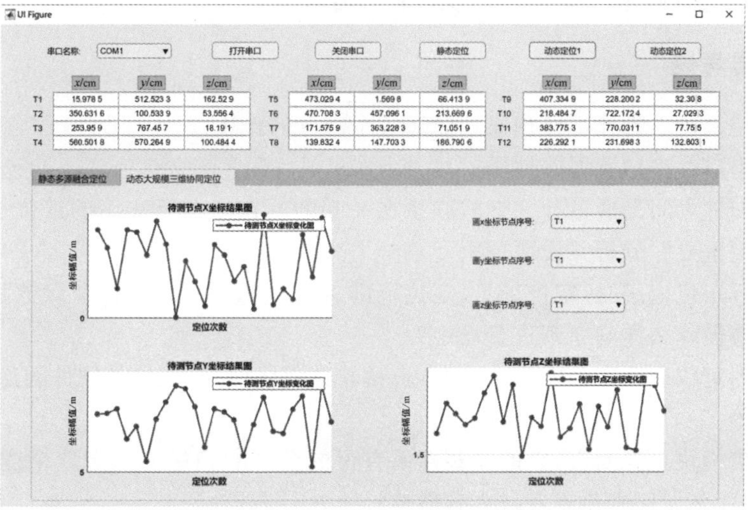


图 7.27　多类型导航源融合下的大规模动态定位交互界面图

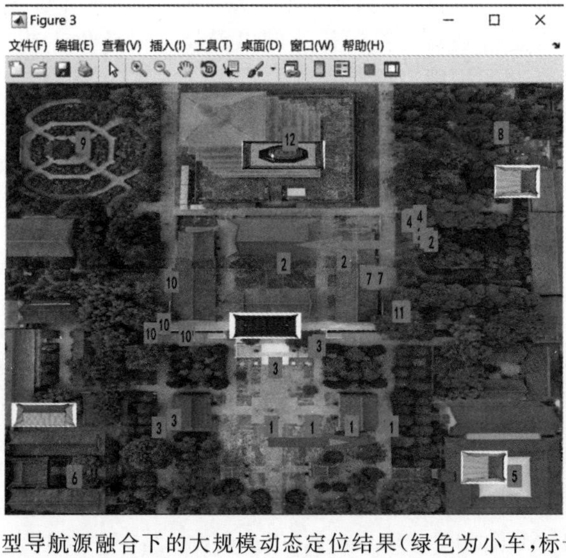


图 7.28　多类型导航源融合下的大规模动态定位结果(绿色为小车，标号 1 为无人机)

## 7.5 本章小结及思考题

### 7.5.1 本章小结

本章所搭建的定位平台从组合导航中的信息融合技术入手，利用信息几何技术在信号处理中的优势，应用黎曼信息几何架构下的多导航源信息融合算法，通过导航信息结合因子图理论和黎曼信息几何理论，利用导航源信息建立信息几何流形，结合测向测距参数，从信息概率的角度实现分布式多源协同导航，同时将因子图协同定位理论成功实践，很好地降低了系统的通信开销，并有效减少了定位结果的畸变和突变，提升了系统的定位性能。测试结果表明，黎曼信息几何下分布式多源导航信息融合算法比传统卡尔曼滤波算法定位精度更高，收敛速度更快，可有效满足 6G 技术高精度定位、实时性的需求。

### 7.5.2 思考题

1. 一个定位系统由哪几部分构成？简述各个部分的作用。

2. 什么是串口？串口有哪些性质？

3. 软件和硬件之间是通过什么方式联系在一起的？在一个可实用的定位平台中，硬件更重要还是软件更重要？分析并说明理由。

4. 实际进行定位应用时，定位场景、定位范围、锚节点数目、待定位节点数目、信号传播环境等条件应该遵循什么样的原则进行设定？

5. 简述室内定位应用平台的定位流程，包括软件程序设定、软件与硬件的连接以及硬件模块上电顺序等等。

6. 就超宽带模块自身而言，它的哪些性质有可能会影响到最终的定位精度？在定位操作过程中，这些方面该如何避免或者减小其影响？

7. 待定位节点的运动方向以及运动速度会对最终的定位结果产生什么样的影响？

8. 超宽带模块收发电磁波信号，搭载模块的双履带小车和无人机由标准电池供电，双履带小车和无人机上的电信号是否会对产宽带模块的电磁波信号产生干扰？如果有干扰应该如何避免或减小干扰？如果没有干扰则说明理由。

9. 分别说明多源信息融合算法和三维因子图定位算法在定位平台中的主要作用。

10. 分析所搭建的定位平台在定位过程中引起定位误差的可能来源，列表总结并给出减小误差的方法或算法。

## 参考文献

[1] 崔建华，王忠勇，张传宗，等. 基于因子图和联合消息传递的无线网络协作定位算法[J]. 计算机应用，2017，37(5)：1306－1310.

[2] DENG Z L，TANG S H，JIA B Y，et al. Cooperative Location and Time Synchronization Based on M－VMP Method[J]. Sensors，2020，20(21)：631－645.

[3] NAJIB Y N A, DAUD H, AZIZ A A. SINGULAR Value Thresholding Algorithm for Wireless Sensor Network Localization[J]. Mathematics,2020,8(3):1 - 11.
[4] WANG P, ZHANG N. A Cooperative Location Method Based on Chan and Taylor Algorithms[J]. Applied Mechanics and Materials,2010,89(20):23 - 36.
[5] KIA S S, ROUNDS S, MARTINEZ S. Cooperative Localization for Mobile Agents: A Recursive Decentralized Algorithm Based on Kalman - Filter Decoupling[J]. IEEE Control Systems, 2016, 36(2):86 - 101.
[6] PEDERSEN C, PEDERSON T, FLENURY B H . A Variational Massage Passing Algorithm for Sebor Self - Localization in wiress Networks[J]. IEEE Network,2011,12(4):79 - 84.
[7] GARCía - FeERNáNDEZ F, SVENSSON L, SRKK S. Cooperative Localization Using Posterior Linearization Belief Propagation[J]. IEEE Transactions on Vehicular Technology, 2018,12(7): 832 - 836.
[8] 崔建华. 基于消息传递算法的无线传感器网络定位算法研究[D]. 北京:解放军信息工程大学, 2017.
[9] VAGHEFI R M, BUEHRER R M. Cooperative Localization in NLOS Environments using Semidefinite Programming[J]. IEEE Communications Letters, 2015, 19(8):1382 - 1385.
[10] LIU Y,LIAN B, ZHOU T. Gaussian Message passing - based Cooperative Localization with Node Selection Scheme in Wireless Networks[J]. Signal Processing, 2019,15(6):166 - 176.
[11] 廖兴宇, 汪伦杰. 基于 UWB/AOA/TDOA 的 WSN 节点三维定位算法研究[J]. 计算机技术与发展, 2014, 24(11):4 - 10.
[12] LIANG C,WEN F. Received Signal Strength - Based Robust Cooperative Localization With Dynamic Path Loss Model[J]. IEEE Sensors Journal, 2016, 16(5):1265 - 1270.
[13] 李晓鹏. 无线网络中的协作定位技术研究[D]. 北京:北京邮电大学,2016.
[14] FERNANDES G C G, DIAS S S, MAXIMO M R O A, et al. Cooperative Localization for Multiple Soccer Agents Using Factor Graphs and Sequential Monte Carlo[J]. IEEE Access, 2020,21(3):3168 - 3184.
[15] 范世伟, 张亚, 郝强, 等. 基于因子图的协同定位与误差估计算法[J]. 系统工程与电子技术, 2021, 43(2):9 - 16.
[16] 何燕凯,刘太君,叶焱,等. 基于 UWB 的室内定位平台设计及应用[J]. 移动通信,2020, 44(2):82 - 87.
[17] 陈一伟. 视觉室内定位的方法研究与平台搭建[D]. 北京:北京工业大学,2018.
[18] 苏园竟. 基于 WiFi 位置指纹的室内定位技术的研究和平台搭建[D]. 北京:北京工业大学,2017.
[19] MUSHTAQ S, AKRAM A, FAROOQ S. Suitability of Indoor Positioning System for Smart City IoT Applications [J]. International Journal of Computer Applications, 2018,17 (12):11 - 19.
[20] FAZEELAT M, MUHAMMAD G K, BENNY S. Precise Indoor Positioning Using UWB: A Review of Methods, Algorithms and Implementations[J]. Wireless Personal Communications,2017,7(3):34 - 45.

# 第 8 章　室内导航定位应用案例

第 7 章综合性地介绍了一些室内定位技术和典型的因子图室内协同定位方法，同时也介绍了信息融合理论在导航领域的重要性，给出了基于信息几何的多源信息融合算法，并且搭建了一个实际可应用的室内导航定位演示平台。而导航定位技术最终的落脚点仍然是回归生活实际应用。目前，典型的生活应用场景主要有智能仓储物流中心、大型商贸综合体、工厂学校、现代化智慧城市和信息化多维战场等。智能仓储物流中涉及物流快件的位置服务、智能运输与物流机器人的定位服务以及仓储中的动态路径等；商贸综合体涉及门店店面、商场人群、安全出口和重点场所等方面的定位需求；工厂学校主要面向工厂工人和在校师生，实现动态的实时定位服务；在现代化的智慧城市中，导航定位应用于方方面面，智慧交通、智慧物流、智慧医疗，均离不开庞大定位数据的支撑；在未来发展中，战争逐渐趋近于信息化、多维化，而多元信息化战场离不开地理态势的承载，离不开地理定位的支撑。

## 8.1　智能仓储中的应用

### 8.1.1　场景简介

智能仓储指的是综合应用物联网、云计算、大数据和人工智能等新一代信息技术，实现仓储活动的状态感知、实时分析、智能决策和精准控制，进而达到自主决策和学习提升，拥有一定智慧能力的现代仓储系统，其示意图如图 8.1 所示。

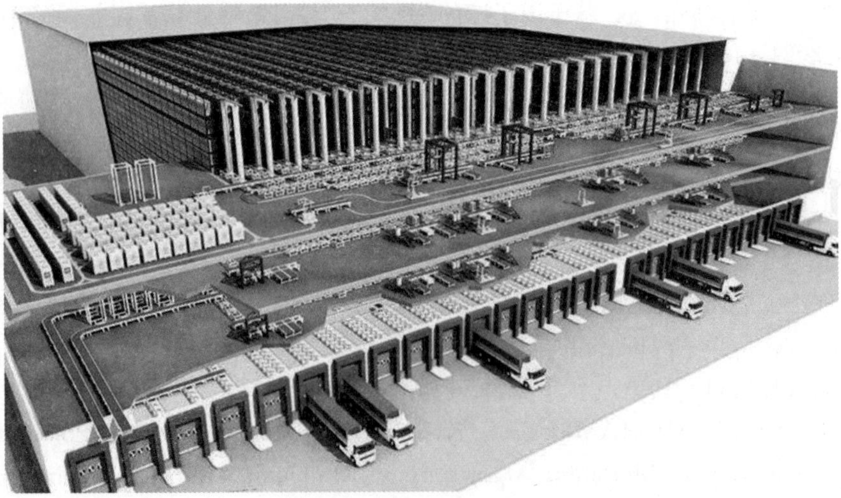

图 8.1　智能仓储示意图

智能仓储产业链主要分为上、中、下游三个部分。上游为设备提供商和软件提供商，分别提供硬件设备（输送机、分拣机、AGV、堆垛机、穿梭车、叉车等）和相应的软件系统（WMS 系统、WCS 系统等）；中游是智能仓储系统集成商，根据行业的应用特点使用多种设备和软件，设计建造智能仓储物流系统；下游是应用智能仓储系统的各个行业，包括烟草、医药、汽车、零售、电商等诸多行业。从现有理论和实践经验来看，自动化、智能化和智慧化是有明确界限的。自动化主要用于处理结构化数据，就相当于给人装上机械手臂来完成工作，需要工人根据商品的特性，操作不同的设备来满足仓储需要。智能化处理半结构化数据。智能化是将知识数字化，通过编码和自动化感应技术，指导机器设备处理部分非常规性工作，使物流系统能模仿人的智能，具有思维、感知、学习、推理判断和自行解决物流中某些问题的能力。智慧化是可以处理非结构化数据，处理一些未被编码的非常规性状况。智慧化是在智能化的基础之上，通过智能硬件、物联网、大数据等智慧化技术与手段，提高物流系统分析决策和智能执行的能力，并能根据原有处理流程和业务的逻辑，自我推断和处理新状况，提升整个物流系统的智能化、自动化水平。

智能仓储的客户目前主要是在大中型企业，这类客户数量呈急剧增长的趋势，除此之外，国内仍旧有非常庞大的中小电商企业群体亟须智能化解决物流效率低、成本高等问题。目前，仓储、配送一体化已经成为商贸物流、电商仓储的发展趋势，各大物流快递企业陆续登陆资本市场，纷纷加大科技信息化投入、提升智能仓储运营能力。此外，在人力成本上升、土地资源有限、转型升级等背景下，许多制造业企业开始以物流端为切入点进行智能化转型升级。在产品多样化、个性化的趋势下，智能仓储承担着提升作业效率、提升客户体验、提升企业核心竞争力的重任，随着大数据、物联网、机器人、传感器等技术的不断进步，智能仓储作为以上技术的载体，有望迎来高速发展。虽然新冠肺炎疫情对全球经济发展和贸易增长造成了冲击，但是中国经济的持续健康发展和物流业的崛起为仓储业的发展提供了巨大的市场需求，加上制造业、商贸流通业外包需求的释放和仓储业战略地位的加强，相较于当前的“需求”，未来智能仓储具有更大的市场空间。

从技术层面上看，智能仓储是一个涉及技术和应用众多的高度集成化的综合系统，需要云计算、物联网、机械臂、仓储机器人等各领域企业共同合作为客户提供智慧物流整体解决方案和服务，以便更好地互相帮助和赋能技术合作伙伴，促进相关技术的快速发展和迭代。从中国仓储业的发展进程来看，我国仓储业的发展主要分为五个阶段：人工仓储阶段、机器化仓储阶段、自动化仓储阶段、集成自动化仓储阶段以及智能自动化仓储阶段。目前，我国大多数仓储企业正处于自动化仓储阶段和集成自动化仓储阶段。在商品的立体化存储、拣选、包装、输送、分拣等环节，大规模应用自动化设备、机器人、智能管理系统，来降低成本和提升效率。

### 8.1.2　定位需求分析

智能仓储系统主要包括仓储系统、物料运输系统、自动化控制系统以及物料分拣系统等。

仓储系统是智能仓储物流中心的基础部分，主要负责货物储存。在储存货物时，系统需要将货物调配到指定位置，实现这一目的就需要对货物的实时位置、存放位置有全过程的清晰把控。例如，在西北地区京东物流仓内，从产品的生产制造到最终的快件上架，为避免货物的混乱存放和丢失，需要获取大量的储备快件在储备仓内的位置信息；同时，产品的调动和出仓，以及分拣和运输，首先就需要获得产品在仓储中的实际位置。在大规模乃至超大规模现代化仓储中,位置服务贯穿始终。

物料运输系统是智能仓储物流中心的强大动力,主要承担了产品运输与转运。要实现物料的存储,不可避免地涉及物料在智能仓储中的运输转运,现在越来越多的智能转运机器人和智能无人车承担了大量的物料转运工作。这些智能转运机器人和智能无人车不需要人为地控制,依靠内部芯片可实现智能自动运输,在自动运输过程中,转运机器人需要获取货物来源位置、货物存储位置,根据这两个位置进行运输路径规划。此外,在运输过程中,若转运机器人发生故障或多线程转运出现矛盾情况,仓储控制系统需要获取大量的转运机器人和物料实际位置,这种情况下,仓储内的导航定位就要求精确而又稳定。

自动化控制系统是智能仓储物流中心的集成大脑,是智能仓储能否正常运转的核心中枢。控制系统集中控制着货物的存储放置,严格把关和处理物料运输环节,同时也是物料分拣的上级枢纽。而实现控制全局除了必要的软硬件支持外,还需要获取海量的定位数据,包括货物的实时位置、智能机器人的路径状态以及各个存储位置的实时状态,同时还需要整个仓储中心的各个工作人员和运转机器的位置状态,可以说控制系统需要智能仓储任一模块的位置信息,以此构建仓储整体的三维实时状态网络,监控一切,把控一切,处理一切。一个完善的自动化控制系统,需要强大的定位数据支撑,并且定位要适用于大规模用户,实现高速定位,实现高精度定位。

物料分拣系统是智能仓储物流中心的中转控制部分,负责对货物商品进行分拣,方便智能机器人进行转运。智能仓储不仅要实现物料存储,还要实现对物料的分类别、分区域、分价值存储,这就需要一个智能的分拣系统,而分拣过程中,系统也需要获取各个类别、区域的具体位置,以便于进行分拣和转运配送,此时要求所收到的位置信息十分符合真实地理位置。

### 8.1.3 导航定位应用

通过前文的分析,智能仓储系统主要包括仓储系统、物料运输系统、自动化控制系统以及物料分拣系统等四部分,在这几个部分中所涉及的定位服务目标主要有产品物流快件、物流转运机器人、仓储工作人员和运转机器以及物料存储位置等。

在第1章搭建定位测试平台时,采用了履带小车和无人机搭载超宽带模块来意象化实际应用中的待定位节点,将其引申到智能仓储中,待定位节点即为产品物流快件、物流产品存储位置、物流转运机器人、仓储工作人员和工作运转机器。这样看来,现代化大规模智能仓储中,待定位节点数目十分庞大,此时无法让其一一搭载超宽带模块,但可以承载特制超宽带芯片。对于产品物流快件,采用专用内嵌超宽带芯片的物流箱装载产品物流快件,进行芯片内部编程编号,可重复使用物流箱,轮换制实现定位服务;对于物料存储位置,经中央控制系统下达存储指令后,物料产品就将被存放在确定的仓储位置处,这些具体的仓储位置信息数量庞大,但其初始位置一旦设定后,一般不会进行改变,所以存放位置是预先可知的,可设定为待定位节点,必要位置处亦可设定为锚节点辅助进行待定位节点定位;对于物流转运机器人,机器人内部增加超宽带收发运算模块,可实现电磁波的发送与接收,并在机器人自载电脑上实现定位解算,同时与其他机器人实现定位数据的共享;对于仓储工作人员,制作配备超宽带模块的工作服,以实现工作人员定位的节点化,同时设定工作人员相应标识,以区分物料产品定位节点和转运机器人定位节点;对于在仓储系统中运转的机器,大部分情况下位置固定,所以其定位结果固定且预先可知,必要时可以将机器当作锚节点,为其他待定位节点提供参考坐标,以此辅助待定位节点实现定位。

现代智能仓储系统空间大，范围广，具有不同的形状和形态，锚节点设定首先需要与仓储的基本结构相匹配，如方形仓储可设定锚节点为正方体或长方体的拓扑结构，圆形仓储可设定锚节点为球体的拓扑结构。另外，由于大型仓储环下，室内环境中遮挡物数量多，定位过程中的视距影响较大，因此设定锚节点时，除了需要满足基础的数学拓扑结构外，也应该在仓储内部位置设定一定数量的锚节点加以辅助，以提高定位过程中的解算速度。例如，仓储中的运转机器，物料产品的存储位置等，由于其位置一般不会改变，故在实际操作时均可根据需求设定为锚节点。

设定好待定位节点和锚节点的空间拓扑结构后，配备必要的软件和硬件平台，结合有线和无线传输，使用本书所介绍的大规模室内协同定位算法，设计符合智能仓储需求的结果显示模块，实现现代智能仓储中的多用户快速精确定位服务。

## 8.2　商贸综合体中的应用

### 8.2.1　场景介绍

商贸综合体，是将城市中商业、办公、居住、旅店、展览、餐饮、会议和文娱等城市生活空间的三项以上功能进行组合，并在各部分间建立一种相互依存、相互裨益的能动关系，从而形成一个多功能、高效率、复杂而统一的综合体，其示意图如图 8.2 所示。

图 8.2　商贸综合体示意图

近几年来，国内大型商场、购物中心以及商业写字楼等商贸综合体迅速发展，被人们熟知的华润万象城、万达广场、中粮大悦城……都是商贸综合体的典型代表。它们在内容上涵盖了大型商业中心、城市步行街、星级酒店、写字楼、公寓、住宅等，集购物、餐饮、文化、娱乐、办公、居住等多种功能于一体，一块土地上形成一个独立的大型商圈。直观地理解，城市综合体最大的好处就是将办公、酒店、娱乐、购物、居住等功能集中在一起，而由于各个功能使用的时段不同，使得商贸综合体一天 24 h 不停在使用中，永远是充满活力、熙熙攘攘的状态。而从城市功能的角度来讲，所有的功能部分放到一块就可以做到一站式地服务，这增加了人们每天出行的效率，在同一个地方居住、办公、娱乐、购物，不需要到处波折，节省了时间。

### 8.2.2 定位需求分析

商贸综合体在内容上涵盖了大型商业中心、城市步行街、星级酒店、写字楼、公寓、住宅等，在功能上包括了购物、餐饮、文化、娱乐、办公化居住等。

从商贸综合体的内容层面来讲，商业购物中心主要为顾客人员服务，区域内主要涉及的定位服务有顾客人群的实时位置，商场店铺及店员的实时位置，同时还有商场中的一些必备要素（如电梯扶梯位置、服务台位置、卫生间位置、消防栓位置、安全出口位置、商场重要出入口等），在不同地域也会产生不同的定位需求；城市步行街同样也主要为人群和顾客服务，首要的定位需求就是获取人群实时地理位置、步行街商铺位置和店员位置。由于步行街处于室外，除了一些必备要素外，还应包括安全避难场所位置、周边公交站点位置、室外停车场位置等等；酒店提供着住宿餐饮等服务，精准的房间位置是首要的定位要求，同时也需提供与购物商场类似的定位服务，除此之外，酒店的停车场所定位服务需求巨大，停车场整体位置、车辆具体停放位置、车辆进出路径规划等，均需要庞大定位数据的支撑；商业写字楼对城市商业发展作用巨大，楼中往往有着大大小小规模的众多公司，无论公司自身发展还是写字楼管理，都需要掌握各个公司的位置信息，在公司内部，也有着位置考勤等方面的需求，在特殊情况下，安全通道、消防器具等需要明确的位置标识信息，商业写字楼也涉及室内外停车场的车辆定位服务，可见定位服务需求也十分巨大；住宅公寓也是人员富集场所，对人员流动和具体居住地点的位置服务，对生活区基本要素的位置服务，以及必需的安全通道的位置标识、消防栓和消防路线等，地理定位都必不可少。

### 8.2.3 导航定位应用

商贸综合体是大型购物商场、城市步行街、星级酒店、商业写字楼、公寓住宅的集合体，各个场景存在很大的定位相似，但相互之间又有一些区别。

商贸综合体整体上都具有相对规则的几何外形，易于设定室内定位环境的网络拓扑结构，内部区域划分也有一定的规律，因此可将锚节点分布在建筑的外部几何拐点处，如商厦顶层的四周、商场写字楼的出入口、购物中心的几何中心等部位。另外，综合体内的店面、商铺、公司地址、公寓单元等，短时间内不会发生太大的位置变动，其位置初始可测可知，在实际应用时也可根据需求设定一部分节点作为锚节点，用以辅助定位，提高定位结果的精度。从实际需求出发，可设定商场人群、工作人员、公司员工等流动性较强的定位服务目标作为待定位节点，待定位节点可配备智能手机作为媒介，实现局部范围内的 WiFi 定位。值得一提的是，由于商场写字楼内建筑遮挡较多，这对信号传输影响较大，使得定位时的非视距误差较大，进而造成了定位精度的下降。为克服这一问题，除了性能优良的定位误差补偿算法外，也可增加锚节点规模，提高待定位目标对短距离处锚节点的依赖性，以此降低信号衰减对定位精度的影响。此外，商贸综合体涉及一个共同的定位服务场所——地下停车场，受商贸综合体服务对象的影响，停车场停车位的需求很大，车辆定位服务需求也十分巨大，在此情况下，可在停车场内建立定位网络，以停车场边缘为锚节点数学搭建拓扑结构，以车辆为待定位节点，自行构成分布式定位网络，采用移动手机端进行定位解算并反馈车辆位置信息，方便停车场内的局部定位服务。

除了商贸综合体整体上的共性外，不同的服务主体又有着一些区别。购物商场中，电梯和扶梯是顾客需求较多的位置，同时卫生间和安全出口位置标识也至关重要，这些地点的位置一般不会发生变动，可预先测定作为指引，必要时还可设定为锚节点进行定位辅助；写字楼中，各个公司地址与具体房间地址时定位需求最大的，这些场所的地理位置时固定不变的，但人为设定的含义地址是可变的，需根据实际变化及时进行位置变动标识。另外，写字楼中涉及区域内考勤，这就需要小范围内自组网实时定位，可通过智能手机的信号强度定位实现；城市步行街处于室外环境，必要时可以采用局部范围自组网定位与卫星导航定位协同融合定位，以提高定位精度。

## 8.3　智能工厂中的应用

### 8.3.1　场景介绍

工厂是一类用以生产货物的大型工业建筑物。随着人类社会的发展，普通的传统工厂已经不能满足需求，智能工厂才是未来发展的方向。智能工厂是利用各种现代化的技术，实现工厂的办公、管理及生产自动化，达到加强及规范企业管理、减少工作失误、堵塞各种漏洞、提高工作效率、进行安全生产、提供决策参考、加强外界联系、拓宽国际市场的目的。总体上，其具有下述特点：

(1)产设备网络化，实现车间“物联网”。以前的车间只实现了机器与机器之间的连接，这是传统工厂的 T2T 的通信模式。而物联网的出现实现了物与物、物与人、所有的物品与网络的连接。

(2)过程透明化，智能工厂的“神经”系统。MES 是对整个生产过程进行管理的软件系统，智能工厂的“神经网络”主要就是由 MES 系统(制造执行系统)构成。因为有了 MES 系统的存在，整个智能系统才能够获取到足够多的生产数据，才使得智能系统的数据分析成为可能，所以说 MES 是智能工厂的神经系统毫不为过。

(3)产数据可视化，大数据分析进行决策。在智能工厂的生产现场，智能系统每隔几秒就收集一次 MES 系统上传的数据。工厂的智能系统可以利用这些数据对各个环节进行分析并制定相应的改进方案，通过不断优化来使工厂的生产达到最优状态。

(4)现场无人化，真正做到“无人”工厂。在自动化生产的情况下，智能系统一般自行管理工厂中的所有生产任务，如果生产中遇到问题，一经解决，立即恢复自动化生产，整个生产过程无须人工参与，真正实现“无人”的智能生产。

(5)生产文档无纸化，实现高效、绿色制造。生产文档进行无纸化管理，需要的生产信息都可在线快速查询、浏览、下载，不仅提高了效率，更降低了浪费。

### 8.3.2　定位需求分析

智能工厂中存在着三大主体：工人、机器和生产物品。智能控制系统操控工厂机器按要求生产产品，产出的产品流水线运输，工人负责生产的整体维护。极少数量的工厂工人在工厂运转状态出现问题时，按照工厂控制系统下达的指令查看并修复故障机器，同时按照机器筛选产品结果，对指定产品进行处理。在整个过程中，工厂控制系统首先需要通过故障判断得到故障机器编号，再获得故障机器位置和工作人员位置，调配最近的工作人员处理故障机器，最小化损失，在出现瑕疵产品时，也首先需要获得产品所处位置，及时进行处理。工厂中也存在一些专有地点，如控制车间，工作人员宿舍，后勤部门，安全通道等，在占地超万平方米的大型工厂中，这些地点的位置服务至关重要。此外，不同的智能工厂也有不同的地点位置需求，这些需求的总体特点就是精确快速地在室内获取位置服务，其示意图如图 8.3 所示。

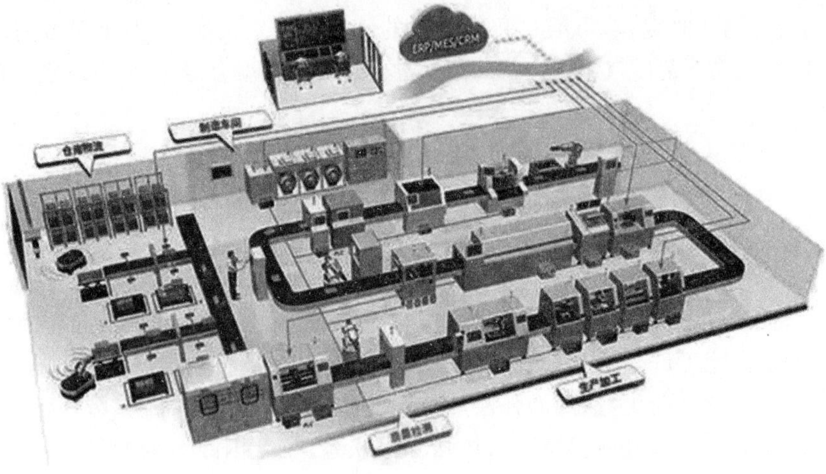


图 8.3　智能工厂示意图

### 8.3.3　导航定位应用

现代大型工厂都有着相对规则的几何外形，易于建立定位拓扑结构。最常见的工厂基本呈长方体状，可在长方体的顶点和边处设定锚节点，锚节点具体数量视真实环境而定；受工厂内建筑及机器影响，工厂内部也应当设置一定数量的锚节点（可设定在位置固定的工厂机器位置处），以减小信号电磁波衰减和非视距误差影响。工厂中的三大主体均需要定位服务。运转机器内嵌超宽带芯片，实现测距信号的接收与发送，工厂控制系统统一处理数据，在中央处理器软件编程算法实现位置解算，将结果可视化地显示；工厂工作人员穿戴配备超宽带芯片的工作服，实现动态测距，测距数据由中央处理器统一处理和位置结算，同时工作人员可获取工厂内任一要素的位置数据；研制搭载超宽带芯片的专用转运箱，通过无线传输和定位算法实现对转运箱的定位，也就实现了对转运箱内的产品的定位。此外，工厂内有时还会出现工厂机器人以及运输车等定位目标，在现代智能工厂中，这些目标一般都配备了微型计算机，单个定位目标具有接收数据和定位结算能力，可脱离工厂总控制系统实现定位服务。

## 8.4　智慧城市中的应用

### 8.4.1　场景介绍

新型智慧城市是适应我国国情实际提出的智慧城市概念的中国化表述。新型智慧城市是在现代信息社会条件下，针对城市经济、社会发展的现实需求，以提升人民群众的幸福感和满意度为核心，为提升城市发展方式的智慧化而开展的改革创新系统工程；新型智慧城市是落实国家新型城镇化战略规划，富有中国特色、体现新型政策机制和创新发展模式的智慧城市；新型智慧城市的核心是以人为本，本质是改革创新。智慧城市是传统城市规划理念发展的产物，其原型源于智能化城市、信息化城市等概念，目标在于构筑一个高处理效率的城市生态系统。通过长期的理论和实践发展，业界已形成对智慧城市的共识，即通过物联网及其组件，实现"万物互联"的发展愿景，提高业务处理的效率，降低业务处理的成本，加速城市信息化发展。虽然各领域都明确智慧城市是未来发展的重要方向，但因智慧城市需投入大量资源用于研发和建设，研发存在一定的不确定性，其可能出现研发后未形成成果的情况。同时，即使形成成果，在研发成果未实现大规模标准化应用时，产出效益难以估算，难以测算投资收益比。基于智慧城市的特点，智慧城市成为政府、企业和高校领域的主要研究方向，以应对各自差异化的需求。分析智慧城市的主要研究方向，结合主要实践进展，突出未来展望，有助于打造智慧城市分层分级系统，为国内城市实现系统化、智慧化和信息化提供支撑，其示意图如图 8.4 所示。

图 8.4　智慧城市示意图

智慧城市是信息化城市发展的高级阶段。传统城市朝着智能化、生态化和可持续化方向不断发展，最终迈向智慧城市发展阶段。现代城市发展可分为信息城市、数字城市和智慧城市三大阶段。信息城市是充分利用信息技术，开发利用信息资源，促进信息交流和知识共享，进而推动经济社会转型发展。数字城市是在信息城市的基础上，利用遥感、全球定位系统、地理信息系统、航空摄影测量、城市仿真、虚拟显示等技术，将实体城市在虚拟空间进行数字化呈现。进入智慧城市发展阶段，通过数字城市与物理城市的有机融合，形成虚实一体化的空间，并借助云计算和人工智能技术提供各种智能化的服务。智慧城市阶段分为两个子阶段：一是技术主导型阶段，尤其是关注城市建设的硬实力，旨在通过技术手段实现城市经济和管理效率的提升；二是更加注重人文与创新环境建设阶段，即重视城市软实力的提升。在"人本"与"技术"的共同推动下，移动信息时代的城市成为融技术、经济、社会、空间于一体的全新智慧城市。未来的智慧社会发展阶段。智慧社会是要实现更大范围空间的智慧化，尤其是促进区域一体化协同与城乡融合发展，实现智慧社会的更高愿景。同时，智能技术和社会多元治理动态结合的智慧治理也是智慧社会的重要表现。

### 8.4.2　定位需求分析

智慧城市建设中的室内导航定位是指在室内环境中采用各种技术来实现对室内人和物的

定位、跟踪以及室内人员导航。未来，智慧医疗、智慧交通、智慧物流、智慧社区、智慧停车场等将大量普及，深入人们的生活中，其运行和服务都建立在精确的导航定位基础上。智慧医疗方面，首先就关联到医院诊所与医务人员的定位需求，小范围内涉及医用物料和重点医务场所的定位服务，大范围内涉及智能救护载具的定位服务；智慧交通方面，最重要的就是对车辆的定位服务，通过掌握车辆定位实现规划交通、指挥交通，提高交通运输效率和利用率，减少交通事故和交通拥堵等；智慧物流方面，知晓物流收发位置，掌握物流的实时位置信息，对物流进行协调和调配，提高转运效率和物流利用率，促进物流发展智能化；智慧社区方面，提供对社区人员的导航定位，实现社区智慧精准服务，标识社区重点地点和区域；智慧停车场方面，位置服务是停车场核心，庞大的定位数据是构建智慧停车场的根本基础，精确而又迅速地实现定位是实现智慧停车场的第一步。智慧城市建设涉及生活的方方面面，而方方面面的建设均离不开强大的地理定位做支撑。

### 8.4.3 导航定位应用

1. 在智慧医疗中的应用

医疗是智慧城市建设中不可缺少的一部分，在信息化背景下，医院利用物联网技术，真正地实现病人和医生之间的互动，促进医疗事业的信息化管理。利用卫星导航定位技术可实现大范围下的医院及诊所的定位服务，而基于 WLAN 的无线定位技术，能够在医院无线覆盖的基础上，提供一些比较强大的定位系统，如特殊病人管理、婴儿管理等。同样地，也可利用超宽带芯片，构建定位拓扑网络，采用协同定位方法实现医院内部的导航定位。构建可视化管理平台，能够将跟踪、查询和定位等集合在一起，就像是用户式的专用地图。可视化界面在应用的时候非常方便，可以自动化地监控医院工作人员的位置，通过这种跟踪人员和资产的方式，将位置数据转换成为一些可以操作的信息，从而简化更多的业务流程，如维修医疗设备等，其示意图如图 8.5 所示。

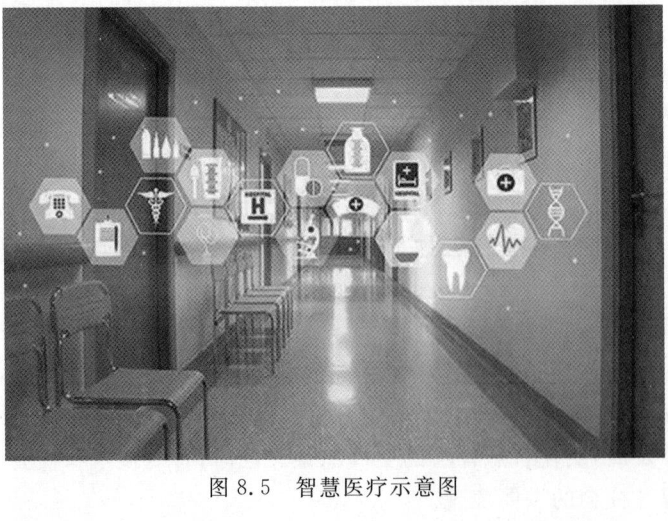

图 8.5 智慧医疗示意图

2. 在智慧交通中的应用

智能化的交通控制是智慧城市发展的核心所在，其目的是负责交通信息和相关数据的采集与分析工作，然后发布一些控制效果的评估情况，具备实时性和准确性的特点。定位技术在智慧交通中的应用，主要是对出租车和公交车定位，作为一种动态化的交通参数，主动计算车辆的行驶速度、时间，为人们提供一些有效的信息。无线定位技术的存在，能够实现空间、时间和信息的覆盖性，拥有更多的公交站点，让乘客拥有多种选择方式。换个角度，也可以以区域为单位构建协同定位网络，设定区域内车辆为待定位目标，通过系统定位算法集中实现对车辆的定位，以进行更多的智慧交通定位服务，其示意图如图 8.6 所示。

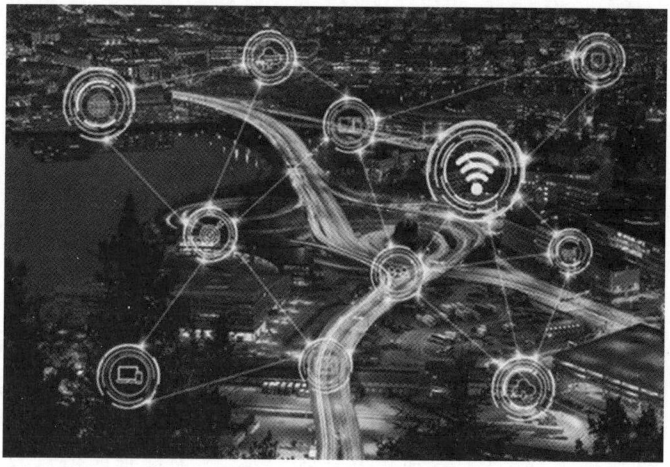

图 8.6　智慧交通示意图

3. 在智慧物流中的应用

在智慧物流中，定位技术可以为其提供一个网格式的定位，实现物品跨地区和跨国界的跟踪，不仅可以突破物流领域中数据的采集难题，还能提高各个环节的自动化处理水平，降低物流成本。在免费跟踪的过程中，能够节省更多的人力和物力，提高整体的工作效率，对于推动物流行业的发展具有一定的推动作用。一方面，将无线定位技术中的物流管理系统整合在一起，实现在运输中的监控，连接传感器中的定位系统，这时候就能掌握货物的运行状态，而且定位系统还能连接移动通信，更好地实现运输过程中，对于货物的定位和数据上传。另一方面，拖车过程中的定位标签，能够对集装箱和拖车进行更为精准的搭配，让工作人员按照电子地图便能掌握集装箱的具体位置，其示意图如图 8.7 所示。

图 8.7　智慧物流示意图

## 8.5 战场信息化时代中的应用

### 8.5.1 场景介绍

随着高新技术在军事领域的广泛运用,新军事变革的加速推进,作战和指挥理念的深刻变化,新型武器装备大量投入战场,使得现代信息化条件下作战战场环境出现了全新景观。未来信息化作战条件下,信息化作战战场环境在悄无声息中发生了颠覆性变化。作战战场环境正向着全维领域快速渗透:在复杂多变的电磁环境中展开,在纵横交错的网络环境中演进,在虚虚实实的媒体环境中斗智斗勇,在变幻莫测的形态环境中激烈角逐,等等。这些都已成为作战指挥员在组织实施作战指挥时必须通盘考虑的极为重要的环境因素。现代信息化战争目的的有限性,使战略、战役、战术界线变得十分模糊。现代信息化作战条件下,政治、经济、外交诸多因素愈来愈成为作战指挥环境十分重要的因素,对此必须予以充分重视。当代军事变革迅猛发展,我们面对的未知领域更复杂、更具不确定性,更需要提升创造未来的思维能力,勇敢面对挑战与风险。在人类加速进步时代,战争性质的改变已开始显现,具体变化包括:战争发生在全域空间;要求更快速的决策和决策分析;需利用时空方面更微弱的机遇;使用大规模杀伤性武器;发生在复杂、拥挤地形;涉及混合战略及作战平台;越来越难取得最终胜利。利用人工智能来改善及加快决策制定,在更远的交战距离上,实现一系列影响力及破坏性更广泛的效果。无人系统将越来越常见,小型、低成本无人系统蜂群将以新颖的方式发挥进攻性和防御性作用。激光与射频武器将装配更小、更轻的便携电源,因而更加实用,进一步提高定向火力武器(尤其是对抗飞机、无人机及地面系统的防御性武器)的射程和杀伤性。量子计算、网络及物联网技术方面的进步将使通信变得更加容易,但在面对对手相同的通信能力时,又变得困难。高超声速发射系统、航天系统、高速导轨炮等系统与新型常规、非常规弹头相结合,将大幅扩展战场的范围。在这一时期,精确打击武器将为敌我双方所用,大规模杀伤性武器将更多被视为迫使对手放弃战斗的工具,交战的速度将远远超过人类的反应时间。在此条件下,通过信息战赢得战争将变得至关重要,竞争各方将利用网络、电子战、信息战及心理战工具在全球范围内争夺信息。核心是通过综合集成创新发展颠覆性先进技术武器,具体体现为四大突破:①作战概念创新突破,突出信息主导,推出“作战云”概念、“水下作战”概念以及“全球监视和打击”概念等;②技术发展创新突破,以计算机、人工智能、3D 打印等技术为代表的科技创新,推动定向能武器、电磁轨道炮、士兵效能改造、自动化无人武器系统、智能武器、高超声速武器等新概念武器发展;③组织形态创新突破,以新技术、新作战概念与新作战样式牵引编制体制优化,建设一支更加精干、高效的联合部队;④采取更多组合模式,以科技装备创新发展催生更多的新质作战力量,其示意图如图 8.8 所示。

未来信息化作战条件下,陆、海、空、电、网、天等等战场环境,是我们必须考虑的作战环境因素,而在一系列战略前沿技术特别是颠覆性技术逐渐进入战争殿堂后,战场环境将会更趋复杂多变。比如,机器人技术,机器人不仅在陆地,还在空中,在水面,在海底,甚至在太空中都大有可为,而未来一旦机器人士兵投入战场,将会是何种风景呢?可以设想,机器人主导的战争将没有人员伤亡,机器人“阵亡”仅仅意味着需要修复或者报废,对一个国家和民族而言,只是经济损失或装备受到毁坏,所以说,机器人主导的战争是更加主拼技术的战争,而此时的战场环境将会是一个全新概念的战场环境。因此，未来机器人一旦大量投入战场，战场环境将会发生难以估量的根本性变革。而诸如 3D 打印技术、自主控制技术、脑科学（人脑控制技术）、材料基因组技术、网络攻防技术等等，这些高新技术投入战场，将有可能完全改写未来作战战场"环境"，从这个意义上说，必须重视当下战场环境的探索研究，更应当放眼未来战场环境的全新发展变化。

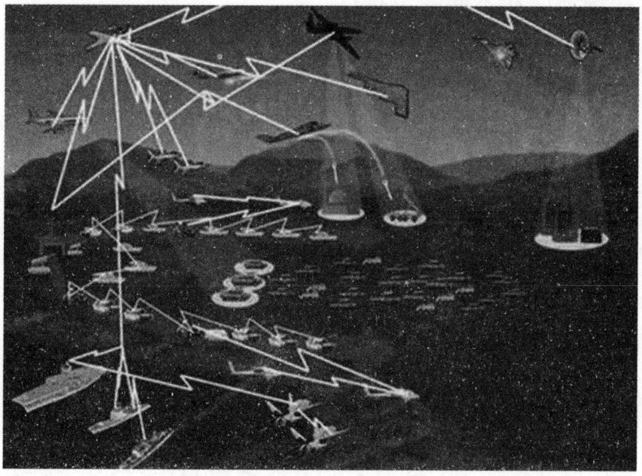

图 8.8　信息化战场示意图

## 8.5.2　定位需求分析

传统战争中的核心要素是军事力量，包括军事人员、军事装备等，而未来战争正在向着信息化、无人化、多维化发展。无论是目前战场呈现的态势还是未来战场发展的趋势，地理定位服务都贯穿始终。目前，战争中，对于军事人员的地理位置掌握影响着战争指挥员的指令下达，影响着军事行动的成效优劣，影响着战场上的形势变化，并且直接影响着战争的最终胜利；而对于军事装备尤其是对方军事装备进行有效的定位可以准确判断战场形势，判断军事意图，从而影响战争走向。未来信息化战争中，陆、海、空、电、网、天等战场环境，甚至是交叉战场环境中，定位技术都是保驾护航的重要根基，可以说，没有地理定位的支撑，就没有谈论信息化战场的可能。另外，战场环境与普通环境也有所区别，战场态势复杂且变化剧烈，战争环境恶劣且范围巨大，同时还存在敌方的干扰等情况，这就要求定位技术相当可靠，要具有强大的抗干扰能力，极高的定位精度，极快的定位速度，适用于超大规模集群定位，还要能够覆盖足够的范围。总体上，战场对定位技术要求高，需求大。

## 8.5.3　导航定位应用

导航定位技术在未来信息化战争中的重要性不言而喻。可将导航在战争中的应用大体上分为大范围内定位应用和局部范围内定位应用。传统意义上的卫星导航、无线电导航等完全可以满足大范围内定位服务，但局部范围内的定位技术由于环境的多变和多样，还没有普适性的定位方案。而得益于信息化时代的数据处理能力，可将超宽带技术应用于局部条件下的定位实现。在战场中，任意的军事装备都可被视为锚节点，用以参考定位。由于军事装备的庞大规模，故锚节点数量足够，这保证了待定位目标有足够的参考节点，即时部分军事装备受到打击，也不会对待定位目标定位产生太大影响；同时还可以结合民用基站，在特殊情况下作为锚基站为战场定位网络提供应急定位服务。当然，军事人员作为待定位目标，在必要的情况下，可根据不同兵种、不同角色、不同任务转换为锚节点，辅助实现定位。

此外，对于信息化战场装备，如无人机、歼击机、战斗机等，可通过卫星导航、无线电导航等定位技术的融合实现精准迅速定位。利用信息几何融合算法，实现两种或多种定位技术的融合定位，以应对不同战场环境和不同战争条件。

## 8.6 智慧学校中的应用

### 8.6.1 场景介绍

学校的概念对大家来说并不陌生，而科技的进步使得学校有了更加丰富的内容和形式，越来越多的人开始倡导智慧教育和智慧学校。智慧学校是利用计算机技术、网络技术、通信技术以及科学规范的管理对校园内的教学、科研、管理和生活服务有关的所有信息资源进行整合、集成和全面的数字化，以构成统一的用户管理、统一的资源管理和统一的权限控制；通过组织和业务流程再造，推动学校进行制度创新、管理创新，最终实现教育智慧化、决策科学化和管理规范化。在智慧学校的基础上，更包括智慧教室、校园网络、智慧安防、智慧教务系统等诸多的子应用，通过多个层面的智慧应用，相互协作互通，实现最后的智慧学校的建成，其示意图如图 8.9 所示。

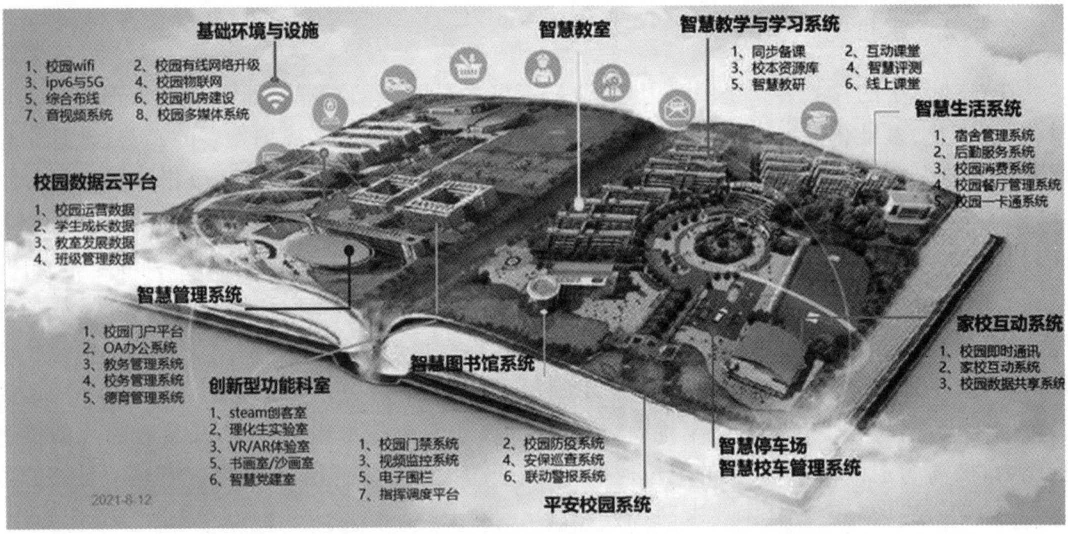


图 8.9　智慧学校示意图

### 8.6.2 定位需求分析

智慧学校包括智慧教室、智慧网络、智慧安防、智慧操场等诸多方面。在校园中，实时获取师生的位置信息是非常有必要的。在一些危险情况下，精确掌握被困人员的位置信息对救援至关重要；在师生在校时间，通过位置信息掌握师生到勤情况；放学后，通过校园内定位数据进行校园安防巡查。校园局部范围内的导航定位，对教学楼、教室、实验室等建筑场所提供定位服务，以方便师生；对操场、学校校门、安全通道等关键地点提供定位服务，以应对突发情况；根据需求对校园内的任意目标进行导航定位，协助完成校园内的教学等各项任务。

### 8.6.3 导航定位应用

学校里有诸多定位目标。就一个学校单个校区而言，总体上的占地呈现一定的几何形状，可根据对应数学上的几何形状设定定位区域，构建自组网的拓扑结构，占地不完全构成规则几何形状的，可扩大定位覆盖区域，扩为一定的几何区域，在区域边界处设置锚节点，形成定位网络，实现对教学楼、运动场、实验楼等建筑的大区域总体定位。在定位网络内部，由于学校定位建筑和定位目标的多样性和复杂性，可再次构建局部性的定位网络。以教学楼为例，教学楼外形通常是规则的几何立体，且以长方体居多，在长方体的顶点及各棱中点处可设锚节点，各个教室、楼梯、卫生间、安全出口等地点可设为待定位节点，运用室内环境下的协同定位算法即可实现定位服务。对于教师和学生一类的移动性待定位用户，可采用因子图协同定位与 WiFi 定位相结合的融合定位来实现定位服务。

## 8.7 地下矿井中的应用

### 8.7.1 场景介绍

矿井是形成地下煤矿生产系统的井巷、硐室、装备、地面建筑物和构筑物的总称。有时把矿山地下开拓中的斜井、竖井、平硐等也称为矿井，其示意图如图 8.10 所示。经过一定时间的开发和采集，地下煤矿中的矿井系统四通八达，单个矿井通道呈长柱形，各个通道外均是岩石层，而矿井工作人员、矿井设备分布在地下各个部分，在工作的整个过程中，精确而又及时地掌握工作人员和工作设备的实时位置对煤矿的安全生产至关重要。目前，煤矿井下还普遍存在入井人员及设备管理上的困难，井上人员难以及时掌握井下人员及设备的动态分布及作业情况，一旦事故发生，对井下人员的抢救缺乏及时可靠信息，抢险救灾、安全救护的效率低。

图 8.10　地下矿井内部图

### 8.7.2 定位需求分析

煤矿人员的定位管理一直是煤矿现代化建设的重要领域，其目的是实现对人员的位置跟踪、考勤管理、轨迹查询等，为煤矿安全、高效生产服务。2016 年修订的《煤矿安全规程》指出，煤矿企业必须建立矿井安全避险系统，清点入井人员数量、检查入井人员状态，实时监测井下作业人员位置及运动轨迹，充分发挥系统安全保障作用。这要求井下人员定位系统在完成基本的位置信息采集、传输、处理、展示等功能外，还应具备较高的定位精度及定位实时性。

煤矿井下人员定位系统是煤矿安全生产重要保障，是国家安全生产监督管理总局推广的矿山安全避险六大系统之一，在煤矿安全生产、事故应急救援和事故调查中发挥着重要作用。煤矿井下人员定位系统可对井下作业人员进行有效管理，及时掌握井下人员的动态分布及作业情况，例如遏制超员生产、防止矿工误入危险区域、考勤管理等。一旦事故发生，可根据煤矿井下人员位置进行有效的救援，有效提高救援效率。

### 8.7.3 导航定位应用

煤矿井下人员定位与地面定位相比具有如下特点：

(1)煤矿井下单一巷道长度可达 10 km，矿井人员定位系统需覆盖采掘工作面等作业地点和行人巷道等，矿井人员定位系统覆盖范围远大于地面室内。

(2)煤矿井下巷道有分支、弯曲和倾斜，巷道中有胶轮车、电机车、带式输送机、移动变电站等设备和作业人员等，矿井人员定位信号应能非视距传输。

(3)煤矿井下电磁波衰减严重，GPS 等卫星定位信号无法穿透煤层和岩层到达煤矿井下。

(4)煤矿井下无线传输衰减受巷道分支、弯曲、倾斜、断面面积和形状、围岩介质、巷道表面粗糙度、支护、纵向导体(电缆、铁轨、水管等)、横向导体(工字钢支护等)、设备等影响大，无线电传输衰减模型复杂多变。

(5)煤矿井下环境恶劣，粉尘大、潮湿、淋水。

超声波、红外、激光技术可用于直线无障碍测距，但在矿井中受巷道分支、弯曲、倾斜等因素影响，测距精度较差，难以实现有效定位；而 RSSI 测距定位方法的定位精度受信号发射功率和接收灵敏度，巷道中导体和设备等影响，测距和定位误差大，不适用于矿井人员精确定位；而 TOA，TWR，SDS - TWR 和 TDOA 等基于信号传输时间的测距定位方法受巷道环境等影响小，可用于煤矿井下人员精确定位。

应用超宽带模块在矿井中构建拓扑定位网络，使用协同定位算法，完成矿井内大范围的高精度定位。首先设定基站锚节点，在矿井交叉处设定基准锚节点，为提高精度且降低非视距误差影响，也为适用较长矿井环境下的测距，在矿井内部的弯曲处均设定锚节点，使得相邻锚节点之间都可满足视距条件下的无线通信，这样也可以提高整个定位网络的抗破坏性；其次设定作为待定位目标的待定位节点，每个工作人员都穿戴内嵌超宽带芯片的工作服，矿井工作机器均搭载超宽带测距定位模块(即工作机器可以发送测距信号，可以接收测距信号，也可完成接收数据的定位解算)，这样一来，矿井工作人员可根据任意一台机器得到整个地下矿井系统中的人员和机器分布情况，同时地上也应当设置中央控制器，用以控制整体。此外，在一些情况复杂的矿井中，为了更加精准地掌握工作人员和工作机器的位置情况，也可配备惯性测量单元或者其他导航源，采用融合算法实现多源融合协同定位。

## 8.8　本章小结及思考题

### 8.8.1　本章小结

本章在前几个章节所介绍的内容基础上，简要介绍了室内协同导航定位技术在一些典型场景下的应用，同时对未来可能会应用到的场景做了一些定位分析。工厂学校涉及室内室外定位区域，智能仓储对定位精度和定位速度有着一定的要求，商贸综合体内非视距误差影响大，智慧城市定位区域广泛，未来信息化战场中的定位环境复杂多变，且数据处理量庞大，地下矿井中环境复杂，信号传输受限。不同的应用场景有着不同的定位需求，也有着不同的定位条件，如何根据实际需求采用合适的定位服务方案满足各方需求，未来还需要不断地研究和讨论，而室内定位技术也需要进一步地发展。

### 8.8.2　思考题

1. 室内导航定位在那些场景下具有应用价值？
2. 室内导航定位的发展趋势是什么？
3. 在室内导航定位中，主要的问题有哪些？
4. 在室内导航定位中，如何解决信息融合的问题？
5. 请列表说明在各类场景中，各类导航源的优势和劣势。

## 参 考 文 献

[1] 孙毛毛. 面向智能仓储的 AGV 路径规划方法研究[D]. 桂林：桂林电子科技大学，2021.
[2] 孙富奇. 陆空立体布局齐发 自研自产整体解决方案[J]. 中国储运，2022，5(1)：2－4.
[3] 徐翔. 智能仓储时代的新机遇[J]. 中国储运，2020，3(10)：42－43.
[4] 余飞. 京东物流亚洲一号：国内智能仓储行业的标杆[J]. 中国储运，2020，3(10)：48－49.
[5] 翟雁琦. 智能仓储系统关键技术研究与实现[D]. 西安：西安电子科技大学，2020.
[6] 罗欣桐. 粤海仰忠汇打造“饰界”产业商贸综合体[J]. 纺织服装周刊，2016，6(1)：11－14.
[7] 宋兵. 产城综合体开发研究[D]. 成都：西南财经大学，2011.
[8] 徐路阳. 城市经营理念下的商业综合体规划设计研究[D]. 乌鲁木齐：新疆大学，2011.
[9] 董珂，卞海涛，汤宗义. 小城镇商业综合体建设初探：以常熟市董浜镇商贸城设计为例[J]. 小城镇建设，2017，3(10)：31－33.
[10] 李海啸. 面向智能工厂的无线传感器网络定位技术研究[D]. 沈阳：中国科学院沈阳计算技术研究所，2021.
[11] 探讨：智能工厂现状与未来[J]. 自动化博览，2020，37(1)：10－14.
[12] 黄胤. 面向智能工厂的分布式多机器人协作任务分配机制[D]. 重庆：重庆邮电大学，2019.
[13] 邱伏生，李志强. 智能工厂物流系统总体规划导向与逻辑[J]. 物流技术与应用，2020，25

(10):154－157.
[14] 周广辉.大数据时代背景下智慧城市规划的理论与实践[J].智能建筑与智慧城市,2021(11):28－29.
[15] 朱惠斌.智慧城市应用研究进展与展望[J].江南论坛,2021,1(11):19－21.
[16] 宋锡蕊.地理信息系统在智慧城市中的应用分析[J].智能城市,2021,7(19):34－35.
[17] 姜东兴.地理信息系统在智慧城市建设中的应用分析[J].住宅与房地产,2020,6(24):224－225.
[18] 李治庆,商秀玉,李成名,等.数字战场地理信息服务平台生成的关键技术[J].四川兵工学报,2012,33(4):88－90.
[19] 高东广.未来信息化作战战场环境探要[J].祖国,2016,3(21):29－31.
[20] 鲍硕,徐万里.基于地面传感器的战场目标定位方法[J].信息通信,2016,5(9):119－122.
[21] 鹿星南.论智慧学校建设支持系统及策略[J].教育文化论坛,2017,9(6):134－140.
[22] 鹿星南,和学新.国外智慧学校建设的基本特点、实施条件与路径[J].比较教育研究,2017,39(12):23－29.
[23] 陈卫亚,邸磊.智慧学校规划研制探究[J].中小学校长,2021,8(11):56－60.
[24] 王飞.基于UWB技术的矿井精确定位系统[J].煤矿安全,2021,52(7):99－102.
[25] 武枝,王振飞,张效文,等.基于UWB技术的矿井人员(设备)精准定位与环境监测综合基站研究[J].数字通信世界,2021,12(5):98－99.
[26] 贺洁茹,王茹,张岩松.矿井人员精确定位方法研究[J].煤矿机械,2020,41(12):31－34.
[27] 孙哲星.煤矿井下人员精确定位方法研究[D].北京:中国矿业大学,2018.
[28] 霍振龙.矿井定位技术现状和发展趋势[J].工矿自动化,2018,44(2):51－55.